中国文化遗产研究院·文物保护工程与规划系列·2018年

茶胶寺庙山五塔保护工程研究报告

中国文化遗产研究院　编著

许　言　主编

文物出版社

图书在版编目（CIP）数据

茶胶寺庙山五塔保护工程研究报告／中国文化遗产研究院编著；许言主编．—北京：文物出版社，2019.1

ISBN 978－7－5010－5596－8

Ⅰ.①茶…　Ⅱ.①中…②许…　Ⅲ.①佛塔—文物保护—研究报告—吴哥　Ⅳ.①K933.57②TU－87

中国版本图书馆 CIP 数据核字（2018）第 109117 号

茶胶寺庙山五塔保护工程研究报告

编　　著：中国文化遗产研究院
主　　编：许　言

责任编辑：陈　峰
责任印制：陈　杰

出版发行：文物出版社
社　　址：北京市东直门内北小街 2 号楼
邮　　编：100007
网　　址：http://www.wenwu.com
邮　　箱：web@wenwu.com
经　　销：新华书店
印　　刷：河北鹏润印刷有限公司
开　　本：889mm×1194mm　1/16
印　　张：21.5
版　　次：2019 年 1 月第 1 版
印　　次：2019 年 1 月第 1 次印刷
书　　号：ISBN 978－7－5010－5596－8
定　　价：480.00 元

《茶胶寺庙山五塔保护工程研究报告》

编辑委员会

主　　编　许　言

编写人员　黄雯兰　袁濛茜

金昭宇　刘　江

张　念　刘志娟

郭倩如　周英军

周西安

序言一

吴哥古迹是9～15世纪古代高棉帝国的都城和寺庙遗址。自高棉帝国迁都金边后，这一分布在400平方公里的辉煌建筑群逐渐被热带丛林湮没。直到1858年法国博物学家亨利·穆奥（Henri Mouhot）发表了《暹罗、柬埔寨、老挝、安南游记》（Voyage dans les Royaumes de Siam，de Cambodge，de Laos），这一人类建筑历史上的奇迹再度引起世人的热情和关注。然而，此时的吴哥不再是神和国王的居所，而是遥远的灿烂文明给后人留下的无限遐思。近百年来，以法国为首的众多国家都在为保护吴哥古迹进行着不懈的努力。1992年，吴哥古迹以濒危遗产的身份列入《世界遗产名录》，正式成为全世界具有突出普遍价值的、值得全人类共同保护的文化遗产。自此，全世界共有30多个国家和国际组织参与吴哥古迹的保护行动，而中国是其中的重要力量之一。

茶胶寺是吴哥古迹中非常重要的建筑之一。其国家寺庙的身份、神道直通东池的规划地位和布局，都凸显出茶胶寺的重要地位。从茶胶寺，不仅能够看到高棉建筑由长厅向回廊的过渡、塔殿呈十字等臂平面的布局，而且其未完成、半完成和已完成的雕饰，完整地反映了茶胶寺的建造与装饰的过程和工艺。庙山五塔又是茶胶寺的精华所在，也是其核心价值和功能的载体。其高耸的塔殿使其成为方圆数百米内最高建筑，令观者无不生出敬畏之心。茶胶寺，特别是庙山五塔的保护一直是众人关心、注目的项目。

第一次我参与吴哥古迹保护行动是在1996年。当时中国政府决定援助柬埔寨吴哥古迹的保护。国家文物局组织第一个代表团访问吴哥窟，我国驻柬大使带领我们拜见了西哈努克亲王，他表示十分欢迎中国参与保护吴哥遗址的行动，还送给代表团礼品。自此，我国的研究单位及高等院校与吴哥古迹结下了不解之缘。1997年，国家文物局选定周萨神庙作为中国援柬的第一个维修项目。2008年，中国又将茶胶寺作为第二期维修的对象。在吴哥古迹保护中，我参与了周萨神庙和茶胶寺保护项目的方案评审和技术指导，为这两个项目的保护尽了些绵薄之力。

庙山五塔是茶胶寺保护工程最先开始，也是最后完成、难度最大的一个工程。庙山五塔建筑构件体量巨大，同时位于高耸的庙山台基之上，施工场地和材料的搬运受到很大限制，施工安全方面的挑战十分严峻。工作队采用多种技术，克服了施工困难，圆满地完成了任务。

项目主持人许言同志早在1985年就加入文化部文物保护科学技术研究所（中国文化遗产研究院的前身），成为我的同事。他有着30多年丰富的文物保护经验和很高的理论水平。他从设计和施工的最基础工作一步步做起，进而又在国家文物局从事了十几年的文物保护工程管理工作，不仅实践经验丰富，同时能够将抽象的文物保护理论和原则很好地付诸实践。在庙山五塔的保护工程中他能掌控全局，多次组织专家到现场考察、研讨。他能独立思考，善于协调、解决各方面关系和难题，按时出色地完成了任务。

与以往出版的有关茶胶寺的书籍资料不同，本书的出版填补了茶胶寺建造技术方面的空白，不仅对茶胶寺本身的研究价值很高，而且对吴哥古迹各个时代建筑建造技艺的研究也具有很高的参考价值。庙山五塔保护工程在施工技术和管理方面也有独到之处。特别是如何克服高陡条件下的施工困难，在施工场地狭小的空间内完成大体量构件的运移和精确定位，并保证施工的安全，都对其他保护工程有着借鉴意义。

2018 年是中柬建交 60 周年。以庙山五塔保护工程完美收官的茶胶寺保护工程，以及本书的出版，无疑为这一重大历史时刻献上了一份厚礼。

是为序。

黄克忠

2018 年清明节　于北京安苑北里

Preface One

The Angkor is the name of the sites of the capital and temples of the ancient Khmer Empire in the 9th-15th centuries. Since the Khmer Empire moved its capital to Phnom Penh, this magnificent architectural complex, which distributed in an area of 400 square kilometres, had gradually faded in to the tropical jungle. In 1858, French naturalist Henri Mouhot published the *Voyage dans les Royaumes de Siam, de Cambodge, de Laos*, aroused enthusiasm of people from around the world for this architectural wonder in human history. However, Angkor was no longer the residence of gods and kings, but the exotic remains of a brilliant civilisation in remote history. For nearly a century, France and many other countries have been making efforts to safeguarding the Angkor. In 1992, Angkor was inscribed on the World Heritage List, at the same time, on the List of World Heritage in Danger, becoming a site of outstanding universal value and is worthy of being conserved by all humanity. From then on, more than 30 countries and international organisations participated in the campaign to safeguard the Angkor, among which China is a major force.

The Ta Keo temple is a very important building complex among the Angkor monuments, shown by its status as a state temple, with the causeway directly leads to the East Baray. Ta Keo temple shows the transition process of architectural style from a long hall to a corridor, as well as the formation of cruciform layout of the towers. Its unfinished, half-finished and finished carvings fully demonstrates how the Ta Keo temple was built and decorated. The Five-Towers on the Temple Mountain is the essence of the Ta Keo temple, representing the core value and function of the temple. Its soaring towers make it the tallest building in the region with imposing image to visitors. The conservation of the Ta Keo temple, especially of the Five-Towers on the Temple-Mountain, had been a public hotspot.

It was as early as 1996 I have been involved in the conservation of the Angkor, when the Chinese government decided to aid in the conservation of Cambodia's Angkor monuments. The State Administration of Cultural Heritage of China organised its first delegation to visit the Angkor Wat. The Chinese ambassador to Cambodia took us to pay a visit to Prince Norodom Sihanouk, who expressed his great welcome for China's participation in the conservation of the Angkor, and presented gifts to our delegation. From then on, China's research institutes and universities forged an indissoluble bond with the Angkor. In 1997, the State Administration of Cultural Heritage of China chose the Chau Say Tevoda as China's first conservation project. In 2008, China chose the Ta Keo temple for the phase II conservation. In the conservation of the Angkor, I participated in the plan review and technical assessment for both the Chau Say Tevoda and Ta Keo temple, made my humble personal contribution.

The Five-Towers project was the first to be launched and the last to be completed, and was the most challenging one. The huge weight and volume of the stone blocks, coupled with narrow space up the tower terrace, has made the operation very difficult. The difficult working condition also raised serious safety issue on both the workers and the site itself. The project team used diverse technologies to overcome these difficulties and successfully completed the project.

Project director Mr. Xu Yan began to work as early as in 1985 at the China National Institute for Cultural Property under the Ministry of Culture (the predecessor of the Chinese Academy of Cultural Heritage), becoming my colleague. He has more than 30 years of experience in cultural heritage conservation and is accomplished in theory. He started as a beginner in project design and implementation and grown up with more experience and theoretical study. He then joined the State Administration of Cultural Heritage in charge of heritage conservation projects for more than a decade. He not only has rich practical experience, but also can properly put conservation theories and principles into practice. In the conservation project of the Five-Towers on the Temple-Mountain, he could control the overall situation. He also organized many expert missions to the site for a better consultation. He is an independent thinker, a good coordinator and problem solver, and is always promptly and outstandingly fulfill his tasks.

Differing from the previous publications on the Ta Keo temple, this book fills the gap on the construction techniques of the temple, which would be beneficial for understanding the original technique of other monuments of the Angkor. The project is featured by its engineering techniques and project management, particularly on how to overcoming constraints on moving and positioning large pieces of stones within such a narrow working space on the steep terrace, while make sure the safety to both the workers and the site. This experience can be useful for similar projects on other sites.

The year 2018 marks the 60th anniversary of the establishment of diplomatic relations between China and Cambodia. The completion of the Five-Towers on the Temple-Mountain project, symbolizing the successful wrap-up of the conservation programme of the Ta Keo temple, together with the publication of this book, would make a very good contribution to this significant historical event.

Huang Kezhong, at Anyuan Beili, Beijing, during the 2018 Qingming Festival

序言二

由中国文化遗产研究院实施的茶胶寺保护工程业已进入尾声，最近完成的庙山五塔保护工程，为这项持续了8年的工程画上了一个圆满的句号。

从某种意义上说，茶胶寺庙山五塔的抢修，是“计划外”的工程。在经过柬方和ICC（国际吴哥保护委员会）批准过的工程方案中，作为茶胶寺核心建筑的庙山五塔因为已经做过了支护、加固，并不在工程项目范围之内。但在茶胶寺保护项目的实施过程中，中国援柬工作队始终对庙山五塔的“稳定的险情”挂念于心。经过反复的观察、监测、讨论，他们最终决定不惜时间和经费成本的增加，实施对庙山五塔的抢救性工程，以解除五塔的结构性安全问题。这不仅反映了中国文化遗产研究院对茶胶寺保护工程科学严谨、整体对待的高度责任心，也反映出对柬埔寨人民的深情厚谊。一言以蔽之，茶胶寺庙山五塔工程，是一项讲政治、讲奉献、利长远的责任工程、良心工程。

庙山五塔抢救工程是中国援柬工作队在茶胶寺最后开展的工程，但却是完成速度最快、质量最好的；庙山五塔的施工条件是最受限制的，但从施工组织安排的角度看，却是整个茶胶寺工程中最为科学合理的。原因无他，就是中国援柬队的专家们通过多年的学习、实践，已经对茶胶寺的建筑历史格局、形制、病害、残损状况与成因及保护材料等，开展了深入调查和研究；尤其是积累了丰富的、针对性很强的施工经验，从而确保了工程科学开展，并在短时间内保质保量完成了任务，达到了国际领先的质量水平。

这本《茶胶寺庙山五塔保护工程研究报告》是许言同志继《茶胶寺修复工程研究报告》之后的又一本工程报告。两相比较，我们不仅可以看出许言同志个人在发现问题、解决问题，设计、组织工程以及编写报告水平方面的新提高，还能看出中国援柬工作队作为一个整体在工作方式、保护理念、国际视野、学术风气等各个方面的进步，这都是令人赞叹和欣慰的。

中国政府参与柬埔寨吴哥古迹保护国际行动已经20多年了。以中国文化遗产研究院为主干的中国援柬工作队，已经从当初那个初进校门怯生生的少年，成长为踌躇满志的英俊青年了。在不断学习柬埔寨的历史、文化的过程中，在不断学习他国援柬工作经验的过程中，中国援柬队逐渐从一个踉踉跄跄的跟跑者变为了某段赛程中步履稳健的领跑者，被柬埔寨王国政府和ICC赋予了更多的信任，承担起更加重要的使命。我诚挚地希望，中国文化遗产研究院以“一带一路”倡议为指引，以增进中柬两国人民友谊为根本，以锻炼能力提升水平为要旨，进一步加强援柬工作队伍的组织和科研建设，在即将开展的吴哥古迹王宫遗址和柏威夏寺遗址项目中取得更大成绩，实现文物保护、科学研究、人才培养、国际合作全方位的进步与丰收。

是为序。

刘曙光

2018年6月12日　于京西冯村

Preface Two

The Ta Keo Temple conservation project implemented by the Chinese Academy of Cultural Heritage is into its final stage. The completion of the conservation project of the Five Towers on the Temple-Mountain marked the conclusion of this 8-year project.

In some sense, the rescue project of the Five Towers on the Temple-Mountain of the Ta Keo Temple was "unscheduled". The project plans approved by Cambodia and the International Coordinating Committee for the Safeguarding and Development of the Historic Site of Angkor (ICC-Angkor) do not cover the Five Towers on the Temple-Mountain, the core architecture of the Ta Keo Temple, because they had been propped and strengthened. However, when implementing the Ta Keo Temple conservation project, the Chinese-Cambodian Government Team for Safeguarding Angkor (CCSA) was concerned about the vulnerability of the Five Towers on the Temple-Mountain. After repeated observation, monitoring and discussion, they finally decided to undertake the rescue project of the Five Towers on the Temple-Mountain to secure the structure. This shows the Chinese Academy of Cultural Heritage's devotion to and sense of responsibility for the Ta Keo Temple conservation project and profound China-Cambodian friendship. In a word, the project of the Five Towers on the Temple-Mountain of Ta Keo Temple is an accredited and conscientions project that reflects the political height and dedication and conforms to the long-term interests of the two sides.

The rescue project of the Five Towers on the Temple-Mountain was the last project implemented by the CCSA at the Ta Keo Temple, but was completed fastest and most successfully. The construction conditions of the Five Towers on the Temple-Mountain were the most restricted. However, the construction was organised and arranged in the most scientific and reasonable way in the whole Ta Keo Temple project. This is because the experts of the CCSA, after many years of learning and practicing, had delved into the architecture of and damage to the Ta Keo Temple and the conservation materials used on it, etc., and had accumulated rich and highly targeted construction experience, ensuring scientific implementation of the project, which was completed in a short time with internationally leading quality.

This book, *A Study Report on the Conservation Project of the Five Towers on the Temple-Mountain of the Ta Keo Temple*, is another project report developed by Mr. Xu Yan following his *A Study Report on the Ta Keo Temple Restoration Project*. When comparing the two, it is clear that not only that Mr. Xu Yan further improved himself in identifying and solving problems, designing and organising projects and developing reports, but also that the CCSA as a whole made progress in their manner of working, concepts of conservation, international vision, scholarship and other aspects. These are praiseworthy and encouraging.

The Chinese government has been involved in the International Programme for Safeguarding of Angkor for more than two decades. The CCSA, with the Chinese Academy of Cultural Heritage at the core, has grown from a toddler into a young man with confidence. While continuously learning the history and culture of Cambodia and learning from the experiences of teams of other countries in assisting Cambodia, the CCSA has gradually grown from a pursuer into a pacemaker, winning greater confidence of the Royal Government of Cambodia and the ICC-Angkor and undertaking more important missions. I sincerely hope that the Chinese Academy of Cultural Heritage, guided by the "Belt and Road" Initiative, can, while promoting China-Cambodia friendship and improving its expertise, further strengthen the CCSA in organisation and scientific research, achieve greater success in the forthcoming projects on the conservation of the site of Royal Palace in Angkor and Preah Vihear, and make further progress in heritage conservation, scientific research, personnel training and international cooperation.

Liu Shuguang, in Fengcun Village in west Beijing, on June 12, 2018

目　录

前　言 …… 1

第一章　概　述 …… 5
　一　茶胶寺 …… 5
　二　庙山五塔 …… 9

第二章　前期研究综述 …… 14
　一　资料收集、既往的研究与保护措施评价 …… 14
　二　价值评估 …… 21
　三　勘察测绘 …… 21
　四　建筑形制、结构与建造技术研究 …… 22
　五　建筑稳定性评估 …… 35
　六　建筑材料与强度研究 …… 44
　七　石材加固研究 …… 45
　八　建筑现状调查及病因分析 …… 46

第三章　设　计 …… 61
　一　范围及性质 …… 61
　二　设计指导思想 …… 61
　三　工程做法说明 …… 62

第四章　工程实施 …… 73
　一　概述 …… 73
　二　准备工作 …… 73
　三　工程实施 …… 75

第五章　能力建设与国际交流 …… 80
　一　能力建设 …… 80

二　国际交流……………………………………………………………………… 80

第六章　总　结 ……………………………………………………………………… 89

参考书目 ……………………………………………………………………… 91

附录1　茶胶寺保护工程成果目录 ………………………………………………… 96
附录2　吴哥宪章 ………………………………………………………………… 100
实测图 ……………………………………………………………………… 133
图版 ……………………………………………………………………… 215

后　记 ……………………………………………………………………… 314

插图目录

图 1　柬埔寨区位图 …… 6
图 2　茶胶寺位置示意图 …… 6
图 3　吴哥古迹世界遗产的遗产区与缓冲区 …… 7
图 4　茶胶寺平面图 …… 8
图 5　茶胶寺俯瞰 …… 9
图 6　中央主塔西侧外观 …… 10
图 7　东南角塔俯瞰 …… 11
图 8　东北角塔南门木构架支撑正、侧立面图 …… 12
图 9　东南角塔南门木构架支撑正、侧立面图 …… 12
图 10　东北角塔木结构支撑 …… 13
图 11　《茶胶寺庙山建筑研究》封面 …… 14
图 12　《茶胶寺修复工程研究报告》封面 …… 14
图 13　《柬埔寨吴哥古迹茶胶寺考古报告》封面 …… 14
图 14　茶胶寺早期建筑研究图 …… 15
图 15　茶胶寺历史照片与现状照片对比 …… 16
图 16　法国学者早期绘制的茶胶寺平面图 …… 17
图 17　扁铁箍防止石构件进一步外闪 …… 18
图 18　法国远东学院早期对茶胶寺进行的清理与排险支护 …… 19
图 19　柬埔寨政府砖砌体支顶二层基台转角坍塌处 …… 20
图 20　茶胶寺东立面测绘图 …… 22
图 21　庙山五塔西立面三维激光扫描图 …… 22
图 22　茶胶寺复原研究图 …… 23
图 23　中央主塔形制构成示意图 …… 23
图 24　角塔形制构成示意图 …… 24
图 25　假层复原图 …… 25
图 26　塔刹复原图 …… 26
图 27　角塔山花 …… 26
图 28　角塔假层山花 …… 27
图 29　中央主塔山花 …… 27
图 30　茶胶寺庙山中央主塔及角塔的形制 …… 28

图 31　中心主塔台基 …… 29
图 32　荔枝山下崩密列寺古采石场位置 …… 30
图 33　位于河床底部的古采石场 …… 31
图 34　划出石材轮廓 …… 31
图 35　凿出搬运孔洞 …… 31
图 36　掏空石块周边 …… 31
图 37　沿节理开采石材后留下的工作面 …… 31
图 38　废弃的石料 …… 31
图 39　砖叠涩拱顶 …… 32
图 40　巴戎寺外围廊西侧浅浮雕一 …… 33
图 41　巴戎寺外围廊西侧浅浮雕二 …… 34
图 42　“磕绊”、工字榫、燕尾榫痕迹 …… 34
图 43　茶胶寺工程地质剖面图 1 – 1 …… 36
图 44　茶胶寺工程地质剖面图 2 – 2 …… 36
图 45　茶胶寺工程地质剖面图 3 – 3 …… 36
图 46　茶胶寺工程地质剖面图 4 – 4 …… 37
图 47　茶胶寺工程地质剖面图 5 – 5 …… 37
图 48　简化计算图 …… 38
图 49　整体模型 …… 39
图 50　重力场作用下的基础变位 …… 39
图 51　重力场作用下的基础变位矢量图 …… 39
图 52　重力场作用下的竖向应力 …… 40
图 53　重力场作用下的最大剪应变 …… 40
图 54　渗流场孔隙压力水头 …… 40
图 55　渗流场孔隙压力 …… 40
图 56　重力场和渗流场孔耦合下的竖向变形云图 …… 40
图 57　重力场和渗流场孔耦合下的基础变形矢量图 …… 40
图 58　重力场和渗流场孔耦合作用下的竖向应力云图 …… 41
图 59　三层平台角部模型图 …… 41
图 60　三层平台角部竖向位移云图 …… 42
图 61　三层平台角部水平向位移云图 …… 42
图 62　三层平台角部竖向应力云图 …… 42
图 63　典型高棉拱门结构有限元模型 …… 43
图 64　应力峰值和最大滑移随抗滑移系数变化曲线 …… 43
图 65　高棉空间拱顶结构示意图 …… 43
图 66　西南角楼重力作用下响应随抗滑移系数变化曲线 …… 43
图 67　建筑结构变形监测 …… 44

图 68　石材检测分析 …… 45
图 69　平台南侧地面无明显下沉和裂缝 …… 46
图 70　平台角塔塔基周侧地面向上隆起 …… 46
图 71　东踏道及两侧扶墙现状完好 …… 46
图 72　南踏道及两侧扶墙现状完好 …… 46
图 73　东北角塔东抱厦残损现状 …… 47
图 74　东北角塔南抱厦残损现状 …… 48
图 75　东北角塔西抱厦残损现状 …… 48
图 76　东北角塔北抱厦残损现状 …… 49
图 77　东北角塔主要承重构件保存完整度示意图 …… 49
图 78　东南角塔东抱厦残损现状 …… 50
图 79　东南角塔南抱厦残损现状 …… 51
图 80　东南角塔西抱厦残损现状 …… 51
图 81　东南角塔北抱厦残损现状 …… 52
图 82　东南角塔主要承重构件保存完整度示意图 …… 52
图 83　西南角塔东抱厦残损现状 …… 53
图 84　西南角塔南抱厦残损现状 …… 54
图 85　西南角塔西抱厦残损现状 …… 54
图 86　西南角塔北抱厦残损现状 …… 55
图 87　西南角塔主要承重构件保存完整度示意图 …… 55
图 88　西北角塔东抱厦残损现状 …… 56
图 89　西北角塔南抱厦残损现状 …… 57
图 90　西北角塔西抱厦残损现状 …… 57
图 91　西北角塔北抱厦残损现状 …… 57
图 92　西北角塔塔顶石块走闪 …… 57
图 93　西北角塔主要承重构件保存完整度示意图 …… 58
图 94　中央主塔东南角残损现状 …… 58
图 95　中央主塔南抱厦残损现状 …… 59
图 96　中央主塔基座石块部分错位 …… 59
图 97　中央主塔门柱残缺 …… 59
图 98　中央主塔主要承重构件保存完整度示意图 …… 59
图 99　东北角塔平面设计图 …… 63
图 100　东北角塔西立面设计图 …… 64
图 101　东北角塔北立面设计图 …… 64
图 102　东南角塔东立面设计图 …… 65
图 103　东南角塔北立面设计图 …… 66
图 104　东南角塔 1－1 剖面设计图 …… 66

图 105　西南角塔平面设计图 …… 67
图 106　西南角塔东立面设计图 …… 68
图 107　西南角塔 1 - 1 剖面设计图 …… 68
图 108　西北角塔平面设计图 …… 69
图 109　西北角塔南立面设计图 …… 70
图 110　西北角塔西立面设计图 …… 70
图 111　中央主塔平面设计图 …… 71
图 112　中央主塔东立面设计图 …… 72
图 113　中央主塔 1 - 1 剖面设计图 …… 72
图 114　中央主塔搭设脚手架 …… 74
图 115　角塔搭设脚手架 …… 74
图 116　塔吊作业 …… 74
图 117　塔顶临时防雨设施 …… 75
图 118　石块测量、编号 …… 75
图 119　局部解体 …… 76
图 120　构件归安复位 …… 76
图 121　残损构件的粘接 …… 77
图 122　钢筋拉接 …… 77
图 123　石构件补配 …… 78
图 124　东北角塔南立面钢结构支护 …… 79
图 125　钢材与石构件之间的橡胶垫 …… 79
图 126　中方工作人员与 APSARA 局召开茶胶寺工作交流会 …… 81
图 127　柬方 APSARA 局检查茶胶寺工地 …… 81
图 128　中方专家组调研茶胶寺庙山五塔 …… 82
图 129　中方专家调研茶胶寺庙山五塔险情 …… 82
图 130　中方专家组赴茶胶寺庙山五塔进行技术指导 …… 83
图 131　中方工作队与 ICC 国际专家召开茶胶寺国际研讨会 …… 83
图 132　中方工作队与 APSARA 局召开茶胶寺工作研讨会 …… 84
图 133　中方专家赴茶胶寺进行技术指导 …… 84
图 134　工作队与 ICC 特设专家、ICC 秘书处成员在茶胶寺进行现场考察与交流 …… 85
图 135　中方代表参加 ICC-Angkor 第 29 届技术和第 24 届全体会议并做茶胶寺工作汇报 …… 85
图 136　中方工作队与 ICC 专家召开第一届茶胶寺专题研讨会 …… 86
图 137　中方工作队与 ICC 专家召开第二届茶胶寺专题研讨会 …… 86
图 138　中方工作队专家组与 APSAR 局开展技术交流与研讨 …… 87
图 139　中方工作队与法国远东学院召开技术研讨与交流会 …… 87
图 140　中国吴哥古迹保护研究中心 …… 88
图 141　吴哥古迹保护中国中心 …… 88

实测图目录

图 1　茶胶寺总平面图 …… 135
图 2　茶胶寺东立面图 …… 136
图 3　茶胶寺南立面图 …… 137
图 4　茶胶寺西立面图 …… 138
图 5　茶胶寺北立面图 …… 139
图 6　茶胶寺 1－1 剖面图 …… 140
图 7　茶胶寺 2－2 剖面图 …… 141
图 8　庙山五塔平面现状图 …… 142
图 9　庙山五塔平面竣工图 …… 143
图 10　中央主塔平面现状图 …… 144
图 11　中央主塔平面竣工图 …… 145
图 12　中央主塔东立面现状图 …… 146
图 13　中央主塔东立面竣工图 …… 147
图 14　中央主塔南立面现状图 …… 148
图 15　中央主塔南立面竣工图 …… 149
图 16　中央主塔西立面现状图 …… 150
图 17　中央主塔西立面竣工图 …… 151
图 18　中央主塔北立面现状图 …… 152
图 19　中央主塔北立面竣工图 …… 153
图 20　中央主塔 1－1 剖面现状图 …… 154
图 21　中央主塔 1－1 剖面竣工图 …… 155
图 22　中央主塔 2－2 剖面现状图 …… 156
图 23　中央主塔 2－2 剖面竣工图 …… 157
图 24　东北角塔平面现状图 …… 158
图 25　东北角塔平面竣工图 …… 159
图 26　东北角塔东立面现状图 …… 160
图 27　东北角塔东立面竣工图 …… 161
图 28　东北角塔南立面现状图 …… 162
图 29　东北角塔南立面竣工图 …… 163
图 30　东北角塔西立面现状图 …… 164

图 31　东北角塔西立面竣工图 …… 165
图 32　东北角塔北立面现状图 …… 166
图 33　东北角塔北立面竣工图 …… 167
图 34　东北角塔 1－1 剖面现状图 …… 168
图 35　东北角塔 1－1 剖面竣工图 …… 169
图 36　东北角塔 2－2 剖面现状图 …… 170
图 37　东北角塔 2－2 剖面竣工图 …… 171
图 38　东南角塔平面现状图 …… 172
图 39　东南角塔平面竣工图 …… 173
图 40　东南角塔东立面现状图 …… 174
图 41　东南角塔东立面竣工图 …… 175
图 42　东南角塔南立面现状图 …… 176
图 43　东南角塔南立面竣工图 …… 177
图 44　东南角塔西立面现状图 …… 178
图 45　东南角塔西立面竣工图 …… 179
图 46　东南角塔北立面现状图 …… 180
图 47　东南角塔北立面竣工图 …… 181
图 48　东南角塔 1－1 剖面现状图 …… 182
图 49　东南角塔 1－1 剖面竣工图 …… 183
图 50　东南角塔 2－2 剖面现状图 …… 184
图 51　东南角塔 2－2 剖面竣工图 …… 185
图 52　西南角塔平面现状图 …… 186
图 53　西南角塔平面竣工图 …… 187
图 54　西南角塔东立面现状图 …… 188
图 55　西南角塔东立面竣工图 …… 189
图 56　西南角塔南立面现状图 …… 190
图 57　西南角塔南立面竣工图 …… 191
图 58　西南角塔西立面现状图 …… 192
图 59　西南角塔西立面竣工图 …… 193
图 60　西南角塔北立面现状图 …… 194
图 61　西南角塔北立面竣工图 …… 195
图 62　西南角塔 1－1 剖面现状图 …… 196
图 63　西南角塔 1－1 剖面竣工图 …… 197
图 64　西南角塔 2－2 剖面现状图 …… 198
图 65　西南角塔 2－2 剖面竣工图 …… 199
图 66　西北角塔平面现状图 …… 200
图 67　西北角塔平面竣工图 …… 201

图 68　西北角塔东立面现状图 …… 202
图 69　西北角塔东立面竣工图 …… 203
图 70　西北角塔南立面现状图 …… 204
图 71　西北角塔南立面竣工图 …… 205
图 72　西北角塔西立面现状图 …… 206
图 73　西北角塔西立面竣工图 …… 207
图 74　西北角塔北立面现状图 …… 208
图 75　西北角塔北立面竣工图 …… 209
图 76　西北角塔 1－1 剖面现状图 …… 210
图 77　西北角塔 1－1 剖面竣工图 …… 211
图 78　西北角塔 2－2 剖面现状图 …… 212
图 79　西北角塔 2－2 剖面竣工图 …… 213

图版目录

1 茶胶寺平面航拍 …… 217
2 茶胶寺正射影像图 …… 218
3 茶胶寺庙山鸟瞰之一 …… 219
4 茶胶寺庙山鸟瞰之二 …… 219
5 茶胶寺外景之一 …… 220
6 茶胶寺外景之二 …… 220
7 东侧外景神道 …… 221
8 东外塔门 …… 221
9 一层台围墙及西北角 …… 222
10 北外长厅 …… 222
11 东内塔门 …… 223
12 二层台东南角及角楼 …… 223
13 二层台北回廊东段 …… 224
14 北内长厅 …… 224
15 南藏经阁 …… 225
16 须弥台东踏道及两侧墙体 …… 225
17 须弥台南踏道 …… 226
18 须弥台南台转角 …… 226
19 茶胶寺古代高棉文碑铭之一 …… 227
20 茶胶寺古代高棉文碑铭之二 …… 227
21 须弥台东侧的砂岩雕刻之一 …… 228
22 须弥台东侧的砂岩雕刻之二 …… 228
23 须弥台东侧的砂岩雕刻之三 …… 228
24 须弥台东侧的砂岩雕刻之四 …… 228
25 须弥台东侧的砂岩雕刻之五 …… 228
26 须弥台施工流程遗迹 …… 229
27 砌石间的金属拉结 …… 229
28 山花背面木构架插榫遗迹 …… 229
29 墙身角部特殊的砌石方式 …… 229

30 塔门窗棱的固定方式 …… 229
31 庙山五塔修复前鸟瞰之一 …… 230
32 庙山五塔修复前鸟瞰之二 …… 230
33 庙山五塔修复中鸟瞰之一 …… 231
34 庙山五塔修复中鸟瞰之二 …… 231
35 庙山五塔修复后鸟瞰之一 …… 232
36 庙山五塔修复后鸟瞰之二 …… 232
37 庙山五塔航拍图之一 …… 234
38 庙山五塔航拍图之二 …… 235
39 庙山五塔东立面脚手架全景 …… 237
40 庙山五塔东立面修复后全景 …… 239
41 中央主塔东立面正射影像图 …… 240
42 中央主塔南立面正射影像图 …… 241
43 中央主塔西立面正射影像图 …… 242
44 中央主塔北立面正射影像图 …… 243
45 中央主塔顶部假层的砌筑方式 …… 244
46 中央主塔中厅仰视 …… 244
47 中央主塔中厅内景 …… 245
48 中央主塔东侧抱厦 …… 246
49 中央主塔东抱厦仰视 …… 246
50 中央主塔西侧过厅内景 …… 247
51 修复中的中央主塔东立面 …… 248
52 修复后的中央主塔东立面 …… 248
53 修复前的中央主塔南立面 …… 249
54 修复后的中央主塔南立面 …… 249
55 修复前的中央主塔西立面 …… 250
56 修复后的中央主塔西立面 …… 250
57 修复前的中央主塔北立面 …… 251
58 修复后的中央主塔北立面 …… 251
59 修复中的中央主塔东北立面 …… 252
60 修复后的中央主塔东北立面 …… 253
61 修复前的中央主塔西南立面 …… 254
62 修复后的中央主塔西南立面 …… 255
63 东北角塔东立面正射影像图 …… 256
64 东北角塔南立面正射影像图 …… 257
65 东北角塔西立面正射影像图 …… 258

66 东北角塔北立面正射影像图 …… 259
67 东北角塔中厅内景之一 …… 260
68 东北角塔中厅内景之二 …… 260
69 东北角塔中厅内景之三 …… 261
70 东北角塔东侧抱厦内景 …… 262
71 东北角塔西侧抱厦内景 …… 263
72 修复前的东北角塔北立面 …… 264
73 修复后的东北角塔北立面 …… 264
74 修复中的东北角塔西立面 …… 265
75 修复后的东北角塔西立面 …… 265
76 修复前的东北角塔南立面 …… 266
77 修复后的东北角塔南立面 …… 266
78 修复前的东北角塔西北立面 …… 267
79 修复后的东北角塔西北立面 …… 267
80 修复中的东北角塔东南立面 …… 268
81 修复后的东北角塔东南立面 …… 268
82 修复前的东北角塔东北立面 …… 269
83 修复后的东北角塔东北立面 …… 269
84 东南角塔东立面正射影像图 …… 270
85 东南角塔南立面正射影像图 …… 271
86 东南角塔西立面正射影像图 …… 272
87 东南角塔北立面正射影像图 …… 273
88 东南角塔中厅内景之一 …… 274
89 东南角塔中厅内景之二 …… 275
90 东南角塔中厅仰视 …… 275
91 东南角塔北侧抱厦内景 …… 276
92 东南角塔南侧抱厦内景 …… 277
93 修复前的东南角塔东立面 …… 278
94 修复后的东南角塔东立面 …… 278
95 修复前的东南角塔南立面 …… 279
96 修复后的东南角塔南立面 …… 279
97 排险前的东南角塔北立面 …… 280
98 排险后的东南角塔北立面 …… 281
99 修复中的东南角塔西立面 …… 282
100 修复后的东南角塔西立面 …… 282
101 修复前的东南角塔西南立面 …… 283

102 修复中的东南角塔西南立面 …… 283
103 修复前的东南角塔南抱厦西侧 …… 284
104 修复后的东南角塔南抱厦西侧 …… 285
105 西南角塔东立面正射影像图 …… 286
106 西南角塔南立面正射影像图 …… 287
107 西南角塔西立面正射影像图 …… 288
108 西南角塔北立面正射影像图 …… 289
109 西南角塔主室仰视 …… 290
110 西南角塔中厅内景 …… 290
111 西南角塔南抱厦内景 …… 291
112 西南角塔顶部砌石细部之一 …… 292
113 西南角塔顶部砌石细部之二 …… 292
114 修复前的西南角塔东立面 …… 293
115 修复后的西南角塔东立面 …… 293
116 修复前的西南角塔西立面 …… 294
117 修复中的西南角塔西立面 …… 294
118 修复前的西南角塔西北立面 …… 295
119 修复后的西南角塔西北立面 …… 295
120 修复中的西南角塔东南立面 …… 296
121 修复后的西南角塔东南立面 …… 296
122 修复前的西南角塔西北立面 …… 297
123 修复后的西南角塔西北立面 …… 297
124 修复前的西南角塔西抱厦踏道 …… 298
125 修复后的西南角塔西抱厦踏道 …… 298
126 西北角塔东立面正射影像图 …… 299
127 西北角塔南立面正射影像图 …… 300
128 西北角塔西立面正射影像图 …… 301
129 西北角塔北立面正射影像图 …… 302
130 西北角塔顶部假层的砌筑方式 …… 303
131 西北角塔中厅内景之一 …… 304
132 西北角塔中厅内景之二 …… 305
133 西北角塔中厅仰视 …… 305
134 西北角塔南侧抱厦内景 …… 306
135 西北角塔北侧抱厦内景 …… 307
136 修复中的西北角塔东立面 …… 308
137 修复后的西北角塔东立面 …… 308

138　修复前的西北角塔南立面 …… 309
139　修复后的西北角塔南立面 …… 309
140　修复中的西北角塔西立面 …… 310
141　修复后的西北角塔西立面 …… 310
142　修复中的西北角塔东北立面 …… 311
143　修复后的西北角塔东北立面 …… 311
144　修复中的西北角塔西北立面 …… 312
145　修复后的西北角塔西北立面 …… 312
146　修复中的西北角塔西南立面 …… 313
147　修复后的西北角塔西南立面 …… 313

前　言

本报告是关于茶胶寺庙山五塔保护工程的报告。庙山五塔是茶胶寺的核心主体建筑，由位于第5层台基上的中央主塔和位于东北、东南、西南、西北四角的角塔组成。庙山五塔保护工程是中国政府援助柬埔寨第二期吴哥古迹保护工程茶胶寺保护中的一项。工程范围包括5座塔殿的保护，工程规模1929.4平方米。工程主体工作自2017年4月开始，至2017年11月基本完工，共解体石构件81块、归安561块、补配砂岩石构件49块、补配角砾岩石构件10块、修复粘接石构件42块、钢筋拉接6块、钢结构支护23处。工程解决了庙山五塔现状和潜在的险情，保证了建筑本体和游客的安全，更好地展示了茶胶寺作为世界遗产吴哥古迹重要组成部分的突出普遍价值，揭示了一些古代高棉建筑的建造工艺，培养了一批柬埔寨当地文物保护工程技术人员，建立了完整的工程档案。

庙山五塔保护工程虽然定位为排险加固工程，有难度高、时间紧、工作量大、施工条件艰苦等特点，但进展顺利，完成质量高，效果好。这主要得益于茶胶寺保护修复工程前期全面深入的多学科、交叉学科的深入细致的研究工作，前期工程实践的经验积累，以及伴随工程全过程的科学研究。茶胶寺前期研究涉及建筑学、历史学、考古学、地质学、材料学、结构科学、岩土科学和保护科学等多种学科，为价值评估和价值特征的确定、病害机理研究、保护项目的设计、保护技术和材料的选择奠定了基础。前期项目实践不仅验证了保护理念和方法的正确性，同时还在项目管理、施工技术、人员培训、档案建设、国际交流和对外宣传方面积累了丰富的经验，为施工的顺利进行提供了保障。庙山五塔是吴哥古迹罕见的未完成项目，为了解古代柬埔寨建筑技术提供了难能可贵的实物例证。伴随施工的科学研究，充分利用庙山五塔局部解体的珍贵机会，对庙山五塔建造过程、建筑材料的制备和砌筑方法进行了深入的研究和详细的记录，为古代柬埔寨石作建造技术提供了第一手资料。

庙山五塔保护工程遵守了《世界遗产公约》和《世界遗产公约操作指南》的精神、《威尼斯宪章》和《中国文物古迹保护准则》的原则，实施过程中突出强调了最低限度干预的原则，所有采取的措施均是可逆的，从而最大限度地保护了庙山五塔的真实性。工程做法得到了联合国教科文组织吴哥古迹保护协调委员会（ICC-Angkor）的肯定，认为“庙山五塔的保护修复理念和方法，完全符合《吴哥宪章》的相关规定和要求”。

本书共分6章。第一章介绍了茶胶寺及其保护工程的概况，以及庙山五塔及其保护工程的概况。第二章概括了与庙山五塔保护工程相关的多学科和交叉学科的前期研究。第三章是庙山五塔保护工程的设计内容。第四章记述了工程的具体实施过程。第五章介绍了工程实施过程中的能力培养和国际交流。第六章总结了庙山五塔保护工程的特点、难点和主要收获，并就茶胶寺未来可持续发展提出了建议。为使读者对庙山五塔保护工程有更为详细全面的了解，本书附录包括了保护前后的对比照片和实测图。

2015年出版的《茶胶寺修复工程研究报告》对茶胶寺保护工程的主要内容做了综合介绍。庙山五塔保护工程的主体工作在这本书出版后启动，是茶胶寺保护工程中最后一个竣工的子工程。现将庙山五塔保护工程的详细内容辑成本书，不仅可作为《茶胶寺修复工程研究报告》的补充内容，一些发现也为吴哥古迹的研究与保护提供了新的参考依据。

Foreword

The current report is on the conservation project of the Five-Towers on the Temple-Mountain, the core part of the Ta Keo temple. The five towers comprises the central tower standing on the 5th level of the pyramid, and the northeast, southeast, southwest and northwest corner towers. The project is a part of the Chinese Government Project (Phase II) to Aid Cambodia in the Conservation and Restoration of the Ta Keo Temple for the Conservation of the Angkor Monuments. The project involves the conservation intervention of the five towers, with an area covering 1,929.4 m^2. The main work was commenced in April 2017, and was largely completed in November the same year, during which 81 stone components were disassembled and reassembled, 561 displaced pieces were reinstated, 49 sandstone and 10 laterite blocks which were missing were added, 42 broken stone were re-adhered, 6 pieces were tied using rebars, and 23 steel framework were put in place for structural reinforcement. Through the intervention, existing and potential hazards to the Five-Towers are eliminated, safety both of the buildings and visitors are secured, and the outstanding universal value of the Ta Keo temple is better presented. In addition, some original techniques of ancient Khmer buildings are unveiled, a group of Cambodian technicians are trained, and a complete documentation is created.

The project aims at hazard elimination and structural stabilization. It features by high technical challenge, tight schedules, heavy workload and difficult working conditions. However, the project progressed smoothly and was completed with high quality and good effect, thanks to the in-depth multidisciplinary and interdisciplinary studies at the beginning of the Ta Keo temple conservation programme, to the practical experience gained in previous projects, and to the research associated with the entire process of the project. Studies in the Ta Keo temple programme involve such disciplines as architecture, history, archaeology, geology, materials science, structural engineering, geotechnical engineering and conservation science, laying solid foundation for value assessment and attributes identification, study of the causes of deterioration, project design, and selection of conservation techniques and materials. Previous projects not only proves the correctness of the conservation concepts and methodologies, but also help accumulating rich experience in project management, implementation techniques, capacity building for local people, documentation, international exchanges and communication. All these factors contribute to make the project process a smooth one. The Ta Keo temple is a rare example of an unfinished site in Angkor, which shed light on the original construction techniques of Khmer buildings. Scientific research accompanying the project took the precious opportunity of disassembling and reassembling the elements of the Five-Towers to document the detailed information on the original construction process and techniques, as well as the materials used, thus gained the first-hand data on ancient Cambodian masonry constructions.

The project was implemented in accordance with the *Convention Concerning the Protection of the World Cultural and Natural Heritage* and its *Operational Guidelines*, the *Venice Charter* and the *Principles for the Conservation of Heritage Sites in China*, and based on the principles of minimal intervention and reversibility, thus maximally preserving the authenticity of the site. The practices were recognised by the UNESCO International Coordinating Committee for the Safeguarding and Development of the Historic Site of Angkor (ICC-Angkor) as: "The theory and methods of the protection and restoration of Five-Towers on the Temple-Mountain are fully in compliance with the relevant provision and requirements by the Angkor Charter".

The current publication consists of six chapters. Chapter One gives an overview of the Ta Keo temple and its conservation programme, the Five-Towers on the Temple-Mountain and its conservation project. Chapter Two is a brief description on the multidisciplinary and interdisciplinary researches concerning the project. Chapter Three is on the project design. Chapter Four gives the details on the implementation of the project. Chapter Five is about the capacity building and international exchanges during the project implementation. Chapter Six sums up the characteristics, difficulties and main achievements, and offers suggestions for sustainable development of the Ta Keo temple in the future. Illustrations with photographs, drawings and diagrams of before and after conservation, are provided at the end of the book for readers to better understanding the project.

While *The Research on the Conservation and Restoration of Ta Keo Temple*, published in 2015, gives an overview of the conservation programme, the current publication is dedicated to a detailed record of the Five-Towers project, one that initiated after the publication of the above book, and one that is the wrap-up part of the overall programme, serving as a supplementary body of information. The knowledge gained from the project can also be useful for the research and conservation of the Angkor in general.

第一章 概 述

一 茶胶寺

茶胶寺（Ta Keo Temple）是世界遗产吴哥古迹中价值较高、保存较为完整的建筑群，代表了10～11世纪初吴哥庙山建筑发展的一个重要历史节点。

吴哥古迹（Angkor）是9～15世纪古代高棉帝国各时期都城建筑遗迹的总称，包括吴哥通王城（Angkor Thom）和吴哥窟（Angkor Wat）等40余组建筑组群，分布在柬埔寨北部暹粒省大约四百余平方公里的热带丛林之中[1]。1992年，在美国新墨西哥州圣塔菲召开的世界遗产委员会第16届会议，认为吴哥古迹符合世界遗产第i、ii、iii和iv条标准，决定将其列入《世界遗产名录》[2]。同时，为快速有效应对吴哥古迹的保护问题，将其列入《濒危世界遗产名录》[3]。2004年，在中国苏州召开的世界遗产委员会第28届会议，认为吴哥古迹在柬埔寨王国和其他援助国家的努力下，保护和管理状况得到了很大改善，决定将其从《濒危世界遗产名录》中移除[4]。2012年，在纪念《世界遗产公约》40周年活动中，世界遗产委员会将吴哥古迹的国际保护模式评选为世界遗产最佳世界遗产管理案例[5]。

茶胶寺位于吴哥通王城胜利门东约1公里处，西距暹粒河约500米，南侧和西侧紧临公路，东侧以神道与东池相接，东南与位于吴哥通王城东的塔布隆寺（Ta Prohm）、班迪克黛寺（Banteay Kdei）等著名寺院遥相呼应。

茶胶寺坐西朝东，平面呈方形，外围有壕沟环绕，东侧门外建有神道，神道两侧对称设置两座水池。建筑主体部分自下而上主要包括五层基台及坐落于第5层基台上的中央五塔。围墙和回廊分别环绕第一层基台和第二层基台四周，在其正交轴线位置分为八座塔门。第一层基台的东侧南北对称布置有外长厅两座，第二层基台的东侧南北对称布置内长厅及藏经阁各两座。茶胶寺现存遗址占地面积约46000平方米，主体建筑占地面积13100平方米[6]。

---

〔1〕 许言：《茶胶寺修复工程研究报告》，文物出版社，2015年。

〔2〕 世界遗产委员会，第16届会议决议文件，http：//whc. unesco. org/archive/1992/whc－92－conf002－12e. pdf，访问时间：2018年1月31日，p. 40。

〔3〕 世界遗产委员会，第16届会议决议文件，http：//whc. unesco. org/archive/1992/whc－92－conf002－12e. pdf，访问时间：2018年1月31日，p. 49。

〔4〕 世界遗产委员会，第28届会议决议文件，http：//whc. unesco. org/archive/2004/whc04－28com－26e. pdf，（第28 COM 15A. 23号决议），访问时间：2018年1月31日，p. 66。

〔5〕 http：//whc. unesco. org/en/recognition－of－best－practices/，访问时间：2018年1月31日。

〔6〕 许言：《茶胶寺修复工程研究报告》，文物出版社，2015年。

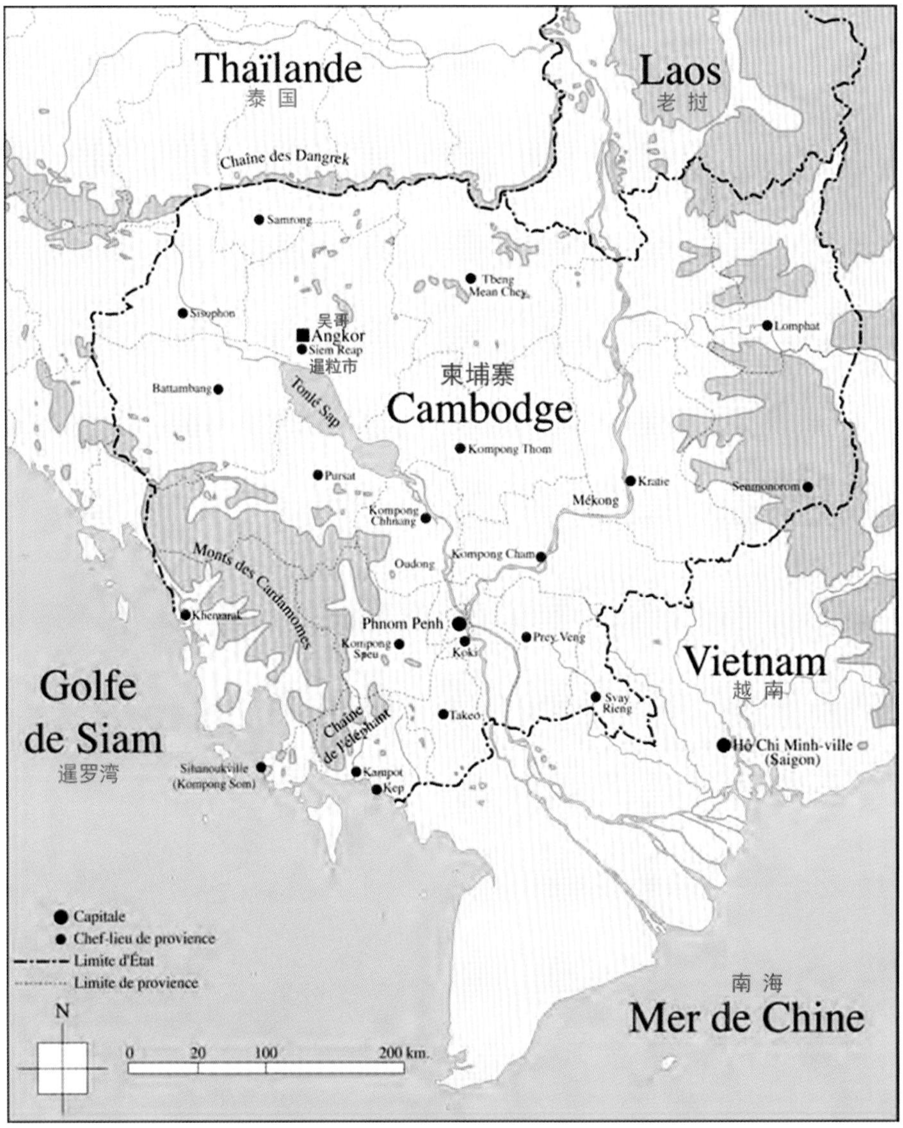

图1　柬埔寨区位图

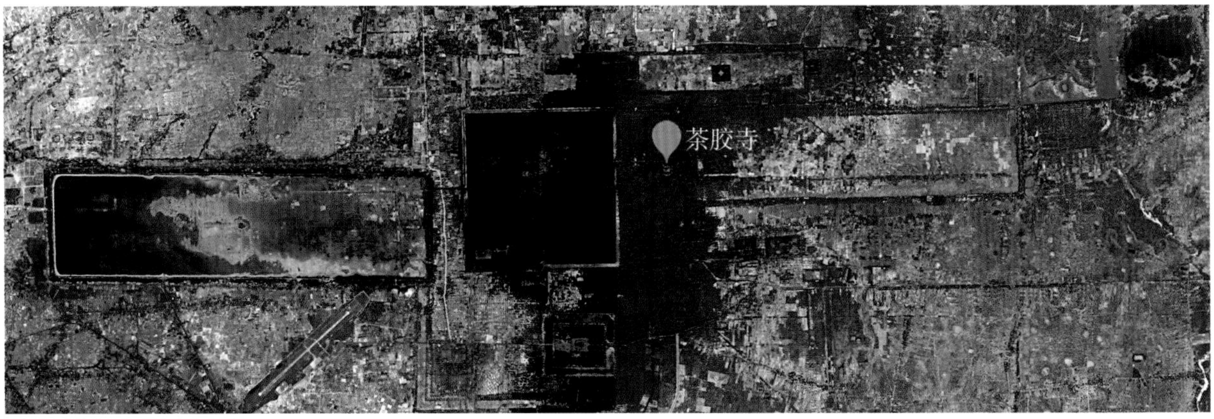

图2　茶胶寺位置示意图

PLAN DE ZONAGE ET DE GESTION DE L'ENVIRONNEMENT POUR LA RÉGION D'ANGKOR

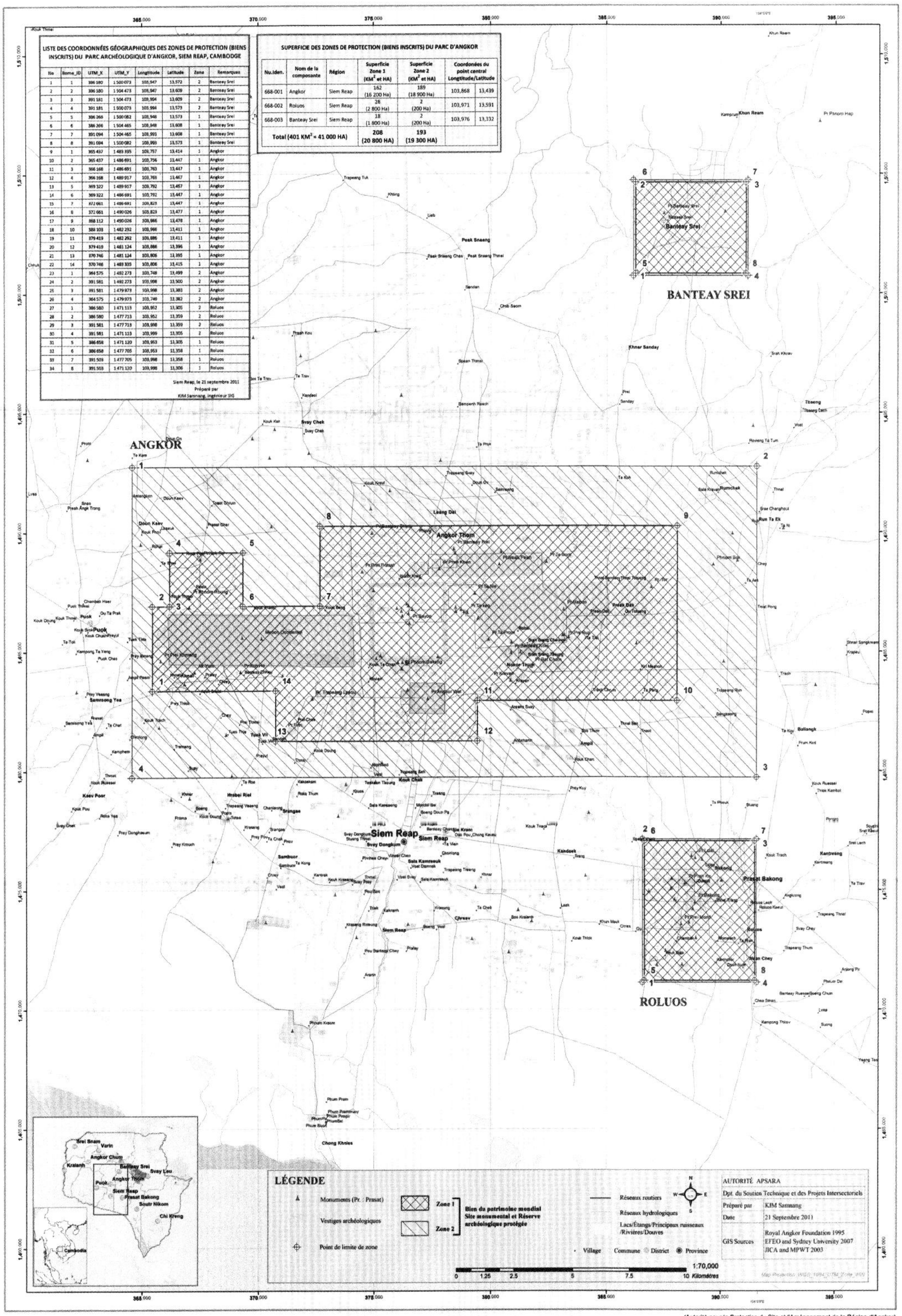

LISTE DES COORDONNÉES GÉOGRAPHIQUES DES ZONES DE PROTECTION (BIENS INSCRITS) DU PARC ARCHÉOLOGIQUE D'ANGKOR, SIEM REAP, CAMBODGE

No	Borne_ID	UTM_X	UTM_Y	Longtitude	Latitude	Zone	Remarques
1	1	386 180	1 500 073	103,947	13,572	2	Banteay Srei
2	2	386 180	1 504 473	103,947	13,609	2	Banteay Srei
3	3	391 181	1 504 473	103,994	13,609	2	Banteay Srei
4	4	391 181	1 500 073	103,994	13,573	2	Banteay Srei
5	5	386 266	1 500 082	103,948	13,573	1	Banteay Srei
6	6	386 266	1 504 465	103,948	13,608	1	Banteay Srei
7	7	391 094	1 504 465	103,993	13,608	1	Banteay Srei
8	8	391 094	1 500 082	103,993	13,573	1	Banteay Srei
9	1	365 437	1 489 335	103,757	13,414	1	Angkor
10	2	365 437	1 486 691	103,756	13,447	1	Angkor
11	3	366 168	1 486 691	103,763	13,447	1	Angkor
12	4	366 168	1 489 917	103,763	13,467	1	Angkor
13	5	369 322	1 489 917	103,792	13,467	1	Angkor
14	6	369 322	1 486 691	103,792	13,447	1	Angkor
15	7	372 661	1 486 691	103,823	13,447	1	Angkor
16	8	372 661	1 490 026	103,823	13,477	1	Angkor
17	9	388 112	1 490 026	103,966	13,478	1	Angkor
18	10	388 103	1 482 292	103,966	13,411	1	Angkor
19	11	379 419	1 482 292	103,886	13,411	1	Angkor
20	12	379 419	1 481 124	103,886	13,396	1	Angkor
21	13	370 746	1 481 124	103,806	13,395	1	Angkor
22	14	370 746	1 489 335	103,806	13,415	1	Angkor
23	1	364 575	1 492 273	103,748	13,499	2	Angkor
24	2	391 581	1 492 273	103,998	13,500	2	Angkor
25	3	391 581	1 479 973	103,998	13,383	2	Angkor
26	4	364 575	1 479 973	103,749	13,382	2	Angkor
27	1	386 580	1 471 113	103,952	13,305	2	Roluos
28	2	386 580	1 477 713	103,952	13,359	2	Roluos
29	3	391 581	1 477 713	103,998	13,359	2	Roluos
30	4	391 581	1 471 113	103,999	13,305	2	Roluos
31	5	386 658	1 471 120	103,953	13,305	1	Roluos
32	6	386 658	1 477 705	103,953	13,358	1	Roluos
33	7	391 503	1 477 705	103,998	13,358	1	Roluos
34	8	391 503	1 471 120	103,998	13,306	1	Roluos

Siem Reap, le 21 septembre 2011
Préparé par
KIM Samnang, ingénieur SIG

SUPERFICIE DES ZONES DE PROTECTION (BIENS INSCRITS) DU PARC D'ANGKOR

Nu.Iden.	Nom de la composante	Région	Superficie Zone 1 (KM^2 et HA)	Superficie Zone 2 (KM^2 et HA)	Coordonées du point central Longtitude/Latitude	
668-001	Angkor	Siem Reap	162 (16 200 Ha)	189 (18 900 Ha)	103,868	13,439
668-002	Roluos	Siem Reap	28 (2 800 Ha)	2 (200 Ha)	103,971	13,591
668-003	Banteay Srei	Siem Reap	18 (1 800 Ha)	2 (200 Ha)	103,976	13,332
Total (401 KM^2 = 41 000 HA)			208 (20 800 HA)	193 (19 300 HA)		

图 3 吴哥古迹世界遗产的遗产区与缓冲区

茶胶寺始建于975年吴哥王国时期的阇耶跋摩五世（Jayavarman V，968～1001年在位）时期。阇耶跋摩五世信奉印度教中的湿婆神，所以茶胶寺是为供奉湿婆而建的国寺。其后在国王优陀耶迭多跋摩一世（Udayadityavarman I，1001～1002年在位）、阇耶毗罗跋摩（Jayavirvarman，1002～1010年在位）、苏利耶跋摩一世（Suryavarman I，1002或1010～1049年在位）时期，茶胶寺一直处于建造过程之中，但最终未能完工，反映在庙山建筑上的雕刻及装饰部分处于未完工状态。1952年，法国碑铭研究专家乔治·赛代斯（George Coedès）对出土于茶胶寺第一层基台的阇耶跋摩七世（Jayavarman VII，1181～1220年在位）时期的碑铭（编号K277）的研究发现，该碑铭记载了茶胶寺在项目竣工之前曾经遭受雷击，并为此举行过一次隆重庄严的救赎仪式以驱除不祥之兆的情况，此后国王失去了继续建造茶胶寺的兴趣。这可能是茶胶寺未完工的原因[1]。

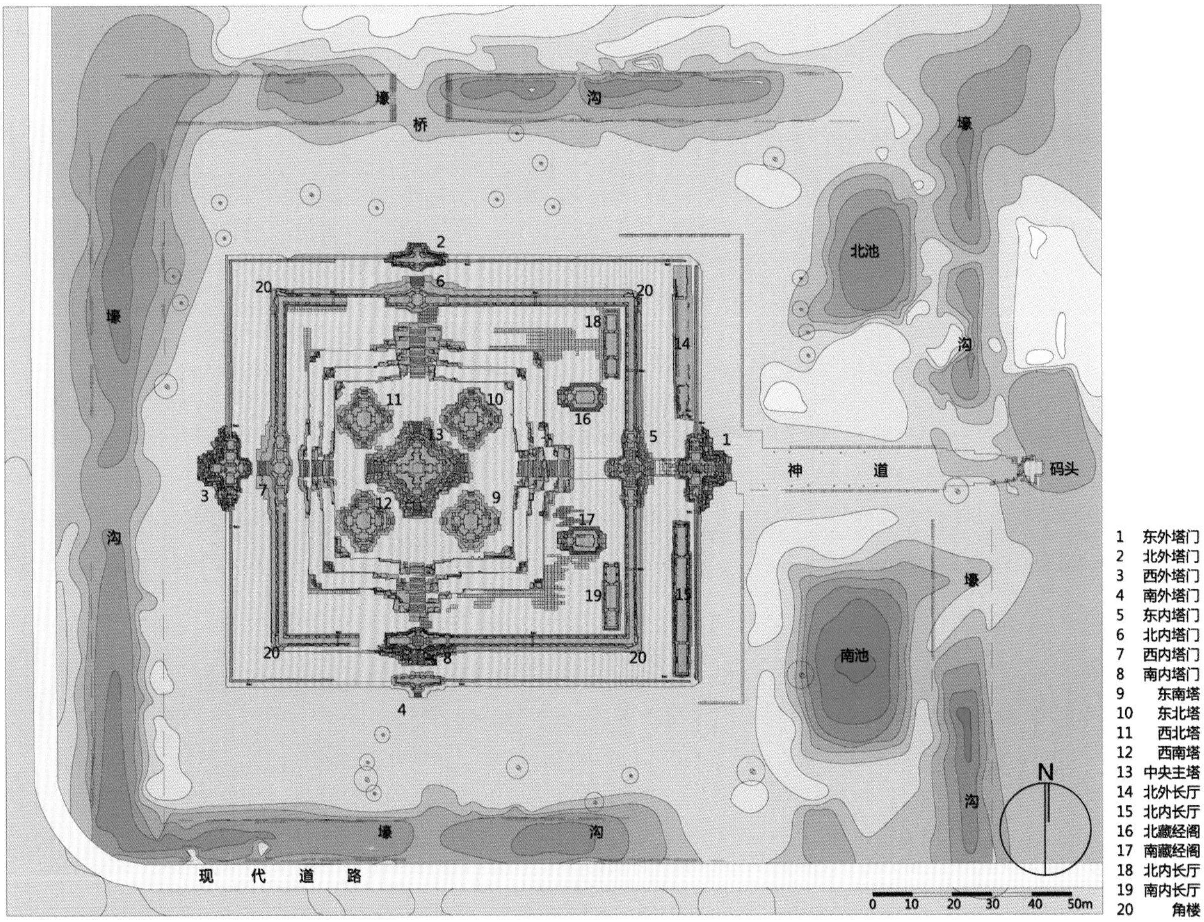

图4　茶胶寺平面图

〔1〕温玉清：《茶胶寺庙山建筑研究》，文物出版社，2013年；许言：《茶胶寺修复工程研究报告》，文物出版社，2015年；伍沙：《20世纪以来柬埔寨吴哥建筑研究及保护》，天津大学博士论文，未发表，2014年。

二 庙山五塔

1. 庙山五塔

庙山五塔是茶胶寺的核心，坐落于最高的第 5 层台基之上，由位于中心位置的中央主塔和位于东南、东北、西南、西北四个角塔组成，平面呈正方形，四面对称。主塔和角塔结构基本相同，由下而上分别是塔基、塔身、假层、塔顶及塔刹，平面形制皆为四面出抱厦的十字形平面。与角塔相比，中央主塔更加高大，且装饰更为繁复，体现在抱厦和中央厅之间增加过厅一间，平面、塔基、山花的构造方面显得更为繁复，塔基较角塔的两段多出一段、踏道为两层垛台等，突出了主体地位。

角塔塔基分为两段，每段由 4 层砂岩叠砌而成，四面踏道两侧为单层垛台。中央主塔的塔基分为三段，四面踏道两侧设两层垛台。此外，中央主塔四面踏道均呈上窄下宽状，踏道坡度约为47°，上下两端水平夹角约 10°，塔基顶端通过收窄踏道宽度而产生的强烈透视效果的方式，更加彰显突出中央主塔高峻挺拔的庙山核心地位。这一现象在中央主塔东、西立面尤其显著。

塔身垂直方向可分为基座（散水）、塔身和檐口三部分，平面上可大致分为中厅、过厅和抱厦等。基座位于石砌塔基之上，连接塔基和塔身，承担建筑散水的作用。塔身和檐口均由不同尺寸的砂岩块砌筑而成。五塔的檐口及其山花中厅最高，过厅居中，而抱厦最低。

图 5 茶胶寺俯瞰

图6　中央主塔西侧外观

假层位于中厅的檐部之上，其平面呈逐级收分的方形，形制与塔身主体相似，四面设假门，假门两侧有壁柱，上部有门楣及山花。五塔的假层部分残损严重。其中，中央主塔仅存两层，四周角塔均现存三层。

塔顶即中厅、过厅和抱厦之上的屋盖部分，呈向内收进的建筑形制，通高约为2.2米。除中央主塔的过厅塔顶保存较完整外，五塔现存的塔顶部分损毁情况较为严重。

五塔的塔刹均无存，仅在须弥台地面存有类似塔刹残件的石构件数块。

在五塔建筑形制之中，山花是最为突出的建筑构件。五塔的山花皆未做出雕刻及装饰，仅粗略雕凿出简单的轮廓，依据其位置和形制区别可将五塔的山花分为三类。第一类为正面山花，即五塔抱厦和过厅上的山花。按照形制可分为双山花和单山花。其中，双山花位于中央主塔抱厦之上，为四层砂岩砌石，单山花位于其他位置，为三层砂岩砌石。第二类为侧翼山花，即中央主塔过厅屋盖之侧面的山花，由两层砂岩砌石。第三类为假层山花，位于每级假层的假门之上，因假层逐级向内收分，故假层山花尺度也逐级缩小。

五塔中厅室内檐部皆保存有雕饰线脚，题材多为浅浮雕莲瓣，各塔门在门框表面处施以雕饰线脚，其余无精细的雕刻与装饰。五塔中厅室内檐口发现有疑似安装类似梁檩构件的榫槽。中央主塔的中厅室内地面为砂岩石铺砌而成，自中心向四周放出缓坡。四座角塔室内格局及雕像皆毁失不存。

五塔的窗按形制可分为真窗和假窗两类。真窗高度约 1.8 米，高宽比约 2∶1，假窗位于中央主塔过厅两侧，内侧尺寸高约 0.94 米，宽约 0.88 米，假窗抱框表面饰有粗雕线脚。通往抱厦的门洞尺寸约为高 2.25 米，宽 1.25 米，门框上有粗凿门楣雕饰，上方有叠涩拱，门洞两侧上下均有榫槽，推测可能为安装木门所致。门框内外两侧为粗雕线脚，门洞两侧仍保存有安装花柱所用榫槽的残迹，现存未完成的花柱残迹。

图 7 东南角塔俯瞰

2. 庙山五塔保护工程

茶胶寺保护工程之初，庙山五塔中央塔除个别部位石块缺失或破损，结构基本稳定。其余四座角塔的中心塔结构保存基本完好，但是四面抱厦均存在不同程度的局部墙基不均匀现象，窗框变形，门柱残缺断裂，门楣开裂等严重险情，个别部位有塌落危险。工作队依据 2011 年编制的《中国政府援助柬埔寨吴哥古迹保护（二期）茶胶寺保护修复工程总体计划》（2011 ~ 2018）[1]及《庙山五塔排险与结构加固工程施工图设计》[2]，对茶胶寺庙山五塔的东北塔北门、南门及东南塔西门三处，采取木构架支撑临时加固措施。这一措施在短期内保证了庙山五塔的结构安全。

[1] 中国文化遗产研究院：《中国政府援助柬埔寨吴哥古迹保护（二期）茶胶寺保护修复工程总体计划》（2011 ~ 2018），2011 年。
[2] 中国文化遗产研究院：《中国政府援助柬埔寨吴哥古迹保护工程茶胶寺庙山五塔排险与结构加固工程施工图设计》，2014 年。

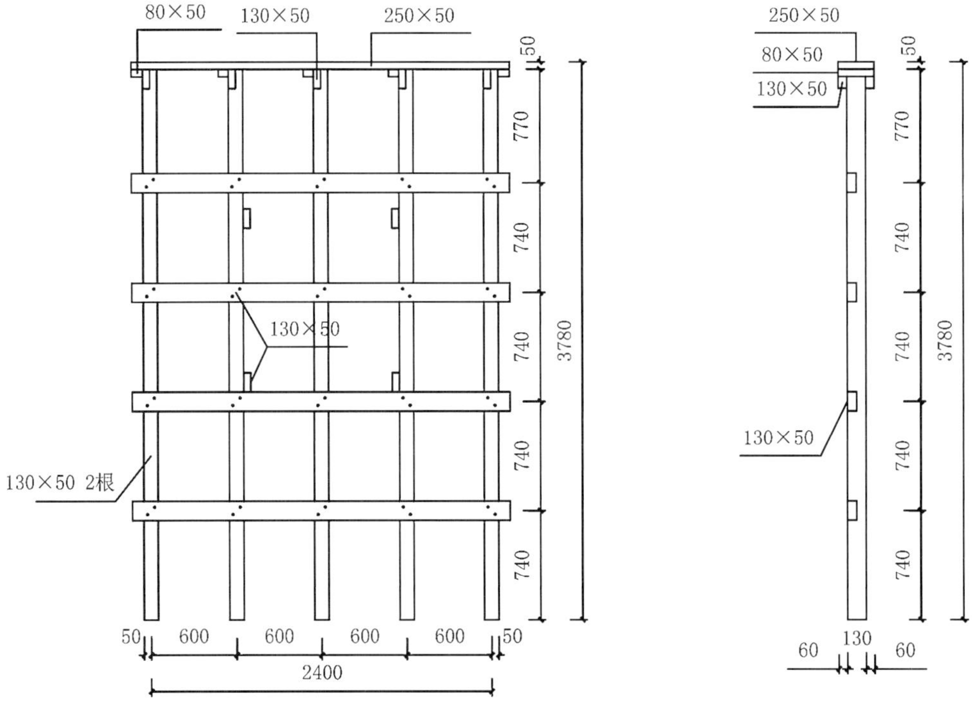

图8 东北角塔南门木构架支撑正、侧立面图

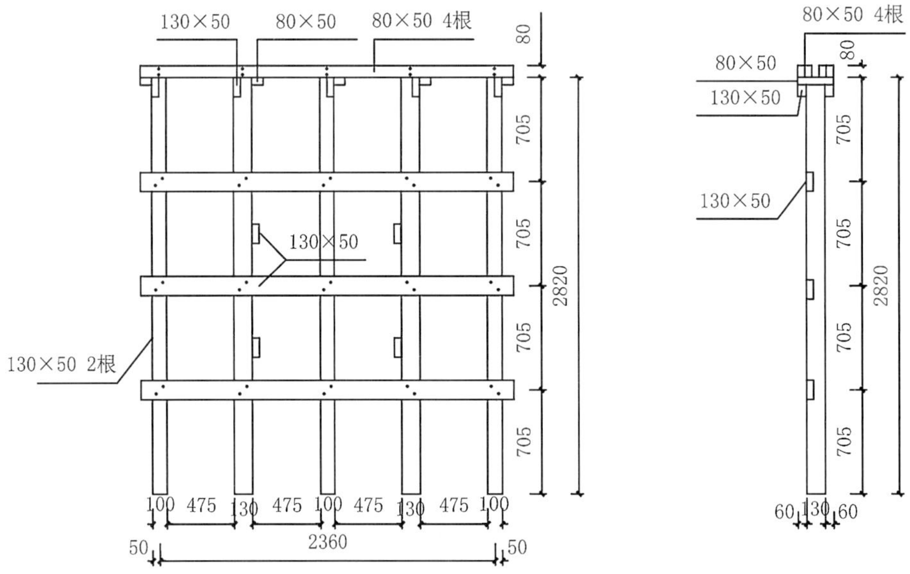

图9 东南角塔南门木构架支撑正、侧立面图

2016年下半年，随着茶胶寺保护工程接近尾声，在绝大部分保护工作已经完成的情况下，工作队在对项目现场进行整体安全排查的同时，重新评估了庙山五塔木构架支撑加固措施的有效性。评估认为临时木构支撑加固措施已经完成了其临时支护的使命，木构架经过多年自然环境的风化，不能继续胜任支护要求。庙山五塔仍存在结构安全隐患，具体表现在建筑整体或局部存在坍塌可能、易发生毫无征兆的脆性破坏、有石构件脱落的危险，且隐患有发展的趋势。

图10　东北角塔木结构支撑

为此，中国文化遗产研究院向国家文物局报告情况，提出全面排除庙山五塔险情的设想。2016年11月4日，国家文物局组织召开援柬工作专题会议，同意对庙山五塔进行保护修复，并要求尽快编制维修工作计划和项目预算。2016年11月下旬，中国文化遗产研究院组织专家及工作队对五塔进行现场调研和评估，专家建议本次工程定位为茶胶寺庙山五塔的排险加固。根据专家意见，中国文化遗产研究院于2017年2月编制完成《庙山五塔排险与加固工程勘察设计方案》。方案通过了专家评审会，并于2017年4月报中国国家文物局和柬埔寨吴哥古迹保护与发展管理局（下称APSARA局）审批、备案。庙山五塔排险与加固工作于2017年4月启动，于2017年11月基本完成。

庙山五塔保护工程包括5座塔殿的保护及第5层台基散水坡度的整理，项目规模1929.4平方米。项目共解体石构件81块、归安561块、补配砂岩石构件49块、补配角砾岩石构件10块、修复粘接石构件42块、钢筋拉接6块、钢结构支护23处。工程解决了庙山五塔现状和潜在的险情，保证了建筑本体和游客的安全，更好地展示了茶胶寺作为世界遗产吴哥古迹重要组成部分的突出普遍价值，揭示了一些古代高棉建筑的建造工艺，培养了一批柬埔寨当地文物保护修复的技术人员，并建立了完整的项目档案。

第二章　前期研究综述

庙山五塔虽然是抢险加固工程，难度高、时间紧，但工程的设计和实施均充分利用了茶胶寺保护工程深入细致的前期研究成果，所有决策过程以充分的科研和全面的信息资料为基础，取得了很好的效果。

自2008年始，中国文化遗产研究院与相关单位合作，共完成了测绘勘察专项研究报告近30余项，出版了研究书籍3本。在研究的基础上完成了保护工程的总体计划1项，总体设计方案1项，单项设计方案24项，完成施工图设计24项，施工组织设计3项，并随着各项保护工作的完成，形成分项竣工图32套。这些工作为庙山五塔保护工程的顺利开展奠定了坚实的基础[1]。

图11　《茶胶寺庙山建筑研究》封面

图12　《茶胶寺修复工程研究报告》封面

图13　《柬埔寨吴哥古迹茶胶寺考古报告》封面

一　资料收集、既往的研究与保护措施评价

1. 资料收集

为全面完整地收集资料，中国文化遗产研究院在对吴哥古迹和茶胶寺关于历史、考古、碑铭、类型、建筑、艺术、宗教、人类和遗产保护等方面的资料进行全方位收集的基础上，还派员赴法国远东学院巴黎总部和暹粒分部进行资料收集，建立了相对全面的资料库。为发挥资料对保护工程的支撑作用，

〔1〕见附录1。

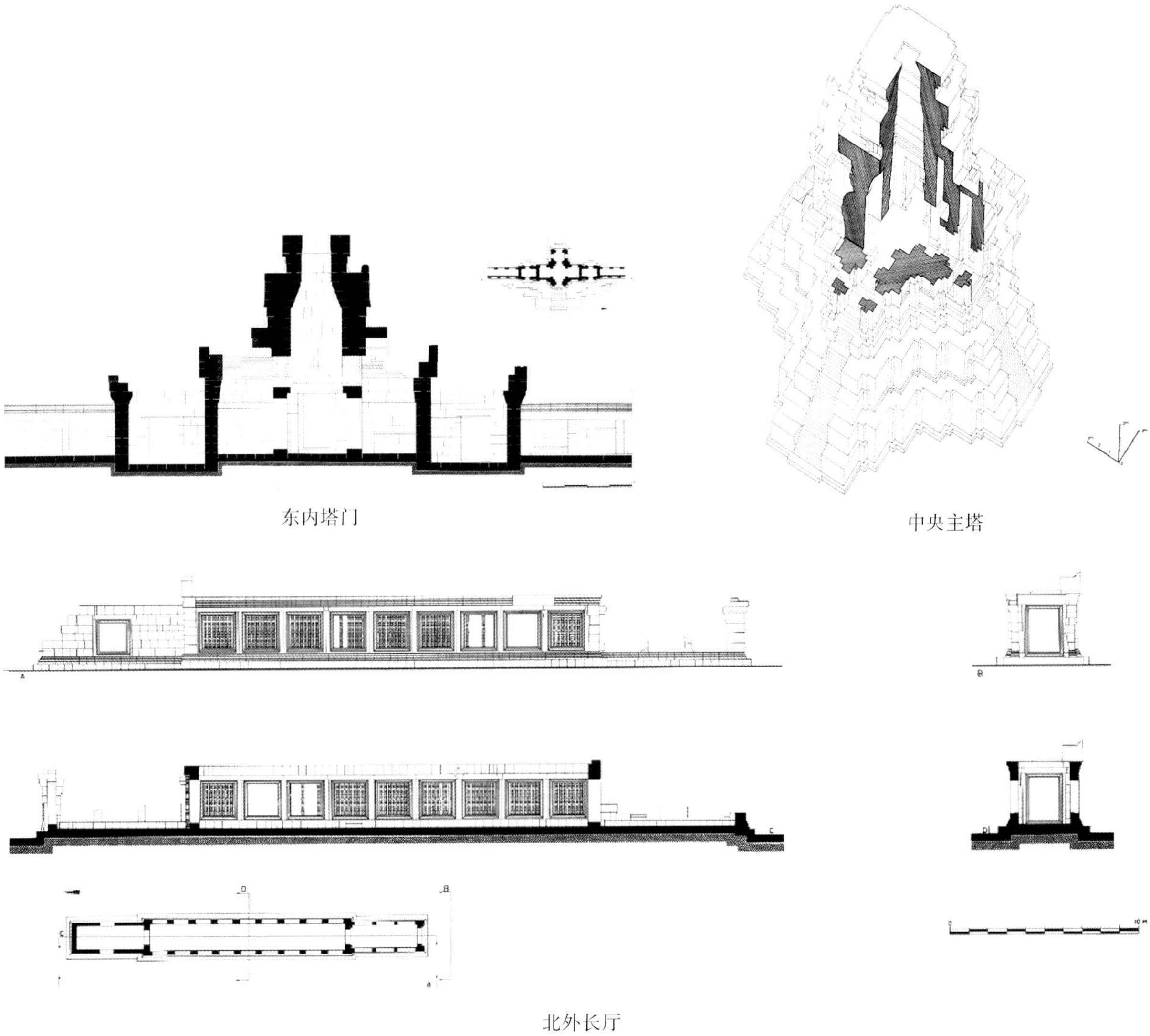

图 14　茶胶寺早期建筑研究图

在研究资料的基础上，通过与其他国家保护吴哥古迹的工作队的交流，形成了《柬埔寨吴哥古迹茶胶寺建筑保护修复史研究》《柬埔寨吴哥古迹茶胶寺建筑保护修复史研究（茶胶寺老照片）》《柬埔寨吴哥古迹茶胶寺建筑保护修复史研究（茶胶寺历史照片与现状照片对比图录）》，以及《茶胶寺：寺庙建筑研究》等一系列成果。

2. 既往的研究与保护措施评价

在资料收集的基础上，开展了对既往有关茶胶寺研究和保护措施的梳理[1]，并用中国文化遗产研究院自主科研课题经费开展了“吴哥国际保护合作历史与现状研究”的课题[2]。经过梳理，对茶胶寺

〔1〕 见温玉清：《茶胶寺庙山建筑研究》，文物出版社，2013 年。
〔2〕 课题成果见王毅、袁濛茜：《为了高棉的微笑——吴哥古迹国际保护行动研究》，浙江大学出版社，2018 年。

山花

东立面

图15　茶胶寺历史照片与现状照片对比

既往的研究与保护有了全面的了解，为科学开展茶胶寺的保护提供了信息。

自19世纪60年代开始，法国学者对茶胶寺的保护和研究随着法国对印度支那地区的殖民逐步展开。大批的探险家、旅行者和学者到访茶胶寺，并留下了大量珍贵的测绘图、考察笔记和研究资料。1863年，杜达特德·拉格雷（Ernest Doudart de Lagree）在其绘制的吴哥地区地图上标注了茶胶寺，这应是茶胶寺首次被西方学者所认识。1873年，弗朗西斯·加内尔（Francis Garnier）在《印度支那探索之旅》（Voyage d'exploration en Indo－Chine）中对茶胶寺做了简单记叙。1880年，德拉蓬特（L. Delaporte）发表《柬埔寨之旅：高棉的建筑》（Voyage au Cambodge：L'Architecture Khmer），记录了其绘制的吴哥古迹系列铜版画和由拉特（Ratte）于1873年绘制的茶胶寺总平面图。莫拉（J. Moura）于1883年编纂出版《柬埔寨王国》（Le Royaume de Cambodge），初步梳理了茶胶寺庙山名称来源，并通过实际测量，对茶胶寺的保存状况进行了更为详细的描述。1904年，埃廷内·艾莫涅尔（Étienne Aymonier）重新绘制了较简略的茶胶寺庙山平面图。1911年，在《柬埔寨古迹名录》（Inventaire descriptif des monuments du Cambodge）中，拉云魁尔（Etienne Lunet de Lajonquiere）绘制了茶胶寺庙山的总平面图和剖面图。尽管受调查条件所限，有较多错误之处，但这些图纸仍是当时重要的测绘资料。1920年，在前期工作的基础上，德拉蓬特绘制了准确度较高的测绘平面图，并通过对茶胶寺庙山的复原研究，绘制了较完整的复原立面图[1]。

〔1〕 伍沙：《柬埔寨吴哥古迹茶胶寺建筑研究》，天津大学硕士论文，未出版，2012年。

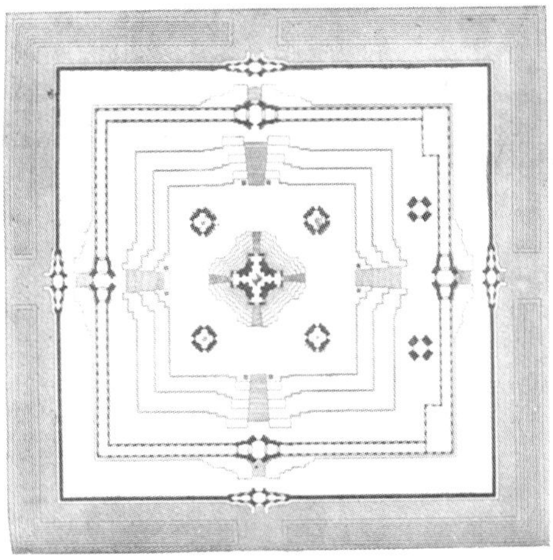

Delaporte，1880 年

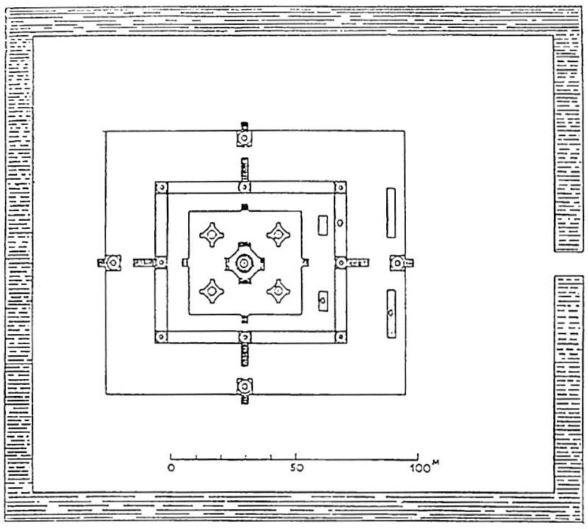

E. Aymonier，1904 年

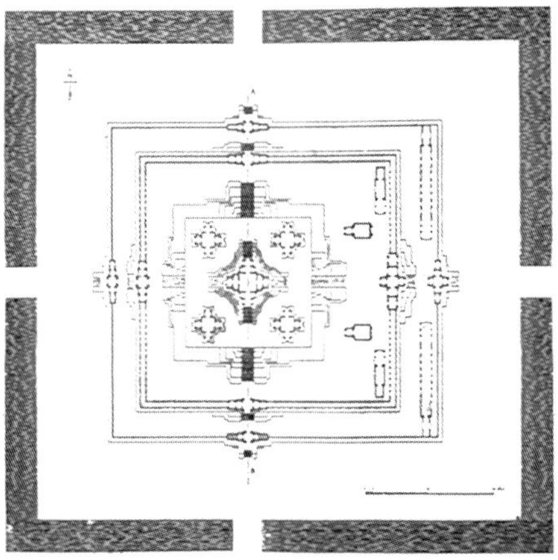

Lunet de Lajonquière，1911 年

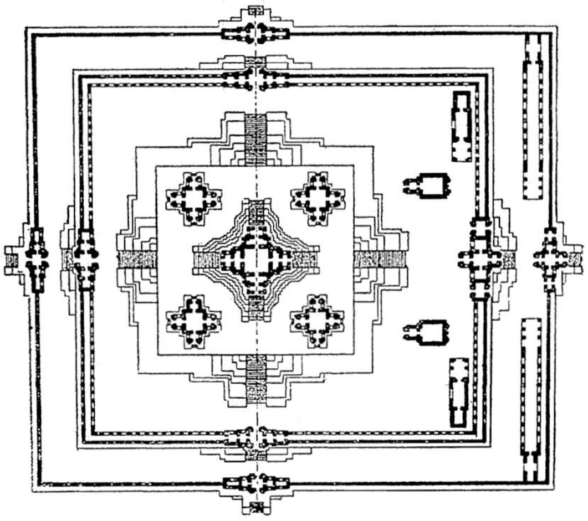

L. Delaporte，1920 年

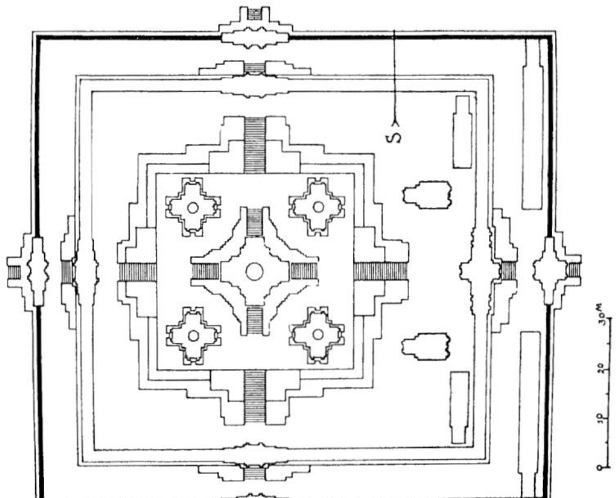

H. Marchal 约 20 世纪 20 年代

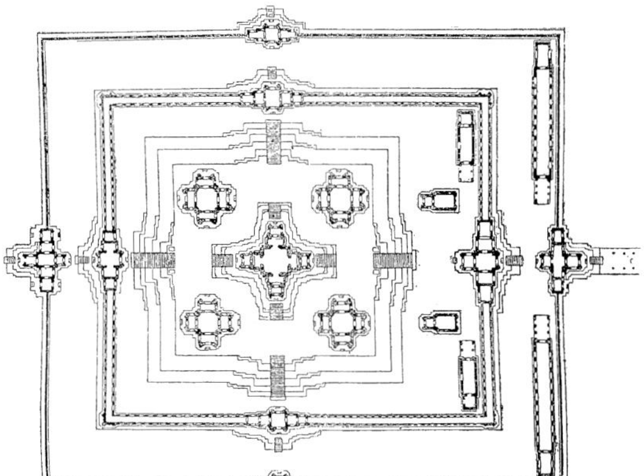

Maurice Glaize 1952 年

图 16　法国学者早期绘制的茶胶寺平面图

图 17　扁铁箍防止石构件进一步外闪

1920 年至 1923 年，在法国远东学院的“吴哥考古遗址公园”计划中，吴哥古迹保护处的法国专家系统开展了吴哥古迹的整理与保护工作，其中包括了对茶胶寺庙山的清理与保护工作。当时的保护工作主要将茶胶寺散落的石构件从庙山北侧与南侧的豁口清理出去，铺排码放到周围的洼地里，对散落构件进行简单的分类、整理及摆放工作。与此同时，法国专家还对茶胶寺庙山建筑各座单体建筑的危险部位进行加固，采取的方法有两种：一种是用钢筋混凝土柱支顶上部即将坍落的结构或支撑倾斜的墙体，例如庙山五塔部分抱厦入口两侧门柱等部位有水泥加固痕迹，系法国远东学院前期所做的加固措施；另外一种是用扁铁将断裂变形的石构件箍紧，防止其进一步的变形。虽然这些临时性保护措施不能从根本上解决建筑存在的安全隐患，但在当时的条件下，这些临时加固和支护措施对茶胶寺庙山保护起到了积极的作用。

除此之外，对茶胶寺庙山的考古调查也有新的成果。1927 年，帕蒙蒂埃（H. Paementier）对其进行了小规模测绘，并留下大量手稿及草图。1929 年，马绍尔（Henri Marchal）在东池西堤上发现了一座平台遗址，此平台位于茶胶寺庙山主入口的东西轴线上，应是一处与茶胶寺总体布局与规划相关的重要遗迹。1934 年，柯瑞尔·雷慕沙（Coral - Rémusat）、维克多·格罗布维（V. Goloubew）和赛代斯（G. Coedes）合作在法国远东学院学报上发表《茶胶寺年代考》，通过对茶胶寺庙山的形制、装饰、碑铭等进行研究，基本确定了茶胶寺的建造年代，是茶胶寺研究及吴哥古迹研究的典范。20 世纪四五十年代，莫瑞斯·格莱兹（Maurice Glaize）和马绍尔在各自论著中均介绍了茶胶寺庙山，并修正了一层平台附属建筑的位置。格罗斯利埃（B. P. Groslier）绘制茶胶寺庙山的轴测图，但未标明二层基台上的附属建筑。

1967年和1969年，在时任法国远东学院院长简·费里奥扎（Jean Filliozat）和吴哥古迹保护处负责人格罗斯利埃（B. P. Groslier）的委托下，建筑师雅克·杜马西（Jacques Dumarçay）对茶胶寺庙山进行了两次实地测绘与调研，并于1970年在法国远东学院出版了调查报告《茶胶寺建筑研究》，在大量实测图的基础上，对庙山进行了详细的描述。这是20世纪法国学者对茶胶寺庙山建筑最完善和翔实的记录[1]。

图18 法国远东学院早期对茶胶寺进行的清理与排险支护[2]

〔1〕 温玉清：《茶胶寺庙山建筑研究》，文物出版社，2013年，第88～95页。

〔2〕 温玉清：《茶胶寺庙山建筑研究》，文物出版社，2015年，第92页。

在联合国教科文组织的帮助下，自20世纪90年代柬埔寨内战结束后，援助柬埔寨吴哥古迹保护的国际行动正式实施。自1994至2006年，柬埔寨政府组织力量对茶胶寺进行了小规模的清理和保护工作，例如，对二层基台转角坍塌所形成的空隙处砌筑砖结构，以支撑上部的角楼，局部还用木结构斜撑对倾斜墙体和松散的结构进行支撑。这些工作，对缓解茶胶寺的进一步损坏起到了积极的作用。

图19　柬埔寨政府砖砌体支顶二层基台转角坍塌处

2006年，在援助柬埔寨吴哥古迹一期周萨神庙保护工程进入尾声之际，中柬两国政府正式确认茶胶寺为中国援助柬埔寨二期吴哥古迹保护工程。受商务部和国家文物局委托，中国文化遗产研究院担任援柬吴哥古迹茶胶寺保护与修复工程的设计单位和施工单位，工程总经费为4000万元。茶胶寺保护与修复工作于2010年正式启动，计划于2018年竣工。工程范围包括5座塔门、二层台及上部4处角楼，须弥座4个转角，4座长厅，南北2座藏经阁，一层基台围墙及转角，二层基台回廊。工程内容包括建筑本体保护修复，庙山五塔排险与结构加固，须弥座踏道两侧墙体整治，藏经阁、长厅等排险支护，排水与环境整治，须弥台石刻保护，考古研究及辅助设施建设。

茶胶寺保护工程分为三个阶段。第一阶段自2011年5月至2013年2月，保护修复主要内容包括南内塔门、东外塔门、二层台东北角及角楼、二层台西南角及角楼、二层台西北角及角楼、二层台东南角及角楼等6个项目。第二阶段自2013年8月至2014年8月，保护修复内容主要包括南藏经阁、北藏经阁、须弥台东南角、须弥台西南角、须弥台西北角、须弥台东北角等6个项目。第三阶段自2014年9月至2018年6月，保护修复内容主要包括北外长厅、南外长厅、北内长厅、南内长厅、二层台回廊、须弥台踏道两侧墙体整治、北外塔门、南外塔门、西外塔门、一层台围墙及转角、藏经阁和长厅等排险支撑、庙山五塔排险与结构加固等12个项目，对其存在的坍塌、歪闪、构件破损等病害，采取解体、加固、修补和归安等措施进行保护维修[1]。

二　价值评估

1992年吴哥古迹以标准 i、ii、iii、iv 列入《世界遗产名录》。世界遗产突出普遍价值声明如下：

位于柬埔寨北部暹粒省的吴哥是东南亚最重要的考古遗址之一，方圆大约400平方千米，包括众多寺庙、水利项目（水池、堤岸、水库和运河）以及交通道路。几个世纪以来，吴哥一直是高棉王国的中心，有着令人惊叹的古迹遗址、各种不同的古代城镇规划和大型的水库，是各种特征的独特结合，是一个卓越文明的代表。吴哥窟、巴戎寺、圣剑寺和塔布隆寺等寺庙是高棉建筑的代表，与其地理环境密切相关，并具有象征意义。这座都城的建筑和布局见证了高棉帝国高度的社会秩序和等级观念。因此吴哥是一处展示着文化、宗教和象征价值的重要遗址，同时有着重要的建筑、考古和艺术意义。

公园里有人居住，并且分布有许多村落，有些村民的祖先可追溯到吴哥时期。当地人主要从事农业，具体来说是水稻种植。

标准（i）：吴哥建筑群代表9世纪到14世纪的完整高棉艺术，其中包括众多毫无争议的艺术杰作（如吴哥窟、巴戎寺、女王宫）。

标准（ii）：在吴哥的发展对高棉艺术独特的演进史起了关键作用，并深远影响了东南亚的大部分地区。

标准（iii）：9世纪到14世纪的高棉帝国疆域包括东南亚大部，影响了该地区的政治和文化发展。丰富的砖石结构宗教建筑是该文明的所有遗存。

标准（iv）：高棉建筑很大程度上由印度次大陆建筑风格演化而来，很快形成了自己的独有特点，有些是独立发展，有些吸纳了邻近的文化传统，其结果是形成了东方艺术和建筑中的独特艺术风格[2]。

茶胶寺是吴哥古迹世界遗产的重要构成要素，是阇耶跋摩五世为供奉湿婆神而建造的国寺。

庙山五塔是茶胶寺的核心建筑，构成了印度教须弥山的意向。庙山五塔巨型砌石的使用、十字形平面且四面开敞皆出抱厦的塔殿、环绕须弥台回廊平面格局的出现，开创了吴哥时代庙山建筑风气之先，是吴哥建筑庙山建筑风格转型的里程碑。

基于这一价值评估，严格保护庙山五塔的真实性是本工程最基本的指导思想。

三　勘察测绘

2008年至2012年，中国文化遗产研究院与相关单位合作开展了茶胶寺的前期测绘工作，应用三维激光扫描结合传统测绘方法获取数据，形成了《柬埔寨吴哥古迹茶胶寺测绘成果集》《中国政府援助柬埔寨吴哥古迹保护茶胶寺维修单体建筑三维实体数值模型图》等，成为茶胶寺保护最基础的资料。

无人机拍摄为茶胶寺测绘提供了又一新的视角。

---

〔1〕许言：《茶胶寺修复工程研究报告》，文物出版社，2015年。

〔2〕原文：Angkor - UNESCO World Heritage Centre　http://whc.unesco.org/en/list/668，访问时间：2018年2月2日，中文翻译版本为王毅、袁濛茜：《为了高棉的微笑——吴哥古迹国际保护行动研究》，浙江大学出版社，2018年，附件四。

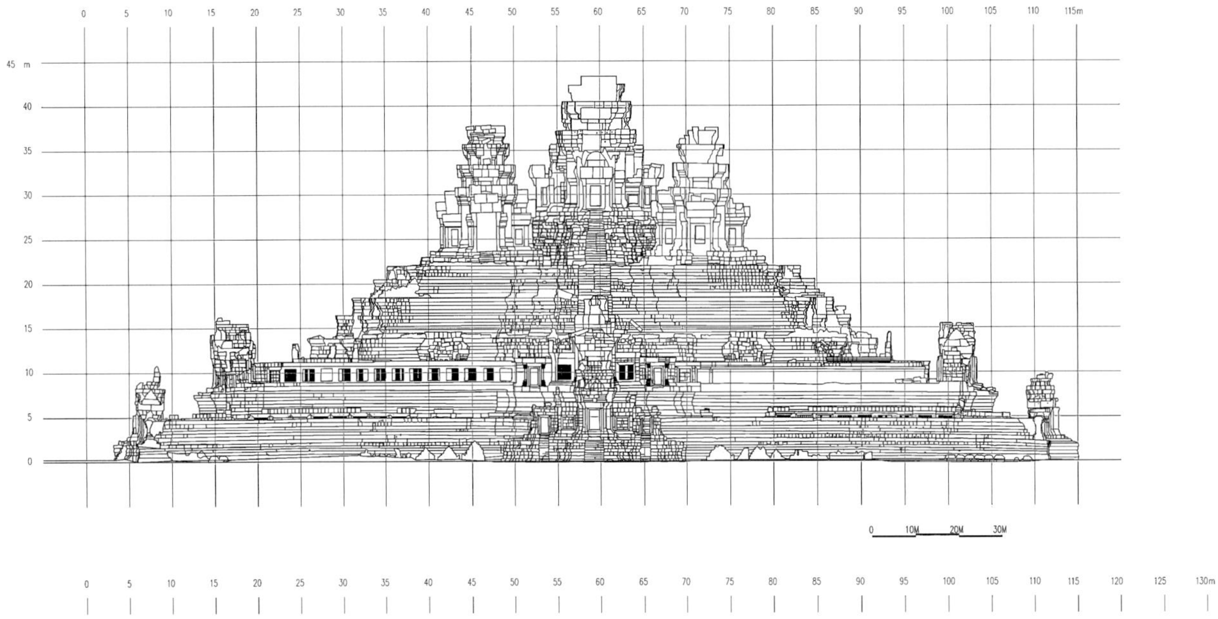

图20　茶胶寺东立面测绘图

图21　庙山五塔西立面三维激光扫描图

四　建筑形制、结构与建造技术研究

1. 建筑形制与结构研究

建筑形制与结构研究旨在通过现有信息，对茶胶寺的设计效果进行推测，从而了解设计之初茶胶寺的面貌。研究成果对指导散落构件的归安以及价值的展示与阐释十分重要，同时可作为补配构件的加工依据。

图22　茶胶寺复原研究图

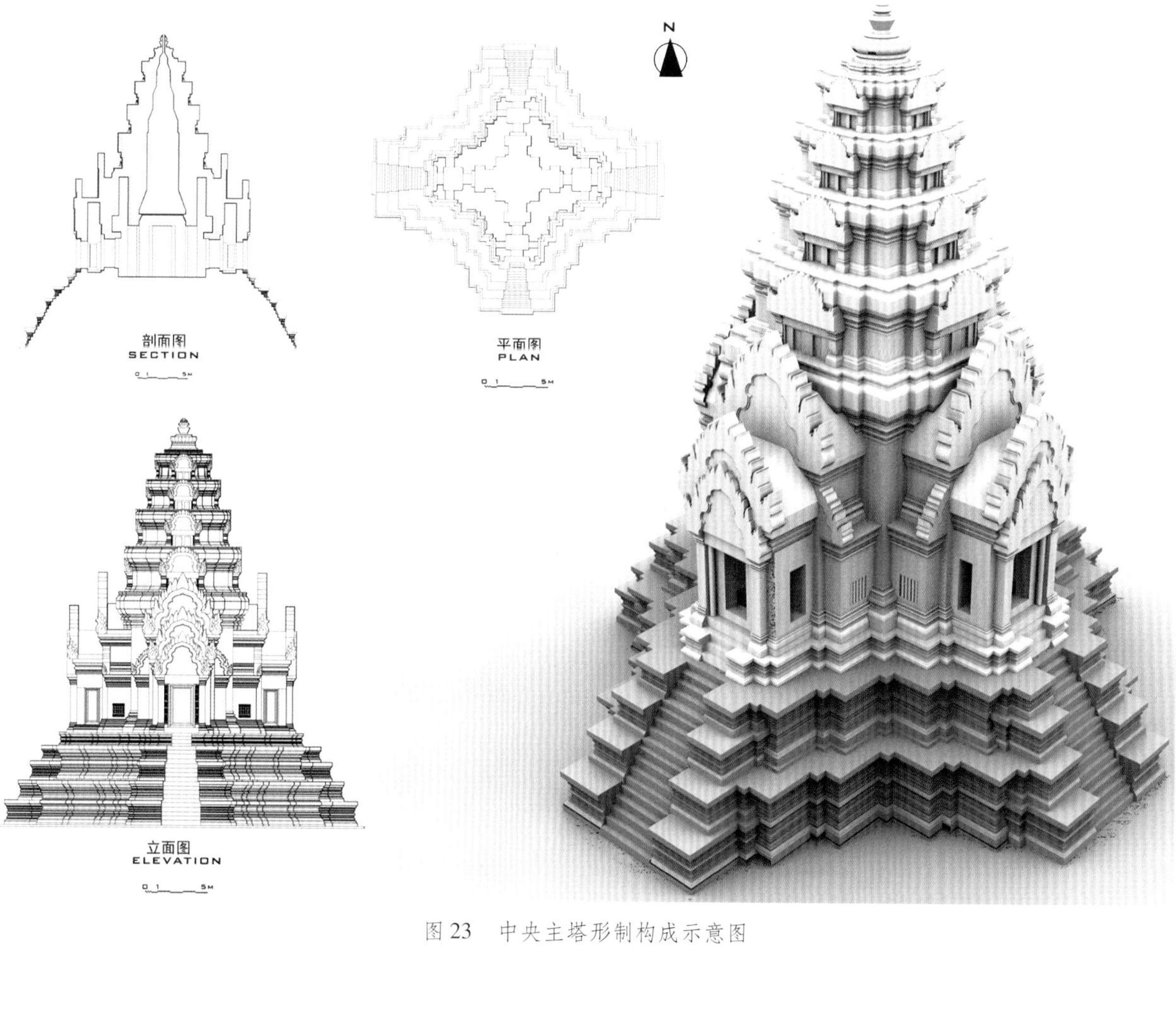

图23　中央主塔形制构成示意图

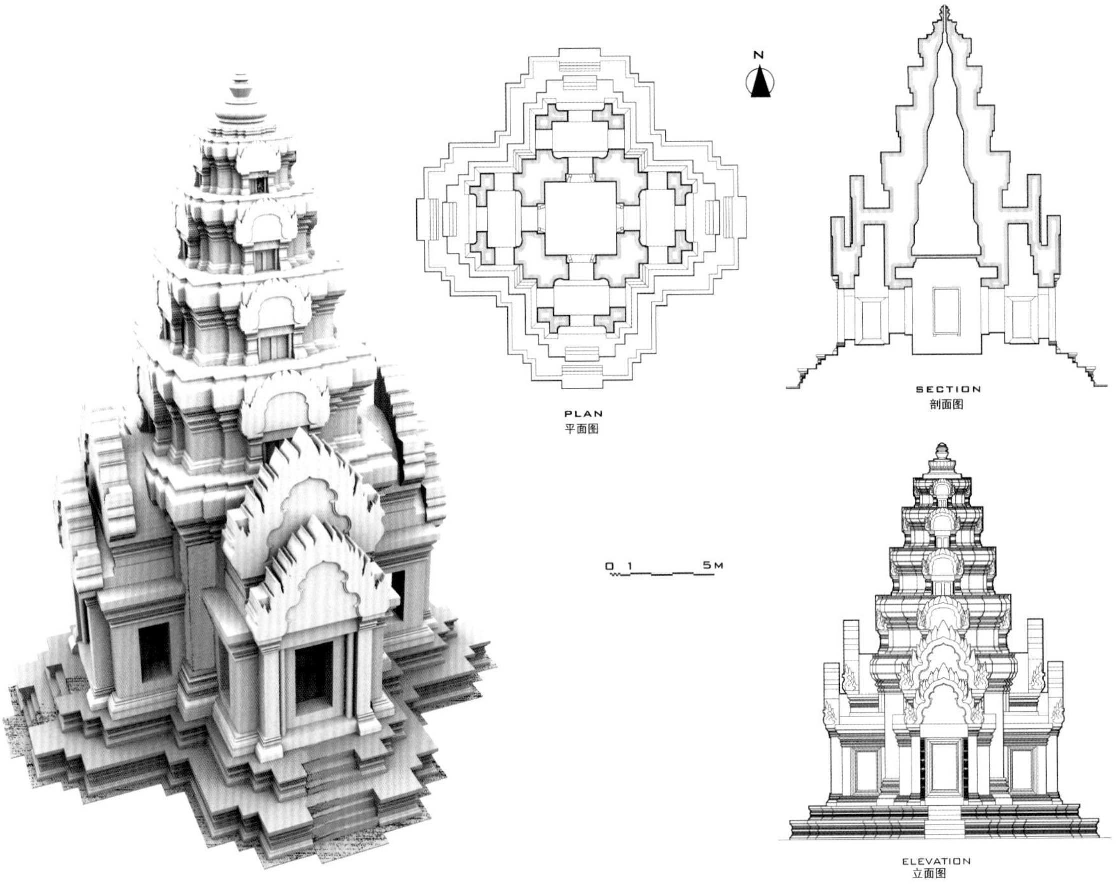

图24 角塔形制构成示意图

以现场调查测绘、文献资料研究和考古调查与发掘为基础，开展了茶胶寺庙山建筑形制与结构复原研究，形成《茶胶寺庙山建筑形制与复原研究》等研究成果[1]。现存庙山五塔无完整的塔顶遗存，现场的散落构件中发现了一些疑似构成塔顶部分的砌石构件，这些构件为复原塔顶部分提供了重要的参考。

（1）假层

根据三维激光扫描的精细测量数据，结合对庙山尺度的研究，通过推测塔殿最上部假层的尺寸，可以复原假层的数量。

以假层及顶部保存较为完整的东北角塔为例，现存三层假层的面阔尺寸自下而上分别为6.1米、4.75米、3.85米。若以现存最上部假层尺寸3.85米与散落构件中0.8～0.9米见方的塔顶构件进行匹配，在尺寸比例上极不协调。若以第四层假层的推测尺寸约为3米计，似与散落的塔顶构件尺寸的较为匹配，由此可以推测茶胶寺中央五塔角塔假层数为4层。中央主塔的假层数不少于角塔，其假层的层数也暂推测为4层。参照现存假层平面逐层向内收进，以及其对应的里面逐层收分的匹配拟合，可以复原茶胶寺庙山中央五塔的第四层假层。

〔1〕 中国文化遗产研究院：《柬埔寨吴哥古迹茶胶寺建筑形制与复原研究》、《柬埔寨吴哥古迹茶胶寺建筑调查、测绘与记录》，课题研究报告，未发表，2012年。

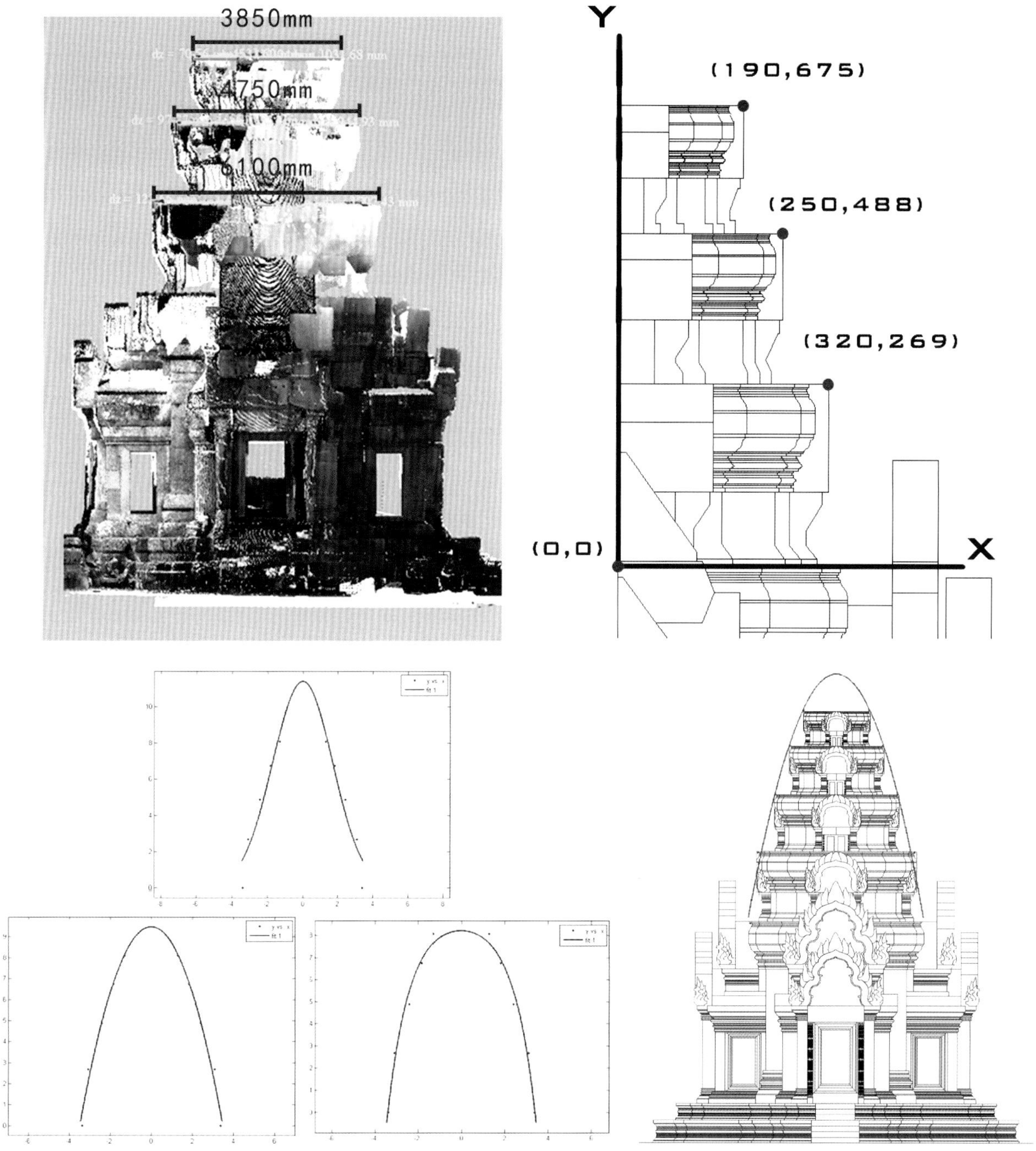

图 25　假层复原图

（2）塔刹

茶胶寺庙山中央五塔周边发现诸多类似塔刹的散落构件，其中在须弥台南侧发现的散落构件可以拼对成直径约为 0.92 米、厚度约 0.3 米的砂岩圆盘，推测应为塔刹底座的组成部分之一。由于茶胶寺庙山未完成，并且未清理寻配出相关的散落构件，因此塔刹的复原较为困难。通过寻配拼对，五塔的塔刹形制大致与巴方寺现存的塔刹实例较为接近。因而茶胶寺庙山五塔塔刹的复原参考巴方寺内现存塔刹的实例。

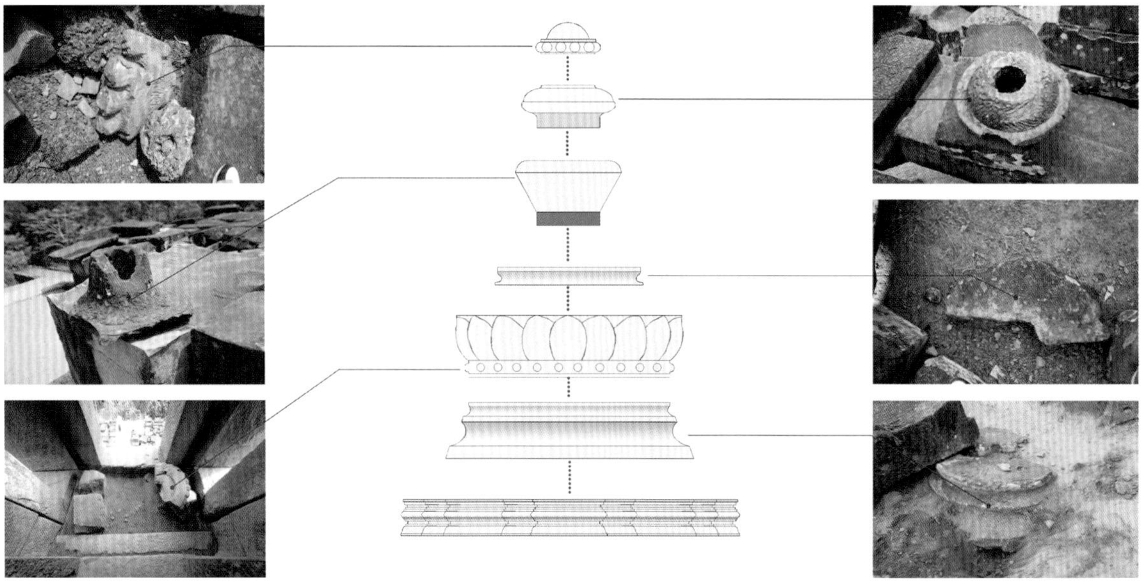

图26　塔刹复原图

（3）山花

茶胶寺庙山中央五塔之中，山花的保存状况均不完整。以东北角塔为例，根据保存现状及周围散落构件的情况可以大致确定，自下而上砌石数目依次为3块、2块、1块，位于山花最上层的砌石呈三角形。各级假层山花的砌石分为两层，处于下部的一层由三层砌石构成且体量相对较大，位于上部的砌石由

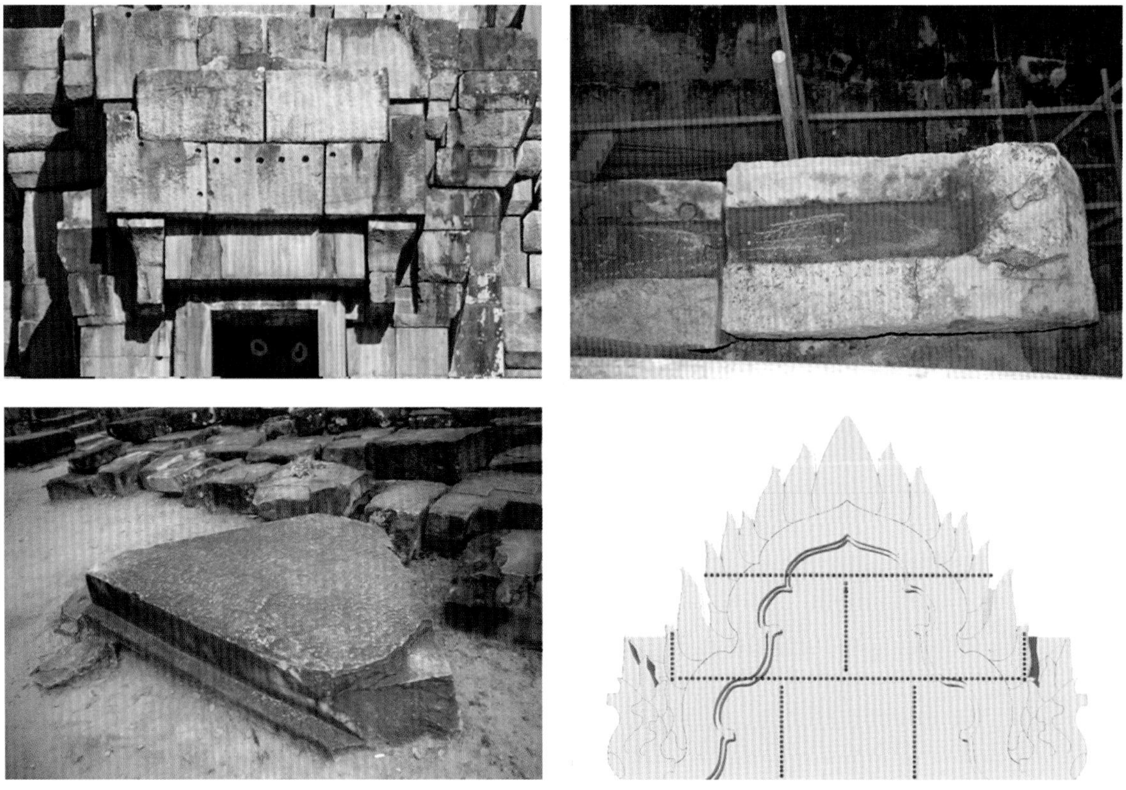

图27　角塔山花

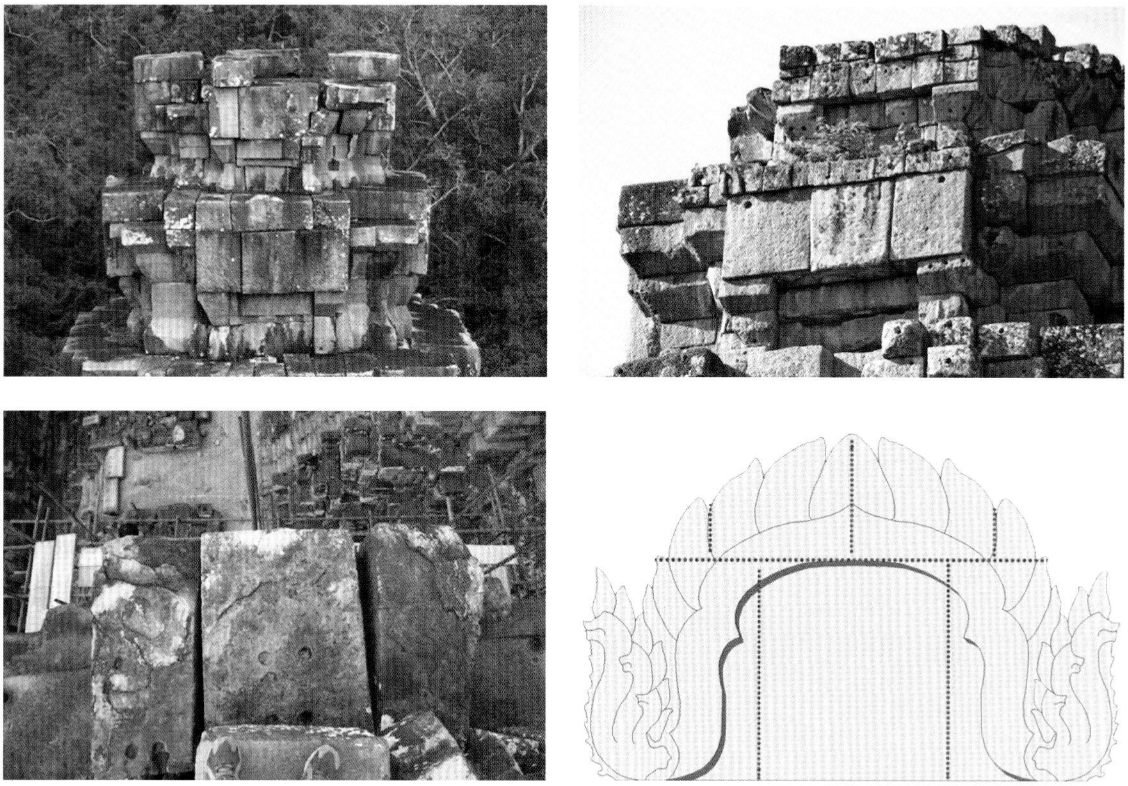

图 28 角塔假层山花

图 29 中央主塔山花

长条形石砌筑且将其一端伸入假层砌石内部，使之与假层结构紧密连接，此做法与女王宫塔假层山花十分相似，五塔假层的山花参考女王宫的实例。中央主塔抱厦门楣之上正面山花的砌石层数为四层，形制为双层山花，并以雕饰实现在立面上增加一层山花的效果。中央主塔的假层山花形制多与角塔类同，唯其在过厅的窗楣之上两侧有类似山花的砌石构件，其形制推测类似于女王宫出现的翼形山花。

（4）线脚及雕饰

茶胶寺庙山五塔的线脚标高随着塔身建筑元素的增加进行调整协调，根据塔基与塔身连接之处砌石层数的不同，推算出线脚的标高，同时参照茶胶寺庙山内保存较完整的塔门的线脚形制进行复原。

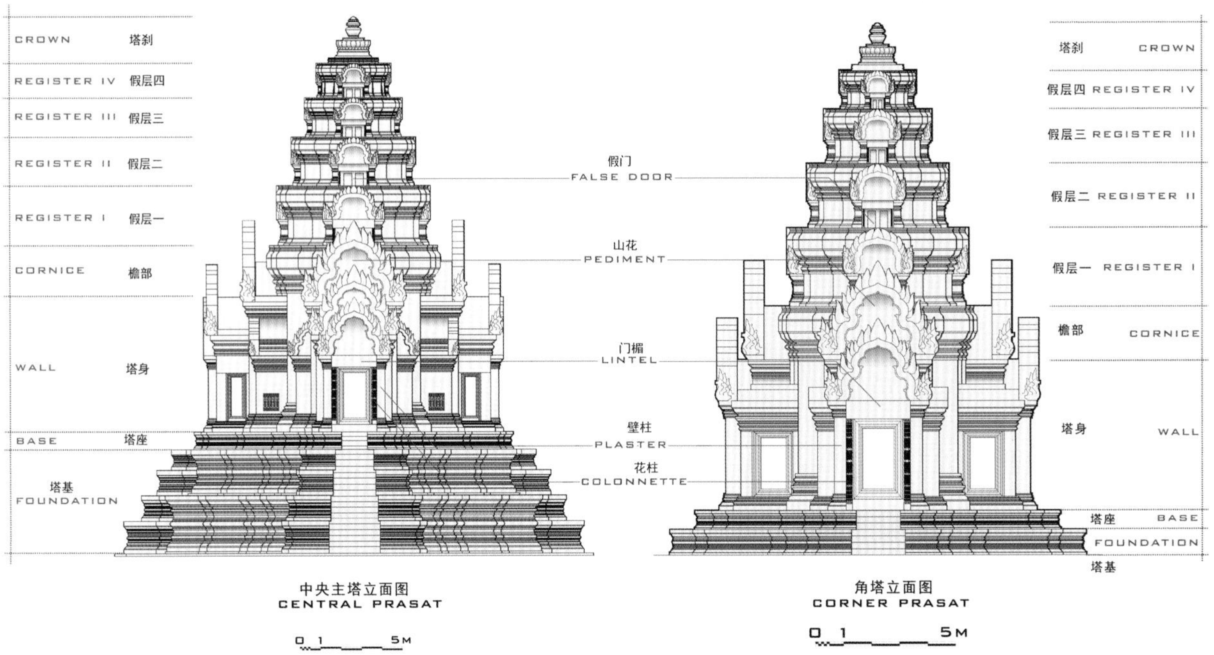

图 30　茶胶寺庙山中央主塔及角塔的形制

2. 建造技术研究

庙山五塔修缮项目为揭开柬埔寨吴哥古迹 9 ~ 10 世纪石构建筑建造技术提供了有益的信息。为在茶胶寺保护中严格遵守采用原材料、原工艺，从而最大限度保护茶胶寺的真实性的原则，对茶胶寺的建造技术进行了研究。

（1）建筑材料

茶胶寺建筑材料包括土、石、砖和木材。

表 1　茶胶寺庙山建筑使用材料简表

材料名称	建筑位置	所占比例（体积）
长石砂岩	塔门、长厅、藏经阁、回廊、围墙、角楼、须弥台	c. 58%
硬砂岩	中央五塔	c. 20%
角砾岩	第一层基台、第二层基台以及其院落地面的铺砌	c. 20%
砖	塔门、藏经阁及回廊的屋顶部分	c. 2%

茶胶寺的建造用土主要有填土和回填土，用于夯筑第一、二层基台和须弥座基础。其中填土色杂，以粉细砂为主，含黏性土块、砖块；回填土为砂质，褐黄色；以石英、长石为主，含少量黏性土、砾石及砂岩碎石，碎石粒径最大可达10厘米。填土和回填土的来源推断为茶胶寺水池和环壕挖掘产生的大量富含细沙的黏土，混有地表建筑废料。

茶胶寺石材共3种，分别为角砾岩、长石砂岩和硬质砂岩。其中角砾岩主要用于第一、二层基台重力墙的砌筑、台基表面的铺砌，以及须弥座重力墙内部的砌筑，约占石材总用量的20%左右。

长石砂岩主要用于塔门、长厅、藏经阁、回廊、围墙的砌筑，以及须弥台表面的包砌，约占石材总用量的58%；硬砂岩主要用于中央五塔的砌筑，约占石材总用量的20%。

图31 中心主塔台基（内部由角砾岩砌筑，外包砂岩）

目前尚不清楚各种石材的来源。根据杜马西[1]以及《吴哥宪章》的介绍，砂岩的采石场之一应是距离崩密列寺不足1公里的古采石场。根据现场考察以及与文献的印证，参考距崩密列寺4.5公里

[1] Jacques Dumarçay, Cambodian Architecture: Eighth to Thirteenth Centuries (HANDBOOK OF ORIENTAL STUDIES/HANDBUCH DER ORIENTALISTIK), 2001.

处的当代采石场的采石工艺，推断茶胶寺砂岩的采石过程如下：

首先选取有一定倾斜度的坡面作为工作面，在坡面上清理出石材的一个立面，然后在工作面上刻出石材的轮廓，作为开采依据。石材的大小一般认为是在采石前就已经规划好，按照要求进行采集[1]。立面的厚度为石材表面到与石材表面平行的层状节理石材的厚度。然后在石材表面凿出搬运石材的孔洞。待石块脱离岩体后，可在孔洞中插入木楔，灌水膨胀后木楔可作为搬运石材的抓手。此时凿出孔洞可以避免在石块开采后再凿孔洞时将石材凿碎。接下来将石材周边按照轮廓线掏空，并在清理出的立面上沿石材底部节理掏出一定距离的空隙。然后在掏空的轮廓线内放入木材，灌水后利用木材膨胀产生的压力，将石块沿节理薄弱部分推开。最后将石块孔洞内插入木楔，灌水膨胀后紧固，作为石块搬运的抓手，将石块搬走。

图32　荔枝山下崩密列寺古采石场位置

〔1〕 Jacques Dumarçay, Cambodian Architecture: Eighth to Thirteenth Centuries (HANDBOOK OF ORIENTAL STUDIES/HANDBUCH DER ORIENTALISTIK), 2001.

图 33　位于河床底部的古采石场

图 34　划出石材轮廓

图 35　凿出搬运孔洞

图 36　掏空石块周边

图 37　沿节理开采石材后留下的工作面

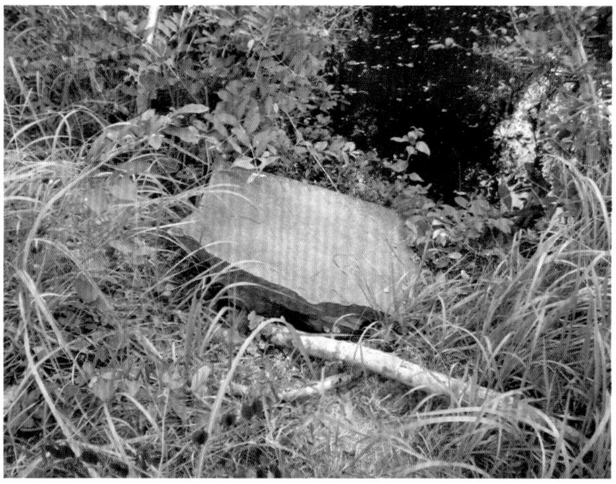

图 38　废弃的石料（背面沿岩石节理断开，平整光滑）

目前尚不清楚石材是如何从采石场运输至建造现场。巴戎寺外围廊浅浮雕反映了采用人挑、牛车拉和大象运输石块的场景，但也有观点认为大体量石块或是通过水路运至建造现场[1]。

砖在茶胶寺的建筑中用量很小，仅用于塔门、藏经阁及回廊的屋顶部分，约占总建筑材料的2%。

图39　砖叠涩拱顶

（2）建造顺序

茶胶寺建造顺序大致如下。首先按照设计布局在四周用角砾岩砌筑第一层台基的重力挡墙，然后将从水池和环壕掘取的沙土填入重力挡墙围合的范围内，通过层层夯筑形成底层台基。然后在底层台基上铺墁砂砾岩至第二层台基挡墙的基础，其上砌筑第二层台基的重力挡墙。进而在第二层台基挡墙合围范围内夯筑基础。第二层台基完成后在其表面铺墁砂岩，至须弥座挡墙基础，然后砌筑须弥座挡墙，填土夯实内部，直至三层须弥台基础完成，表面再铺墁砂岩。五塔塔基也以夯土为核心，外砌角砾岩，表面包砌砂岩。一层台基上的围墙和二层台基上的回廊、四面的塔门以及藏经阁等，推断为五塔建成后再建，以免妨碍材料的运输。如施工中留有建造五塔的材料运输通道，这些建筑也可能与五塔同时建造，或先于五塔建造。东侧神道因与东池相连，有可能先行建造，用于材料的运输。南北池与环壕应在庙山基础建设过程中作为填土材料供应地自然形成，然后再将周边整治后砌筑驳岸。

[1] 王巍：《吴哥古迹茶胶寺庙山砌石工艺研究初探》，天津大学硕士论文，未发表，2013年。

（3）建造工艺

建造工艺主要分为夯筑、砌筑和雕刻三种。

夯筑工艺用于基础的建造，如基台重力墙围合部分填土的夯实。根据巴戎寺外围廊浅浮雕记载，夯筑时由男子手持木棍站成一排，用木棍向下夯筑。目前仅对填土和回填土的成分进行了分析，但由于条件所限，并未对夯筑的层高以及夯筑痕迹进行研究。

图40　巴戎寺外围廊西侧浅浮雕一（左面似为拖动石块，右为夯筑基础）

关于砌筑工艺，工作队有了比较系统的研究[1]。

石材的砌筑为干摆，无砂浆黏结。这种做法保证了雨水顺利地从挡墙中流出，有利于保持基础的稳固。

研究认为[2]，建造寺庙之前对所需石块数目和规格进行计算并列出清单，作为开采石块的依据。工地所有人员分为若干组，如测量工、运输工、切割工、雕刻工等，还有专门的指挥人员。运输工将石块运送到现场，交给建筑工，然后返回荔枝山的采石场，运输下一批石料。建筑工首先将石块通过摩擦打磨出一个光滑的磨面，然后将石块滚动到相应位置，再用杠杆或滑轮，甚至金属钳将石块提升至木料或竹竿搭建的脚手架，进行砌筑。施工一般是在几个工作面同时展开，互不相扰。

墙体的砌筑可能是分层进行的。即先把第一层的石块安装好后，再安装第二层的石块。砌筑第二层石块前，在第一层石块上表面凿出榫槽，或按照巴戎寺外回廊西侧南翼浅浮雕所反映的，将上面一层石块通过杠杆吊起，与下面一层石块摩擦，使得石块表面接触部位平滑且严丝合缝。石屑则自然留在接触面之间的孔隙中充当填充物，提高了连接的整体性和稳定性。摩擦深度的不同造成了同一层石块表面水平线的打破，提高了石块之间的抗滑动性。这一技术也与日本政府援助吴哥古迹保护队伍对十二生肖塔维修时，对砌筑工艺研究的成果相吻合。在完成第二层后，再砌筑第三层，以此类推，直至所有砌筑工作完成。

---

〔1〕作为茶胶寺项目内容之一，中国文化遗产研究院和天津大学合作开展了茶胶寺砌石工艺的研究，研究成果成为天津大学王巍的硕士论文《吴哥古迹茶胶寺庙山砌石工艺研究初探》的主要内容，于2013年完成。

〔2〕Jacques Dumarcy，The Site of Angkor，p12 .

图41　巴戎寺外围廊西侧浅浮雕二（利用杠杆提起石块研磨）

楔形石块的运用是增加砌体稳固性的一种方法。楔形石块通常是在某一层石块从两端向中间砌筑完成后，最中间的一块上大下小的石块，通过摩擦严丝合缝地“挤”入缺口，从而向两个方向施加压力，达到提高整体性的作用。

石材之间的连接主要有“磕绊”、榫卯两种方式。“磕绊”是指在石材接触面上凿出凹凸对应的面，当石材砌筑在一起时凹凸部分相互咬合，起到防止石材移位的作用。“磕绊”不仅出现在水平

图42　“磕绊”、工字榫、燕尾榫痕迹

面上，也出现在垂直面上，起到了垂直方向抗滑动的作用。“磕绊”的位置分布不规律，因而避免了同一位置竖向或横向受力过大的问题。茶胶寺与其他柬埔寨石构寺庙建筑一样，存在大量异形石构件。这些异形构件都可看作是“磕绊”做法的延伸。如果将“磕绊”的深度延伸至构件表面的四分之一或更多，石块则成为异形构件。这样的构件再经打磨后垒砌在一起，防止滑动的效果更好。榫卯则是在石材表面雕凿出类似木结构的凸出部分和孔洞，安装时将榫卯对正插入，防止石材间的相互移动。此外，为了增加相邻构件的连接，还在石块交界处凿出工字榫、燕尾榫等，然后插入铁榫或木榫，起到紧固作用。在转角处和大型构件上一般采用一字榫或长条形榫，用于提高层与层之间的抗滑动性。

茶胶寺建筑装饰的雕刻体现了“先粗凿，后精雕”的原则，这在须弥座北侧的西段体现得十分明显。雕刻顺序是从毛石到粗凿出大致轮廓，再到细凿出细部纹样，最后磨光。目前对于古代工匠如何进行雕刻，是否有事先画好的谱子等，尚不清楚。有些需要雕刻的构件是预制好后再就位的。例如，花柱安装之前靠近墙壁的面纹饰都已经雕刻好了，而其他面还处于初雕状态；将这样的花柱安装好后，再进行下一步的精雕工作。

五　建筑稳定性评估

1. 岩土工程勘察

（1）土层的岩性特征及其空间分布

岩土工程勘察主要是评估茶胶寺场地的稳定性，为庙山五塔的保护提供判断依据。根据茶胶寺岩土工程勘察，现未发现不良地质作用，场地稳定。茶胶寺地形基本平坦，属于冲洪积地貌。综合考虑时代成因、岩性特征与物理力学性质等诸多因素，茶胶寺岩土工程勘察深度范围内的地层可划分为4个项目地质主层，1个工程地质亚层，岩土工程勘察深度范围内的地层上部为填土、人工回填土，下部为第四纪沉积土，主要为粉土质砂及黏土质砂；主要地层的层位分布比较稳定，建筑物基础底面位于同一地质单元同一成因年代的土层上，地基持力层土层分布均匀，属于均匀地基。

表2　地基土层的岩性特征

地层编号	地层名称	湿度	状态	密实度	其他性状描述
①	填土	湿		稍密	杂色；以粉细砂为主，含黏性土块、砖块
②	回填砂	稍湿		中密	褐黄色；以石英、长石为主，含少量黏性土、砾石及砂岩碎石，碎石粒径最大可达10厘米
③	粉土质砂	稍湿		密实	褐黄色夹灰白色；砂土以石英、长石为主，含少量黏性土
$③_1$	细中砂	很湿		中密	褐黄色，夹黏性土条带薄层
④	黏土质砂	很湿	可塑—硬塑	密实	褐黄—灰白；砂土以石英长石为主，黏性土含量较高，黏性土呈可塑—硬塑状态，局部含红色黏性土块，夹细中砂薄层

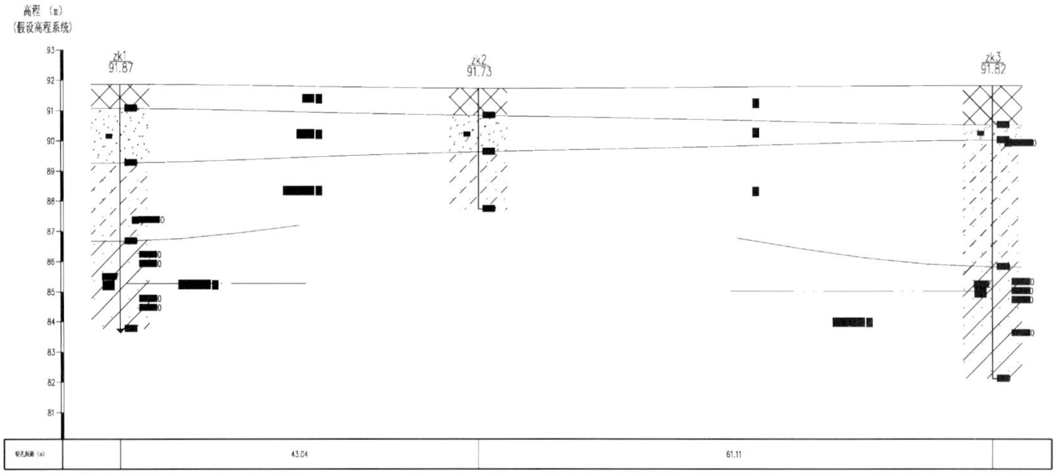

图 43　茶胶寺工程地质剖面图 1－1

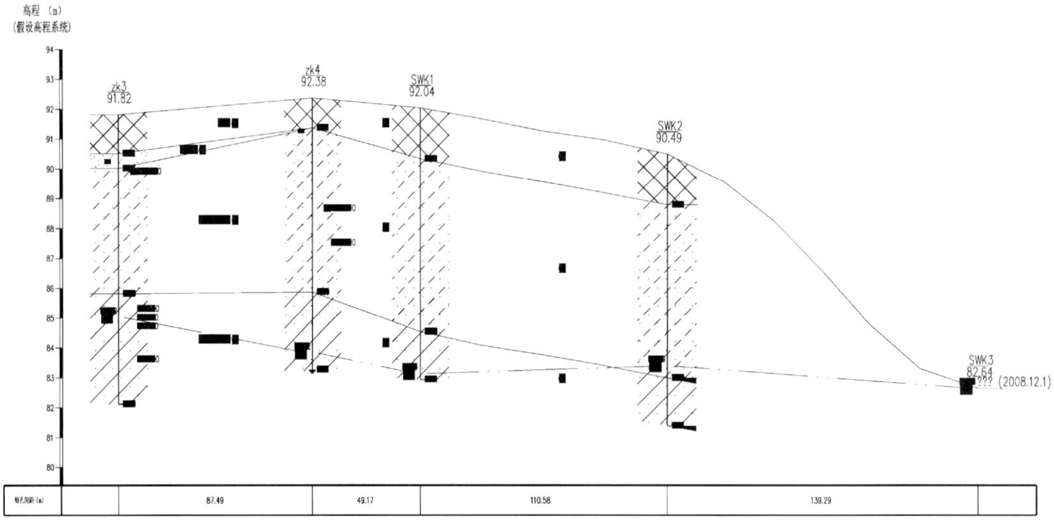

图 44　茶胶寺工程地质剖面图 2－2

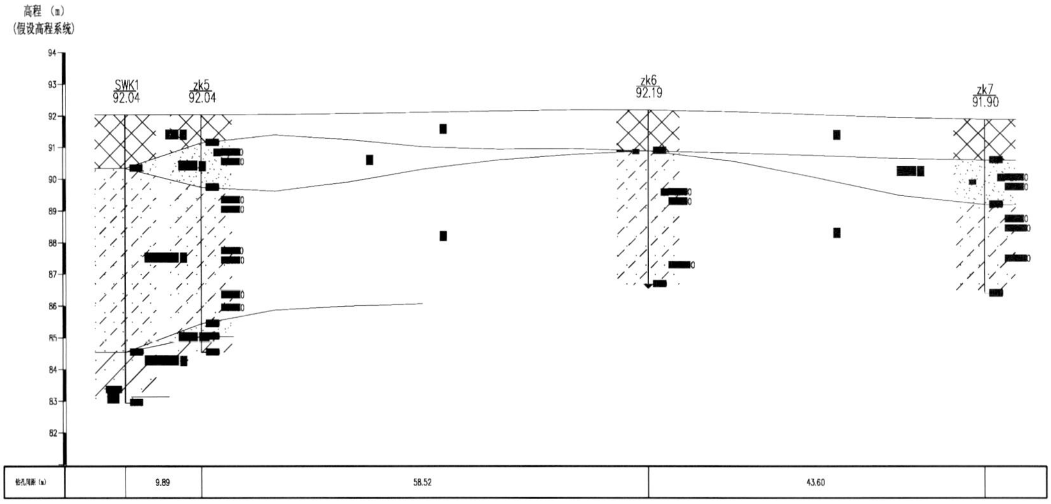

图 45　茶胶寺工程地质剖面图 3－3

（2）水文地质条件与场区岩土工程分析

茶胶寺位置的地下水位埋深 6.6～8.9 米，标高 83.14～85.27 米，属于浅水，暹粒河河水位为 82.64 米，地下水和暹粒河的水利联系是地下水补给暹粒河。地下水和暹粒河河水对混凝土结构及钢筋混凝土结构中的钢筋无腐蚀性，对钢结构有弱腐蚀性。场地土类型为中硬土，建筑场地类别为Ⅱ类，场区内的地层不存在地震液化问题。

（3）地基土承载力验算

采用原位测试、室内试验和工程物探等多种勘察手段，结合现场鉴定，综合确定地基土层及回填土的物理力学性质。

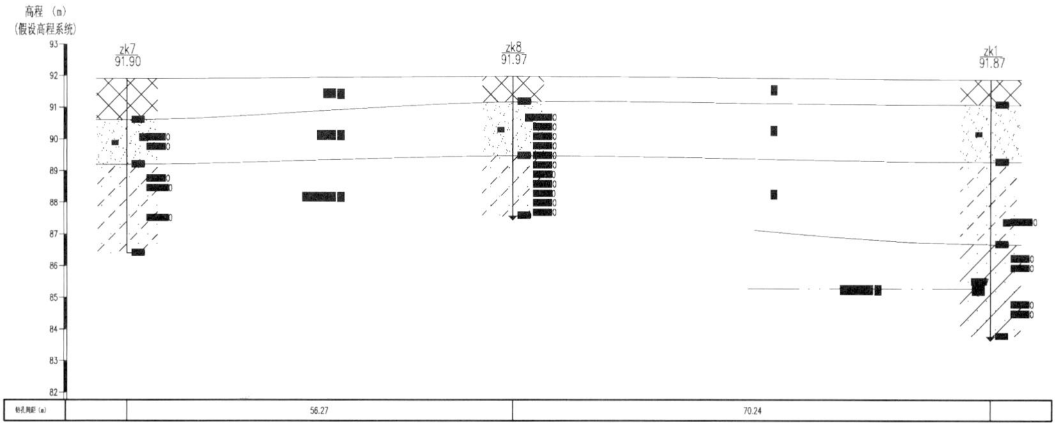

图 46　茶胶寺工程地质剖面图 4－4

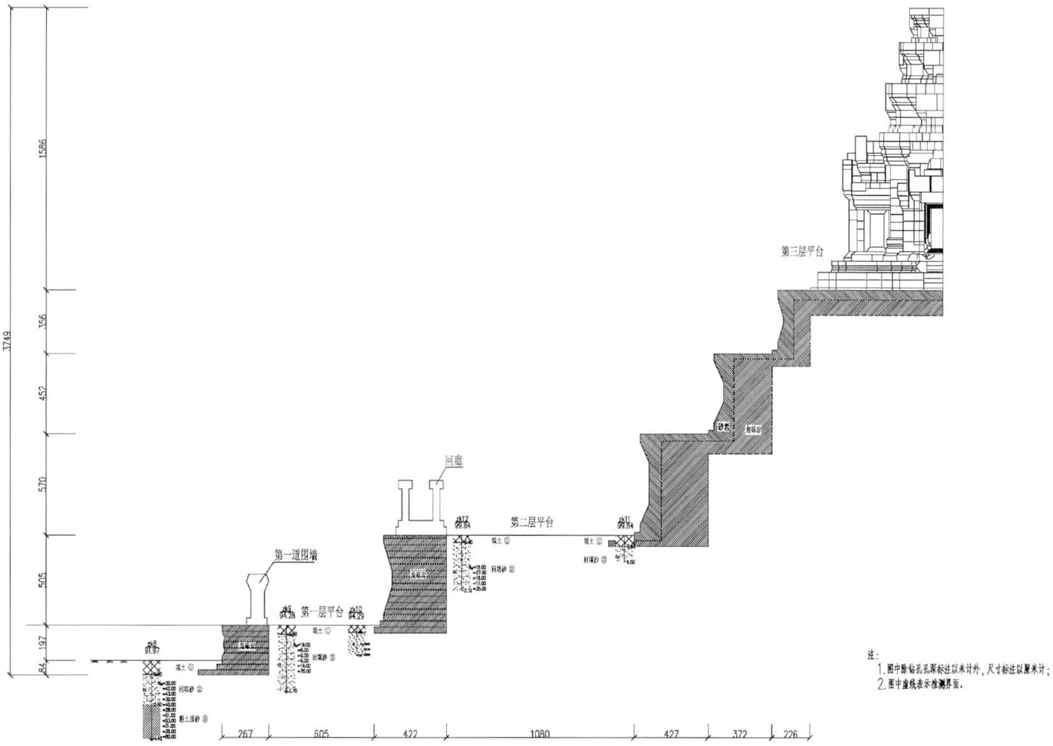

图 47　茶胶寺工程地质剖面图 5－5

表 3 原位测试成果表

地层编号	地层名称	原位测试成果			地基承载力（kPa）
		圆锥动力触探（击）	静力触探 Ps（MPa）	微型贯入（Pta）	
①	填土		1.89		
②	回填砂	26.6	10.66		200
③	粉土质砂	61.5	7.28	11	210
$③_1$	细中砂		9		230
④	黏土质砂	41.8	4.3		180

根据茶胶寺三层须弥座的建筑形制，可以按挡土墙受力模式验算地基土的承载力。条石的容重取 $23kN/m^3$，砂土内摩擦角取 30 度。第一层须弥座可以简化成高 2.8 米、墙宽 2.67 米的条石干砌挡墙，墙内回填砂土。第二层须弥座可以简化为高 5.4 米、墙宽 4.22 米的条石干砌挡墙，墙内回填砂土。采用库伦土压力理论计算土压力，第一层须弥座的基底最大压应力在墙基处，为 77.082kPa，小于地基土的承载力 200kPa。第二层须弥座的基底最大压力为 162.870kPa，同样小于地基土的承载力，因此地基土承载力满足要求。第三层须弥座由于内部结构有待查明，计算条件不满足，不做承载力验算。

经验算，茶胶寺第一层须弥座和第二层须弥座的地基土承载力满足荷载要求。

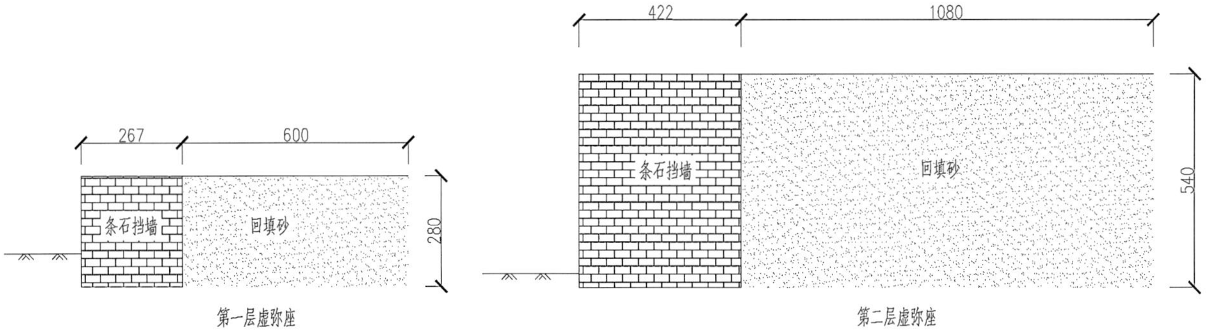

图 48 简化计算图

2. 基台稳定性评估

结合前期茶胶寺岩土工程勘察，对茶胶寺地基与基础进行数值分析计算，通过数值计算进行计算成果与变形破坏现象的耦合，进一步分析茶胶寺地基与基础变形破坏特点，验证与确认变形破坏的原因，在此基础上，对地基与基础进行稳定性评价。

（1）基台整体稳定性分析

整体模型计算分重力载荷工况、重力载荷和渗流耦合工况。在重力载荷作用下，竖向产生一定的变形，塔基下方土基向下沉降，塔基周边土基向上隆起。造成这一现象的原因在于：建筑基座内部由松散细砂填筑而成，其较大的泊松比在承受竖向压力的同时，不可避免产生横向变形。因塔基周侧表面无覆盖压力，造成塔基周侧地表向上隆起。如果塔基内部结构全部由块石砌筑而成，且埋入地下一定深度，块石砌体则会直接将上部荷载压力直接传入地下一定深度，其上土层的覆盖压力会消除或减弱塔基周侧土基的隆起现象。竖向应力分布集中在中央塔的顶面、台阶和基座处，符合分布规律，其最大的竖向应力未超出石材的抗压强度，地基承载力满足要求。最大塑性剪应变发生在塔基第二层基台和周侧土基衔接的部位。每层基台的基础和周侧土基衔接的部位也有塑性剪应变发生，符合作用规律。这说明该部位在建筑荷载的作用下，在历史上出现过内力重分布，说明该部位是受力集中区域和相对薄弱区域。

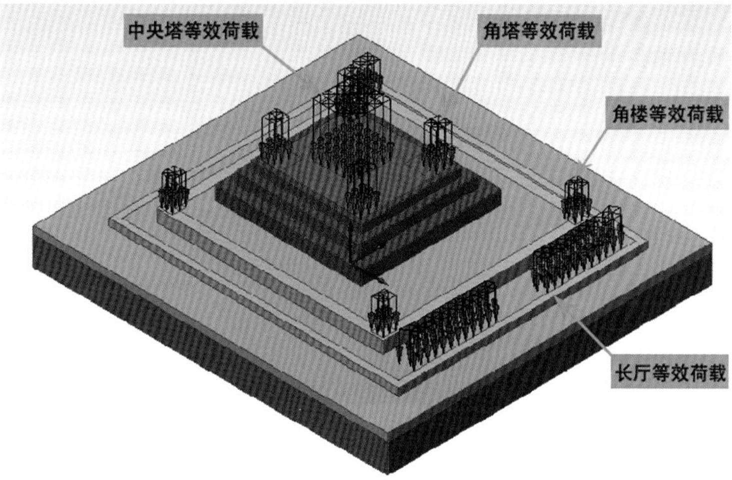

图 49　整体模型

表 4　岩土物理力学参数表

序号	代表色块	岩土名称	天然容重（kg/m³）	弹性模量（kPa）	黏聚力（kPa）	泊松比	内摩擦角（Pa）	体积模量（kPa）	剪切模量（kPa）	渗透系数（m/h）
1		地基（粉质土砂）	1900	4000	3.2	0.35	25	4444	1481	1.83E－02
2		填砂（细砂）	1800	3500	0	0.35	30	3888	1296	0.42
3		台阶（角砾岩）	2000	2.1E6	160	0.32	40	1.94E6	7.95E5	0.1
4		台阶（砂岩）	2400	5.0E6	160	0.27	40	3.62E6	1.96E6	0.1

说明：角砾岩和砂岩的黏聚力、内摩擦角、渗透系数的取值为块石干砌后形成结构体的综合取值。

图 50　重力场作用下的基础变位

图 51　重力场作用下的基础变位矢量图

图 52　重力场作用下的竖向应力

图 53　重力场作用下的最大剪应变

在渗流场作用下，设置塔顶和地层表面 2 米的压力水头，模拟在持续降雨的条件下，场地渗流场的分布情况。由于塔基内部填料为细砂，外墙为干砌条石，均为渗透性较强的材料，在持续降雨的条件下，有条件形成渗流场，和重力场耦合在一起，共同对塔基的变形发挥作用。孔隙压力的分布规律，从上到下，从中心到外缘逐渐减弱。

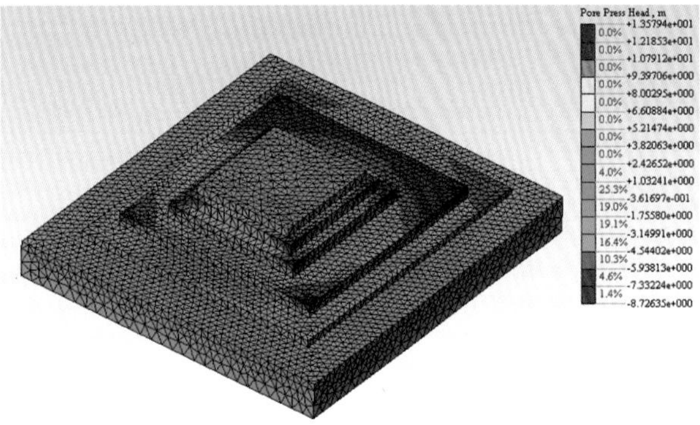

图 54　渗流场孔隙压力水头

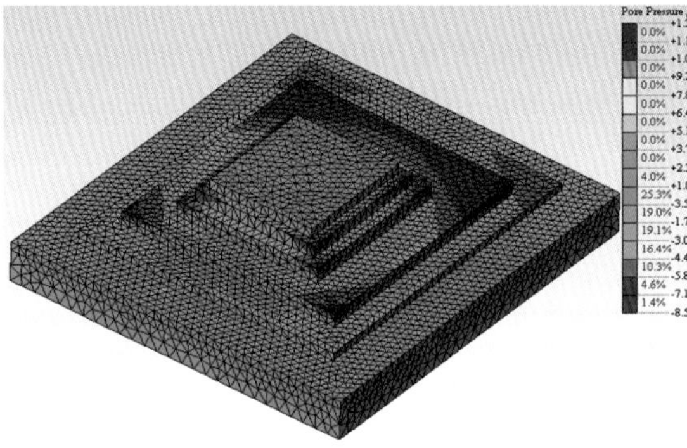

图 55　渗流场孔隙压力

考虑渗流场和重力场的耦合，塔基的竖向变形进一步增加，增加率在 14% 左右；五塔塔基底部的地基应力有所增加，增加率在 5% ~7% 左右。从而说明了渗流场的存在增加了地基的变形和应力。

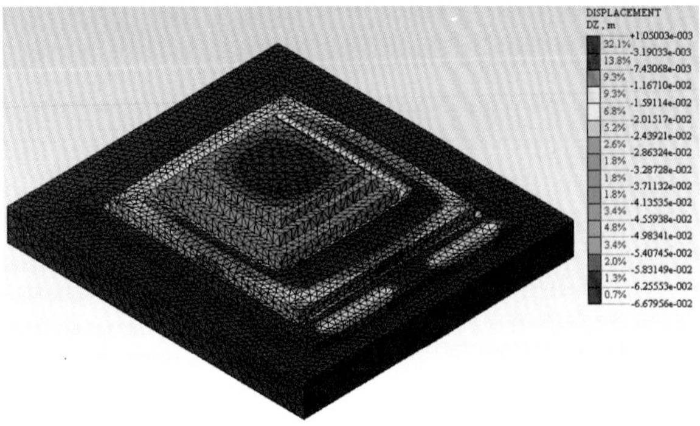

图 56　重力场和渗流场孔耦合下的竖向变形云图

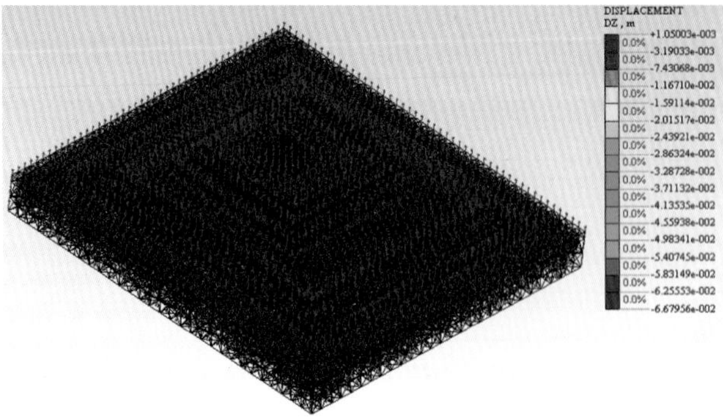

图 57　重力场和渗流场孔耦合下的基础变形矢量图

图 58　重力场和渗流场孔耦合作用下的竖向应力云图

塔基底部和回填细砂之间在历史上发生过塑性变形，导致塔基周侧土基隆起变形，塔基距离第二层基台最宽处，隆起变形最大。导致这一现象的根源在于塔基承受的竖向应力直接作用于二层基台的砂层上，砂层填料所具有的较大的泊松比，导致其承载后较大的横向变形，塔基外无覆盖土层进行压重而为自由表面，进而导致向上隆起。如果塔基基础有一定的埋深，则会削弱甚至消除这一现象。这种隆起的塑性变形发生在建筑的施工过程和施工后一定时间范围内，经过内力重分布，达到新的平衡，到现在早已稳定。但应注意局部解体大修时，应尽量避免引起局部地基应力的变化。在重力场和渗流场耦合作用下，塔基的竖向应力和变形均有进一步增大的趋势。对于以细砂作为填料的塔基结构而言，其渗流场的存在好比增加了结构的重力，是不利的。计算表明，考虑渗流的情况下，其竖向位移和竖向应力分别增加 14% 和 5% ~7% 。有效地消除地基渗流是必要的。在重力场作用下，基台承载力能满足要求。

（2）第三基台稳定性分析

经重力场和渗流场耦合计算，第二层基台角部对应顶部角塔载荷，在顶部载荷、自重、渗流的作用下，其整体位移以竖向位移为主，以水平向为辅。说明该部位承受竖向压力的材料以条石为主，

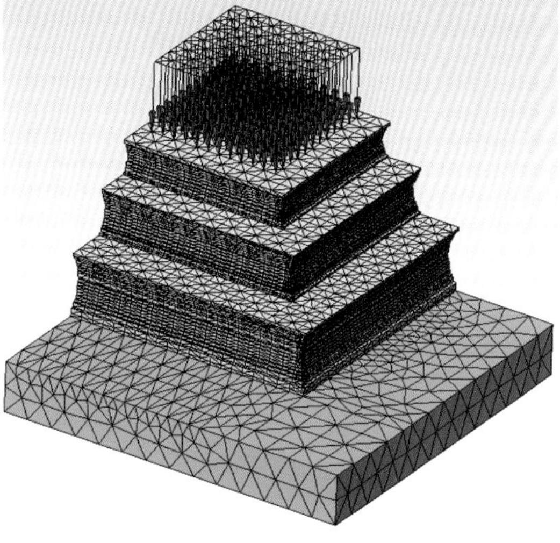

图 59　三层平台角部模型图

如果承受竖向的压力材料为细砂，则会因其较大的泊松比，会产生较大的水平向位移。三层基台的中下部均承受了较大的竖向应力，说明三层基台内凹形制减弱了基台的应力收分作用，从而使每层基台在最凹处承受较大的应力，同时在每层基台角部的交汇处的中部最凹处产生应力集中。

表5　岩土物理力学参数表

序号	代表色块	岩土名称	天然容重（kg/m^3）	弹性模量（kPa）	黏聚力（kPa）	泊松比	内摩擦角（Pa）	体积模量（kPa）	剪切模量（kPa）	渗透系数（m/h）
1		填砂（细砂）	1800	3500	0	0. 35	30	3888	1296	0. 42
2		台阶（角砾岩）	2000	2. 1E6	160	0. 32	40	1. 94E6	7. 95E5	0. 1
3		台阶（砂岩）	2400	5. 0E6	160	0. 27	40	3. 62E6	1. 96E6	0. 1

说明：角砾岩、砂岩的黏聚力、内摩擦角、渗透系数的取值为块石干砌后形成结构体的综合取值。

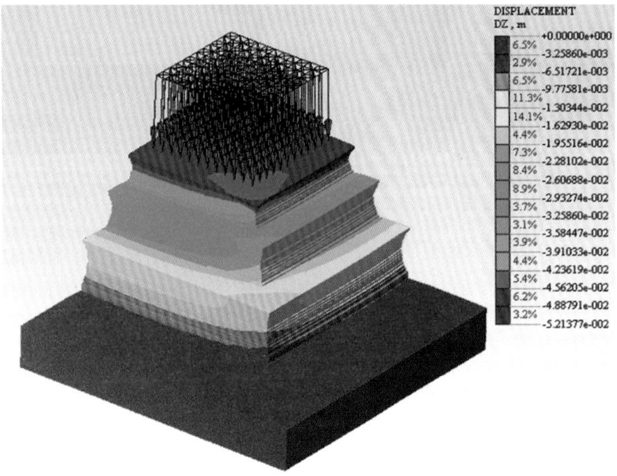

图60　三层平台角部竖向位移云图

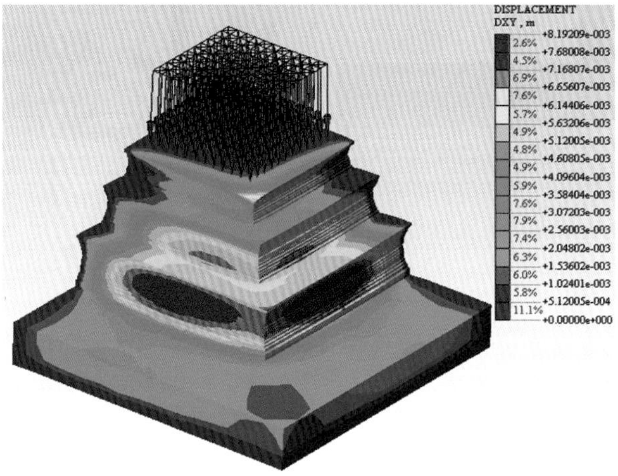

图61　三层平台角部水平向位移云图

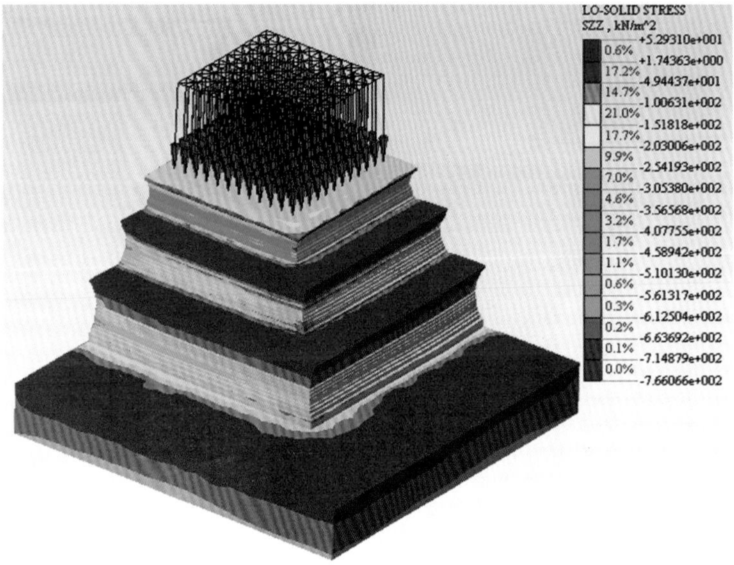

图62　三层平台角部竖向应力云图

3. 有限元分析

高棉拱是高棉建筑最主要的结构特征，通过高棉拱门结构有限元模型可知，砌石抗滑移系数越大（即石块表面越粗糙），结构中的应力和滑移都会相应降低，结果趋于稳定[1]。

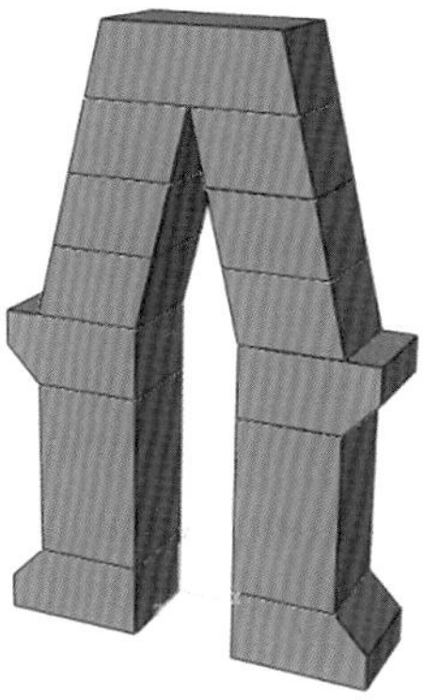

图 63　典型高棉拱门结构有限元模型

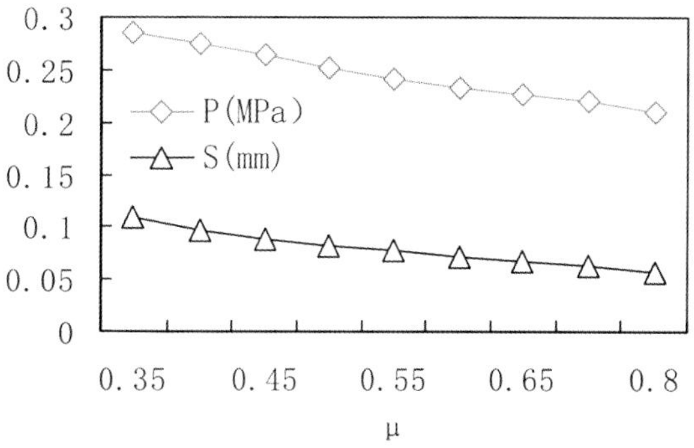

图 64　应力峰值和最大滑移随抗滑移系数变化曲线

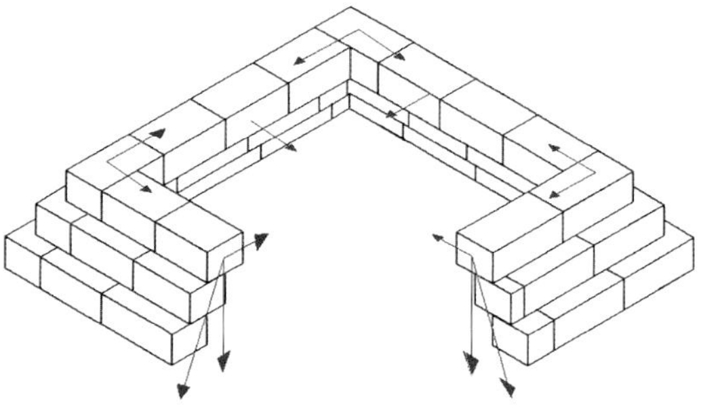

图 65　高棉空间拱顶结构示意图

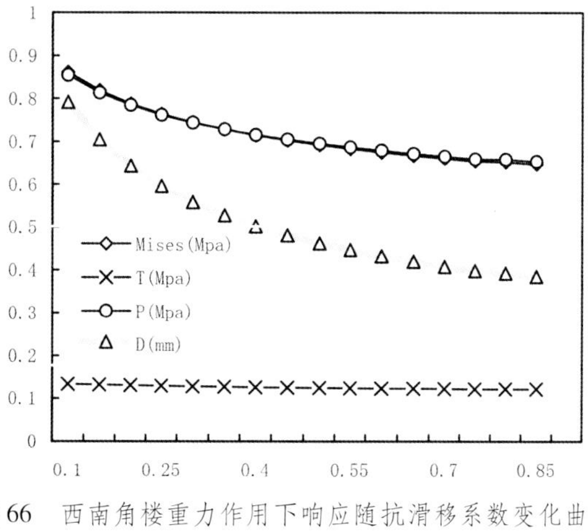

图 66　西南角楼重力作用下响应随抗滑移系数变化曲线

4. 建筑结构变形监测

建筑结构变形监测主要是通过在裂隙处布设应变片，通过应变片变形观察确定结构变形情况，为保

〔1〕 中国文化遗产研究院：《中国政府援助柬埔寨吴哥古迹保护茶胶寺单体建筑整体结构三维有限元分析》，2010 年。

护修缮设计和施工提供依据，同时作为评估保护结果的基础。茶胶寺庙山五塔共布设了28个变形监测点，并对监测点进行了定期观测和记录。

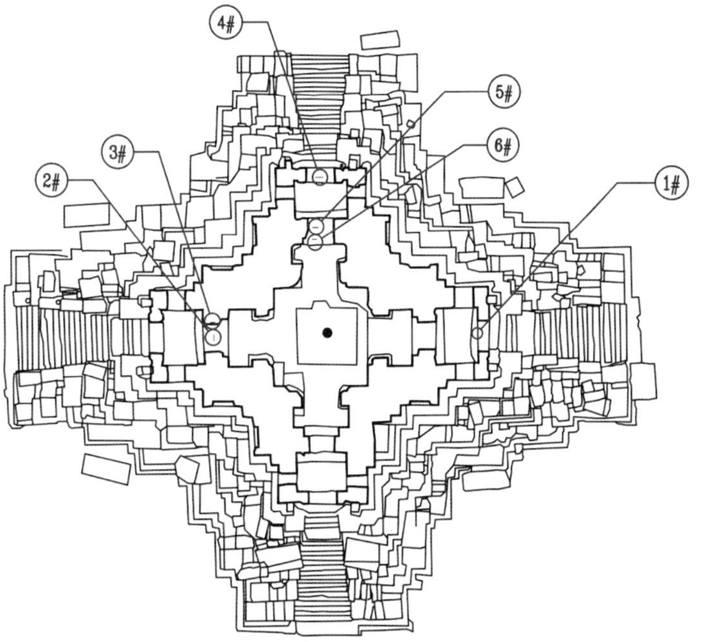

中央五塔贴片位置

监测贴片之一

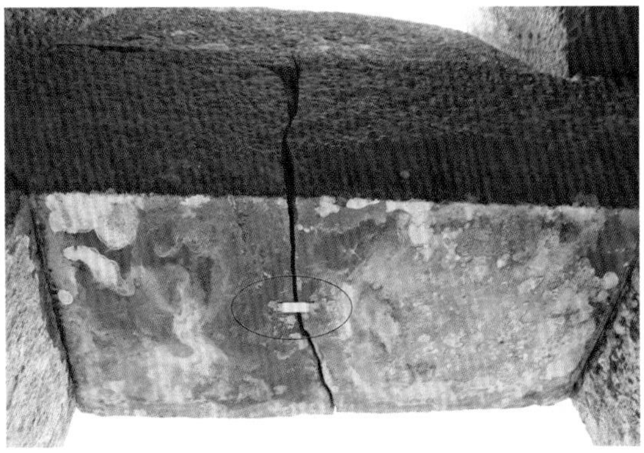
监测贴片之二

监测贴片之三

图67　建筑结构变形监测

六　建筑材料与强度研究

茶胶寺庙山建筑的材料以砂岩和角砾岩为主。砂岩是吴哥时代寺庙建筑中广泛使用的建筑材料，而角砾岩也是高棉寺庙建筑的基础用材料，大量用于池基、围墙、道路和桥梁及庙山基台内部挡土墙。茶胶寺庙山大量运用砂岩作为主要建筑材料，体现出吴哥时代在采石技术、材料运输、石作工艺等方面的长足进步。茶胶寺庙山大约80%的建筑部分皆以砂岩砌筑并构成庙山建筑的主体部分，由角砾岩砌筑的第一、二层基台则为辅助部分，主要是为了增加须弥台及中央主塔的地坪标高，以此烘托彰显出神之居所——“须弥山”的高峻挺拔与神圣庄严。

砂岩是一种致密的黏性沉积岩，其组成成分是圆状的石英颗粒，直径在0.1～1毫米。砂岩可大致分为三类，分别是灰黄色的长石砂岩、红色的石英砂岩和灰绿色的长石玄武岩（硬砂岩）。长石砂岩应用得最为普遍，在三者中强度最低，由中小粒径颗粒组成；石英砂岩组成颗粒的粒径较小，但是其强度较高；长石玄武岩异于长石砂岩，它的强度相对较高，空隙率较小。根据不同砂岩石材之间较为清晰的分界线则可以分辨出，除底部的塔基部分使用普通长石砂岩外，砌筑庙山五塔所用的砂岩主要是莫氏硬度超过5.5的硬质砂岩。

七　石材加固研究

石材加固研究涉及石材本体分析与检测、环境监测、病害调查与统计、保护材料和工艺的研究四个方面。石材本体分析与检测包括庙山五塔石材鉴定，物化性质如化学组成、吸水率、孔隙率、毛细水、pH值、电导率、总含盐量的测定，力学性能的测试。此外，对石材表面的生物进行了种属鉴定。通过测试了解庙山五塔材质的特性，为病因判断提供依据。环境监测通过为期3年的、对茶胶寺赋存环境的监测，包括温湿度、雨量和太阳辐射、岩体表面温度、岩体表面含水率、脱落面积和裂隙宽度进行监测，为病因分体提供了量化依据。病害调查和统计包括病害调查方法的研究、病害名词和图例的确定、病害调查和记录、病害分布和程度分析与评估。通过病害调查，对庙山五塔石材的病害种类、分布和程度有了一个量化的了解。

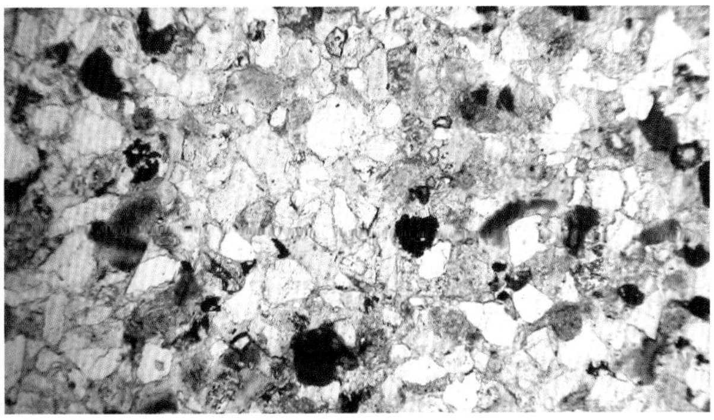

（砂岩）薄片鉴定结果：单偏光（－）

（砂岩）薄片鉴定结果：正交偏光（＋）

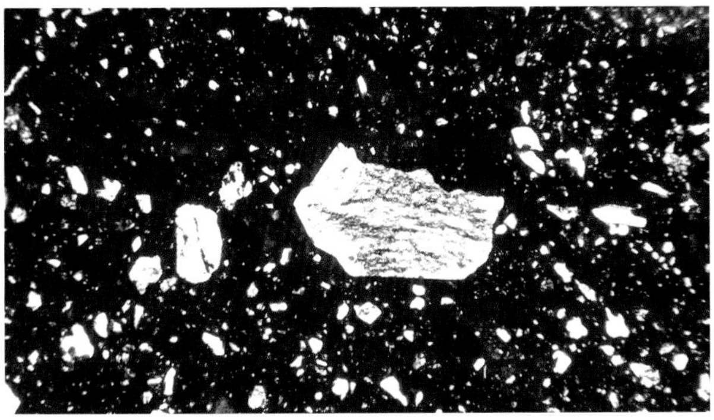

（角砾岩）薄片鉴定结果：单偏光（－）

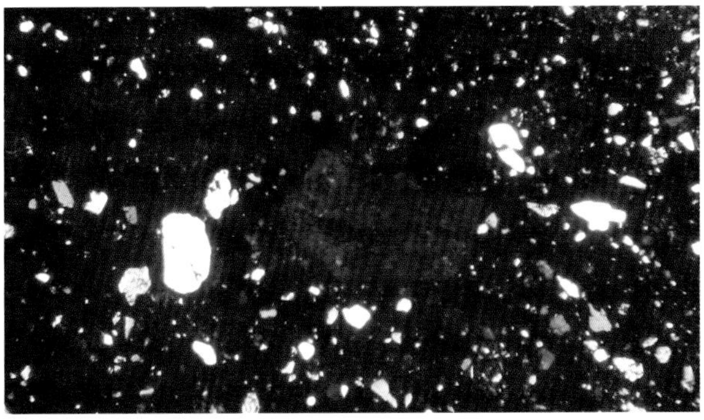

（角砾岩）薄片鉴定结果：正交偏光（＋）

图68　石材检测分析

八　建筑现状调查及病因分析

1. 现状调查

庙山五塔主体结构基本稳定，中央主塔的稳定性较好，仅在东南转角有墙体局部塌落，险情大多位于四面角塔，尤以四角塔抱厦险情集中。四角塔的残损特征大体相同，主要有以下几种：

第一，一层基座和踏步石块缺失、破损、走闪；

第二，门柱柱脚下沉、破损；门柱中段石块塌落、破损；门柱柱头部位开裂、破碎；

第三，抱厦两侧窗框、墙体因基座内部角砾岩酥碱导致窗框倾斜、变形，部分构件错位；

第四，门楣、门过梁断裂、破损；

第五，一层山花构件错位，二层山花个别构件倾斜，屋面石构件错位；

第六，中心塔个别石构件走闪、倾斜。

（1）平台

建筑部位	保存现状	残损原因分析	调查结论及维修做法建议
平台地面	庙山五塔平台地面未发现明显下沉和裂缝，部分塔基周侧地面因旁侧受压而向上隆起，平台排水局部不畅，部分塔基周侧容易雨后积水。	各塔体下沉不一所致。	目前平台整体结构稳定，需要对部分塔基周侧进行排水处理。
平台须弥座	前期对基座须弥座进行了整体维修，现基座基本完好。		基座目前保存完好，维持现状。

图 69　平台南侧地面无明显下沉和裂缝

图 70　平台角塔塔基周侧地面向上隆起

图 71　东踏道及两侧扶墙现状完好

图 72　南踏道及两侧扶墙现状完好

（2）东北角塔

建筑部位	保存现状	残损原因分析	调查结论及维修做法建议
东抱厦	基座基本完整，一层基座踏步石破碎。两侧窗框变形较小，与中心塔离隙约 1 厘米。北门柱中部石块破损、残缺，南门柱竖向多处开裂，风化严重，门柱柱头断裂。二层山花外倾，屋面石块错位，有掉落危险。	门柱石块破碎为变形挤压造成，二层山花外倾、屋面石块及错位为上部石块掉落所致。	结构整体基本稳定。重点修补加固门柱构件，入口处增加钢结构支护，归位上部变形错位构件。
南抱厦	南抱厦基座基本完整，西门柱中部缺失，东门柱石块破碎。东、西窗框向北倾斜 0.8%，与中心塔离隙 2 ~ 3 厘米。二层山花外倾，屋面石块错位，缝隙 4 ~ 7 厘米。	抱厦倾斜，前端下沉造成抱框石块受力集中而破损，同时造成二层山花和屋面石块变形错位。	西门柱柱头部位用钢筋拉接，东门柱残破构件粘接修补。入口处增加钢结构支护。二层山花、屋面拆安归位。拆除现有木框架，基座、窗框维持现状。
西抱厦	西抱厦基座、踏步基本完整。窗框向东倾斜 1%，南窗框与中心塔离隙 2 ~ 4 厘米。南门柱中段石块破损缺失，柱头断裂。北门柱基本完整，柱头断裂。二层山花倒塌，屋面石块松动，与中心塔离隙。	抱厦南侧墙体倾斜，前端下沉造成抱框石块受力集中而破损，同时造成二层山花和屋面石块变形错位。	门柱柱头钢筋拉接加固，南门柱粘接修补，入口处增加钢结构支护。山花、屋面石块拆安归位。基座、踏步保持现状。两窗框保持现状。
北抱厦	西北角基座部分石块缺失，二层基座下沉明显。抱厦两侧墙体向北倾斜 4.3%，窗框变形明显，东窗框与中心塔离隙 4 ~ 7 厘米，西窗框与中心塔离隙 2.5 厘米，但早已稳定。东、西门柱下部大部分塌落，仅存破碎柱脚。二层山花外倾，屋面石块松动错位。	二层基座角砾石垫层破损造成基座下沉，从而引起上部结构整体倾斜变形。	二层基座拆安归位，更换酥碱的基础角砾石。抱厦整体拆落，修补破损构件，安装归位。入口处增加钢结构支护。
主要承重构件	东北角塔的主要承重构件保存较为完整，部分存在开裂、倾斜等现象，承载力降低。其中存在安全隐患的立柱有 2 根，占总数量的 12.5%；存在安全隐患的梁有 2 根，占总数量的 25%。由于角塔的建筑结构与主塔有所不同，可将墙体与立柱视作同一结构。		

图 73　东北角塔东抱厦残损现状

图 74　东北角塔南抱厦残损现状

图 75　东北角塔西抱厦残损现状

图 76　东北角塔北抱厦残损现状

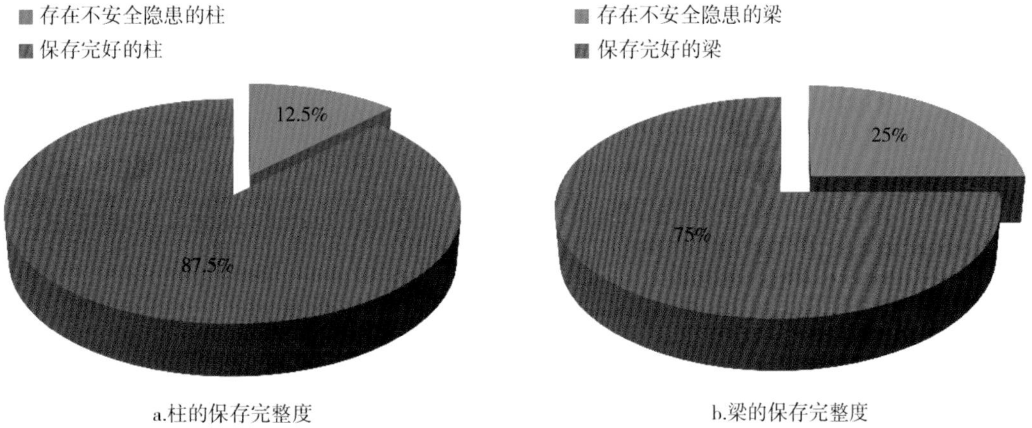

图 77　东北角塔主要承重构件保存完整度示意图

(3) 东南角塔

建筑部位	保存现状	残损原因分析	调查结论及维修做法建议
东抱厦	基座下部部分石块缺失，踏步基本完好。入口两侧门柱中段石块缺失，柱头部位完好。两侧窗框向东倾斜3.3%，离隙6~7厘米。二层山花外倾，屋面石块松动错位。	抱厦两侧倾斜，前端下沉造成门柱石块受力集中而破损，同时造成二层山花和屋面石块变形错位。	两侧窗框适量调整归位。上部山花、屋面拆安归位。入口处增加钢结构支护，其余部位维持现状。
南抱厦	基座、踏步基本完好，东门柱柱脚石块破碎，中段石块风化。西门柱基本完好。窗框向南倾斜1%。一层山花部分石块塌落，屋面石块松动错位。	门柱石块受力集中而破损，西窗框墙下基础角砾石强度降低引起局部下沉，同时造成二层山花和屋面石块变形错位。	东门柱修补加固，入口处增加钢结构支护，山花、屋面石块拆安归位。其余部位维持现状。
西抱厦	基座、踏步基本完好。北门柱柱头石块开裂，中部整段石块外倾，离隙4厘米。南门柱柱脚早期用混凝土加固，中段石块错位劈裂，走闪6~7厘米，柱头断裂。门楣断裂、残损，窗框向东倾斜0.7%。上部二层山花外倾，屋面石块轻度走闪错位。	门柱石块受力集中而破损，同时造成二层山花和屋面石块变形错位。	两门柱粘接修补，调整归位，入口处增加钢结构支护。山花、屋面拆安归位。基座、两侧窗框维持现状。
北抱厦	基座、踏步基本完好，东门柱柱脚断裂错位，早期用混凝土加固，中段石块整体下沉错位，下部错位8~9厘米。西门柱下部断裂错位，中段整根石块下沉、离隙3厘米。两侧窗框向北倾斜0.5%，二层山花已经塌落，屋面石块错位，离隙3厘米。	门柱受力集中而破损，下部基础垫层强度低引起局部下沉，同时造成二层山花和屋面石块变形错位。	东、西门柱拆安，修补粘接破损下脚，下部垫层角砾石重新铺装，入口处增加钢结构支护。山花、屋面石块拆安归位。基座、两侧窗框维持现状。
塔顶	塔顶石块走闪，有塌落危险。	塔顶塌毁所致。	将走闪或快要塌落的石块归安。
主要承重构件	东南角塔主体承重结构保存情况较好，部分承重构件出现开裂现象，其中存在安全隐患的柱2根，占总数量的12.5%；存在安全隐患的梁3根，占总数量的37.5%。		

图78　东南角塔东抱厦残损现状

图 79　东南角塔南抱厦残损现状

图 80　东南角塔西抱厦残损现状

图 81　东南角塔北抱厦残损现状

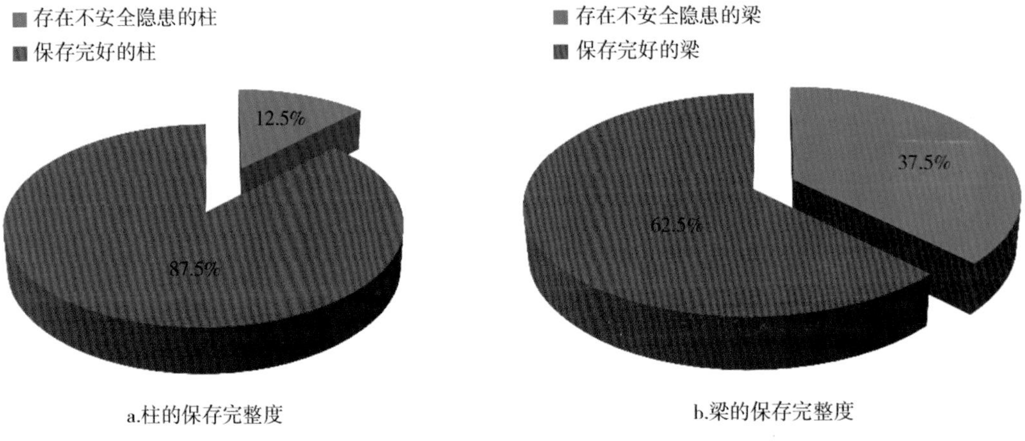

图 82　东南角塔主要承重构件保存完整度示意图

（4）西南角塔

建筑部位	保存现状	残损原因分析	调查结论及维修做法建议
东抱厦	一层基座南部石块部分缺失，南门柱仅存柱头部分，且已断裂。南门柱里侧墙体根部早期用混凝土支护加固，北门柱中部塌落。南窗框前端下沉，与主体结构离隙3厘米。北窗框后部下沉，离隙3厘米。二层山花及屋面石块走闪错位。	门柱受力集中而破损，下部基础垫层强度低引起局部下沉。北窗框墙体基础强度降低引起局部下沉。同时造成二层山花和屋面石块变形错位。	修补南门柱柱头破损石块，入口处增加钢结构支护。屋面、山花错位石块归位。基座规整，更换基础酥碱的角砾石。
南抱厦	一层基座两侧有部分石块错位、缺失。西门柱中部石块无存，柱头断裂掉落。东门柱中部石块无存，柱脚石块破碎，柱头部位断裂，有掉落危险。门楣两端破损，两窗框基本完好，离隙1厘米。二层山花掉落，屋面石块走闪错位。	两侧门柱受力集中造成构件受损、局部结构变形。同时造成二层山花和屋面石块变形错位。	规整基座错位石块，重点加固修补门柱柱头破损部位石块，入口处增加钢结构支护。山花转角石块与里侧拉接。两侧窗框维持现状。
西抱厦	一层基座石块大部分缺失，踏步石块缺失约80%。下部角砾石酥碱。西门柱无存，门楣南段断裂。北窗框整体下沉滑动，前部墙体根部早期用混凝土支护加固。一层山花南部石块塌落，二层山花及屋面部分石块塌落。	基座角砾石垫层强度降低造成基座下沉，引起上部结构变形、局部塌落。	更换踏步下部破损、缺失的角砾石，补配上部缺失的踏步石。基座上部结构整体拆安归位，入口处增加钢结构支护。
北抱厦	一层基座两侧部分石块缺失，东门柱基本完好，西门柱仅存柱头部分。西窗框向前倾斜，与中心塔离隙3.5厘米。东窗框向前错位下沉，与中心塔离隙3厘米。二层山花塌落，屋面石块走闪错位。	两侧门柱受力集中造成构件受损、局部结构变形。同时造成二层山花和屋面石块变形错位。	规整基座石块，山花、屋面石块归位。东门柱视上部山花拆落情况拉接加固，入口处增加钢结构支护。两侧窗框维持现状。
主要承重构件	西南角塔破坏情况较严重，主要承重构件损毁较多，其中存在不安全隐患的柱5根，占总数的31.3%；存在不安全隐患的梁3根，占总体的37.5%。		

图83 西南角塔东抱厦残损现状

图 84　西南角塔南抱厦残损现状

图 85　西南角塔西抱厦残损现状

图 86　西南角塔北抱厦残损现状

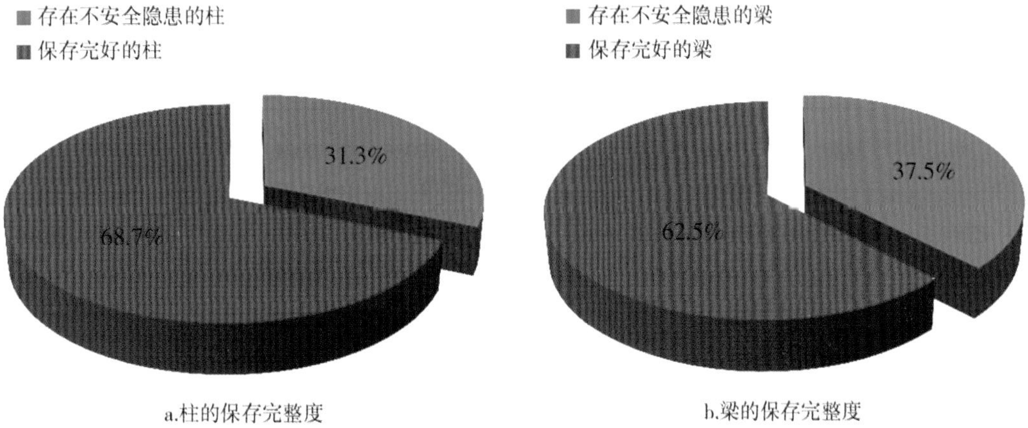

图 87　西南角塔主要承重构件保存完整度示意图

（5）西北角塔

建筑部位	保存现状	残损原因分析	调查结论及维修做法建议
东抱厦	基座、踏步基本完好。南门柱塌落，仅存第一层柱头石块。北门柱中部石块塌落，柱头石块完好。门下槛石断裂，北门框根部破碎。北窗框移位下沉，与中心塔离隙 2～3 厘米。南窗框移位下沉 3 厘米，嵌补墙体下部早期用混凝土支护加固。山花、屋面基本完整，石块错位。	两侧门柱受力集中造成门柱及入口构件受损、结构变形。同时造成二层山花和屋面石块变形错位。	修补南门柱柱头，入口处增加钢结构支护。粘接门下槛，修补南门框下部破损部位。山花转角石块拉接加固，屋面石块归安复位。

续表

建筑部位	保存现状	残损原因分析	调查结论及维修做法建议
南抱厦	一层两侧基座石块缺失约55%，踏步石基本完好。西门柱下沉，向西错动，上部石块破碎。东门柱仅存上部柱头。东窗框基本完整，离隙1~1.5厘米。西窗框向前下沉，下部早期用混凝土支护加固。一层山花错位，二层山花塌落。屋面石块错位。西门框石破损。	两侧门柱受力集中造成门柱及入口构件受损、结构变形及山花屋面构件错位。上部石块塌落致使基座石块缺失破损。	基座石块规整，拆安一层山花，视现场情况尽可能将西门柱向里侧归位，入口处增加钢结构支护。屋面石块归位。
西抱厦	一层两侧基座石块部分破损缺失。两门柱石块塌落，柱头石块完好。南窗框向前移位下沉，离隙2.5~3厘米。北窗框基本完好。一层山花上部石块部分塌落，二层山花塌落，屋面石块错位。	南门柱基础强度降低使得上部结构局部下沉。两侧门柱受力集中造成构件受损、局部结构变形。同时造成二层山花和屋面石块变形错位。	基座石块规整，基座下部空洞部位补配铺装角砾石。入口处增加钢结构支护。二层屋面石块归位。
北抱厦	一层基座两侧石块缺失约50%，踏步石基本完好。东门柱完好，西门柱中部塌落，柱头塌落。西窗框向前倾斜1.6%、移位，与中心塔离隙1.5厘米，前部墙体下部石块破碎。东窗框基本完好。一层山花两端错位，西墙檐口石块错位。二层山花塌落，屋面石块错位。	西门柱、窗框基础强度降低致使构件受损、局部结构变形。上部石块塌落致使基座石块缺失破损。	重点修补加固西门柱，入口处增加钢结构支护。归安檐口、屋面错位石块。两侧窗框维持现状。
塔顶	塔顶石块走闪，有塌落危险。	塔顶塌毁所致。	将走闪或快要塌落的石块归安。
主要承重构件	西北角塔整体保存较完整，局部构件存在受力不均及偏心受压的情况，易导致建筑结构局部失稳。存在安全隐患的立柱2根，占总数量的12.5%，梁保存完好无开裂现象。		

图88 西北角塔东抱厦残损现状

图 89 西北角塔南抱厦残损现状

图 90 西北角塔西抱厦残损现状

图 91 西北角塔北抱厦残损现状

图 92 西北角塔塔顶石块走闪

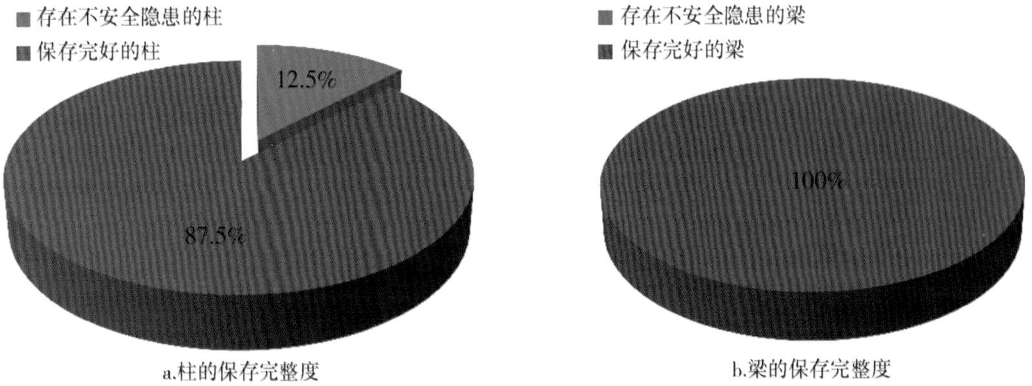

图 93　西北角塔主要承重构件保存完整度示意图

（6）中央主塔

建筑部位	保存现状	残损原因分析	调查结论及维修做法建议
中心塔	中心塔整体保存完好，无明显下沉、倾斜。东南角盲窗部位墙体塌落约 80%，上部石块悬挑，局部有塌落危险。	下部石块破损造成上部结构局部塌落。	补配东南角盲窗部位墙体缺失构件。
抱厦	基座石块部分错位，有塌落危险。西抱厦、北抱厦整体完好，入口部位部分构件断裂。东抱厦门楣及门过梁断裂、窗框劈裂内倾，门柱破损缺失。南抱厦东侧窗框下沉，离隙 3 ~4 厘米。	两侧门柱受力集中造成构件受损、局部结构变形。窗框下部基础石块或垫层强度降低，造成下沉。	规整基座错位严重、有塌落危险的构件，更换酥碱的角砾石。拆安门柱上部山花，修补、拉接门柱柱头石块，粘接加固门楣、门过梁，入口处增加钢结构支护。
主要承重构件	中央主塔主要承重构件部分破损严重，存在开裂、倾斜等现象，承载力明显降低，构件稳定性降低。其中存在安全隐患的柱有 13 根，占总体的 54%，存在安全隐患的梁有 6 根，占总体的 50%，承重墙体开裂 3 处。		

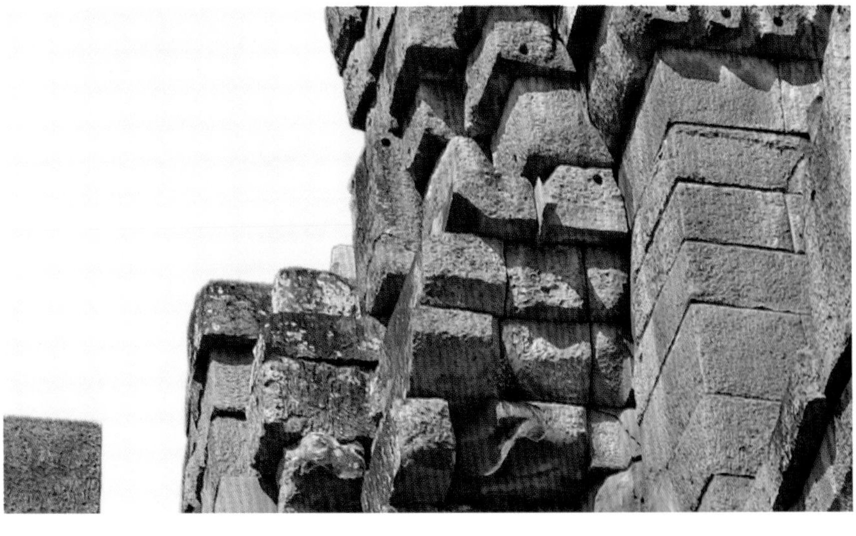

图 94　中央主塔东南角残损现状

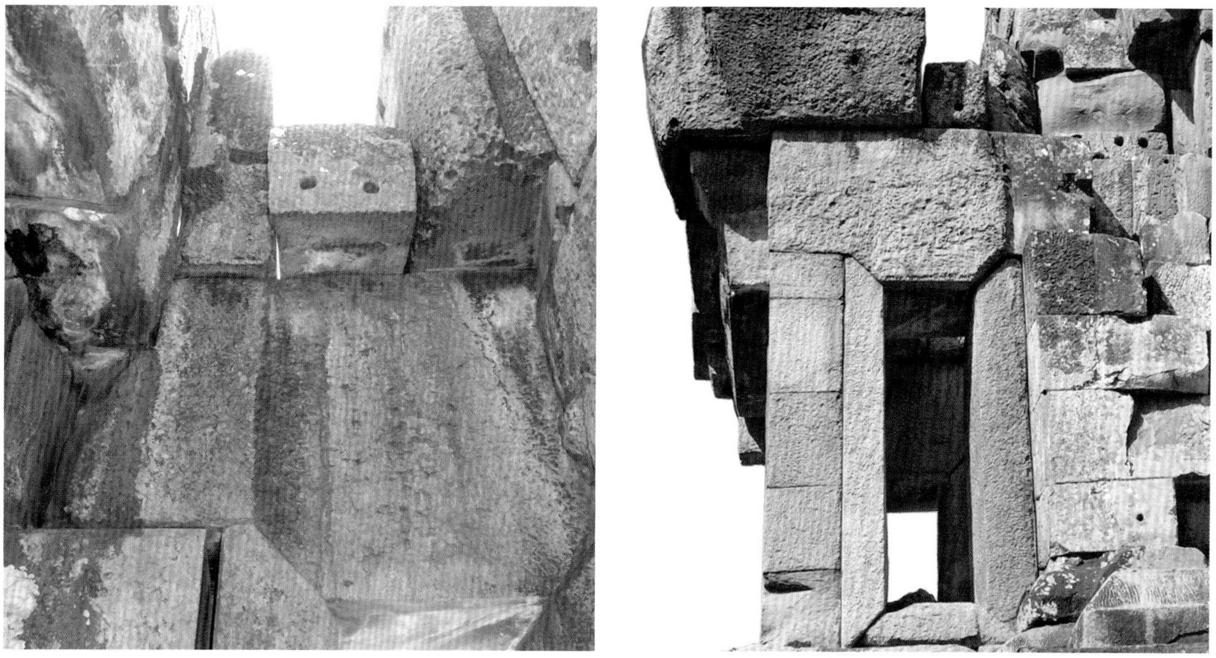

图 95　中央主塔南抱厦残损现状

图 96　中央主塔基座石块部分错位

图 97　中央主塔门柱残缺

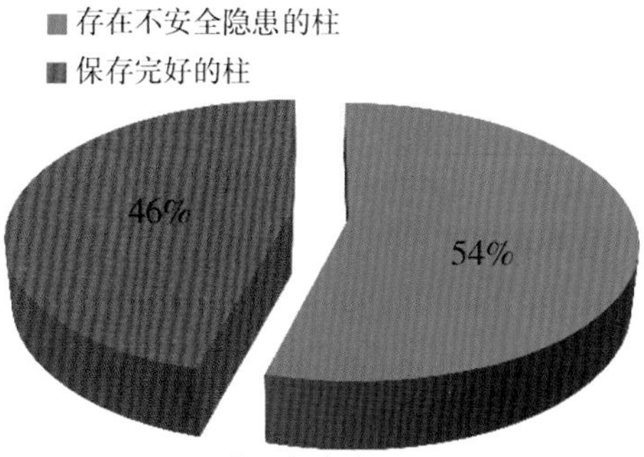

a.柱的保存完整度

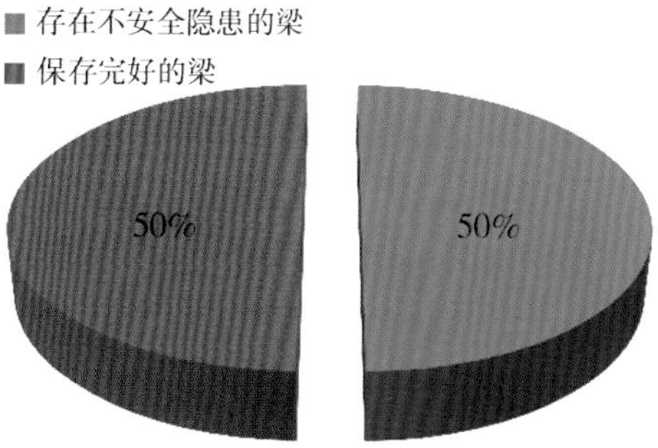

b.梁的保存完整度

图 98　中央主塔主要承重构件保存完整度示意图

2. 病因分析

一层基座和踏步石块破损、走闪的主要原因是上部石块塌落造成，另外抱厦两侧墙体和门柱变形、错位也造成了基座走闪变形。门柱柱脚下沉破损主要原因是两侧墙体前倾造成柱脚基础集中受力产生破损和下沉。门柱中段石块随着柱脚下沉造成塌落，也有个别情况是因为中段石块（一般是一整根石柱）自身石材纹理有裂隙造成破损。抱厦两侧窗框、墙体变形和错位一是建筑构造原因，中心塔与抱厦相接处不是一整块构件，缺少拉接，整体性差；二是由于墙基承载力不同或变化所造成。影响墙基承载力的因素有基座角砾石酥碱、基座平台下回填沙松动等。抱厦门柱柱头开裂、破损主要是剪切破坏。门楣断裂是由于抱厦两侧变形、错位使得两端产生相对位移造成的剪切破坏。门过梁断裂除剪切破坏原因外，也不排除底部受拉破坏的情况。山花错位倾斜以及屋面石块错位一是下部结构变形引起，二是上部石块掉落造成。

3. 勘察结论

庙山五塔的残损现状勘察结论如下：第一，庙山五塔平台地面未发现明显下沉和裂缝，部分塔基周侧地面因旁侧受压而向上隆起，平台排水局部不畅，部分塔基周侧容易雨后积水。前期工程对三层须弥台转角及踏道进行了整体维修，目前平台整体稳定，需要对部分塔基周侧进行排水处理；第二，庙山五塔中央塔结构基本稳定，东南转角墙体局部塌落，需进行修补。东抱厦门楣断裂、门框倾斜劈裂，南抱厦东墙开裂，需进行维修；第三，四座角塔的主体结构基本稳定，塔顶和塔身有个别石块有较大错位倾斜，极易塌落，应对其归安扶正；第四，四座角塔的抱厦损坏情况严重，对结构稳定有较大影响，个别部位险情有继续发展和倒塌的危险，应采取相应措施，彻底排除险情；第五，对于已经产生变形、目前无继续发展迹象已经处于稳定状态的部位，可维持现状，进行变形监测；第六，对于对结构安全无影响的塌落部位，如一层基座边缘石块等，可不进行归安。

第三章　设　计

一　范围及性质

茶胶寺庙山五塔保护工程是茶胶寺保护工程实施过程中新增项目，工程定位为排险加固。从设计原则、维修方式与风格、包括处理手法上与前期工程保持一致。工程范围包括茶胶寺庙山五塔中央塔、东南角塔、东北角塔、西北角塔、西南角塔五座塔殿整体及地面整修，项目规模约1929.4平方米。工程定位为排险加固、现状整修，排除安全隐患，对于不影响结构安全的部位，不进行扰动，对于缺失但不影响结构安全的构件不再进行添配。

二　设计指导思想

根据国际文化遗产领域相关理念、法规、宪章、准则等为依据，以我国文化遗产保护实践经验为借鉴，全面深入研究，制定具体的排险加固方案。茶胶寺庙山五塔保护工程依据：

1. 国际公约和宪章

《吴哥宪章》(Charter for Angkor Guidelines for the Safeguarding of the World Heritage Site of Angkor)[1]

《保护世界文化和自然遗产公约》

《国际古迹保护与修复宪章》(威尼斯宪章)

《关于保护景观和遗址的风貌与特性的建议》

2. 中华人民共和国有关法律、法规及有关规范、规程

《中华人民共和国文物保护法》

《中华人民共和国文物保护法实施条例》

《文物建筑项目质量评定标准》

3. 相关设计、批复文件

柬埔寨APSARA局批复文件

《柬埔寨吴哥古迹保护茶胶寺保护修复工程总体研究报告》

《中国政府援助柬埔寨吴哥古迹保护茶胶寺保护修复工程总体计划(2011—2018)》

国家文物局《关于援柬二期茶胶寺保护修复项目总体设计方案及工作计划的批复》

---

〔1〕见附录2。

联合国教科文组织吴哥古迹保护国际协调委员会ICC专家组对《援柬二期茶胶寺保护修复项目总体研究报告》的批复意见

排险加固设计过程中遵循以下原则：

第一，方案的制定与实施应以保存文物原状、采取最小干预措施，体现其真实性和完整性为原则；

第二，排险加固设计方案以“安全第一、抢险加固、排除险情与局部修复相结合”的总体思路进行；

第三，各类病害的排险加固设计方案制定时，保持传统工艺与新技术、新材料应用的适当结合，新工艺、新材料的应用以具有实际操作的可逆性或可再处理性为原则，且不会引起建筑本体额外的病害或险情；

第四，对于结构稳定性病害，在保证结构稳定性的基础上，严格控制解体范围；

第五，对于影响结构稳定性或影响上部结构而无法回砌归安，并确定无法从塌落石构件中寻配的部位，才能补配新的石构件，其他部位不再补配新的石构件；

第六，残损石构件能原位进行修复的尽量采取原位修复，避免对结构造成进一步的扰动；

第七，新补配石材的选择原则：补配石构件选取与原材质相同、外观颜色、结构特征相近石材。

三　工程做法说明

根据庙山五塔残损现状调查结果，本次工程以保证建筑结构安全为首要目标，排除建筑主要险情。考虑到庙山五塔为对游客开放的空间，应对虽不影响结构安全，但有塌落危险的构件进行归安。对塌落构件原则上不进行寻配归安，出于结构安全的目的，可以添配少量新构件。在维修方法上，采取局部拆砌归安、原位调整、修复粘接、结构加固与附加结构支护等方法，有效排除建筑险情。

针对基座下沉、门柱、门楣、门框变形破坏，采取基座与基础局部拆砌、钢筋拉接、增加钢结构支护等方法对变形部位进行局部加固措施。

构件的修补分为两种情况，一是残损构件的修补粘接，粘接对象是起结构支撑作用或有继续损坏危险、危及安全的构件；二是对有结构安全隐患的缺失构件进行补配，如基座下部缺失的角砾岩、墙体塌落部位等。

建筑构件的归安复位，主要针对建筑现存的构件，需要归安复位的建筑构件大致包括三类：一是山花、屋面及塔顶倾斜错位的构件；二是门柱、抱厦墙体及部分窗框变形部位的构件；三是部分基座、踏步走闪变形的构件。构件归安根据现场实际情况，包含拆落归安和原位归安。

粘接加固的石材采用当地砂岩石及红色角砾岩。石构件粘接材料选用蠕变性好、固化时收缩小、耐候性好、适应性强、使用方便的环氧树脂进行石构件粘接，具体配比需要进行现场试验来确定。

1. 东北角塔

维修部位	维修做法
东抱厦	1. 二层山花及屋面石块归位。 2. 修补、拉接南门柱柱头石块。 3. 两侧窗框、墙体维持现状。 4. 入口处增加钢结构支护。
南抱厦	1. 二层山花、屋面拆安归位。 2. 基座、窗框维持现状。 3. 东门柱残破构件粘接修补。 4. 西门柱上部残存两层构件用钢筋拉接。 5. 入口处增加钢结构支护。
西抱厦	1. 门柱柱头钢筋拉接加固，南门柱粘接修补。 2. 山花、屋面石块拆安归位。 3. 基座、踏步保持现状。 4. 两窗框保持现状。 5. 入口处增加钢结构支护。
北抱厦	1. 二层基座拆安归位，更换酥碱的基础角砾石。 2. 抱厦整体拆落，修补破损构件，安装归位。 3. 入口处增加钢结构支护。

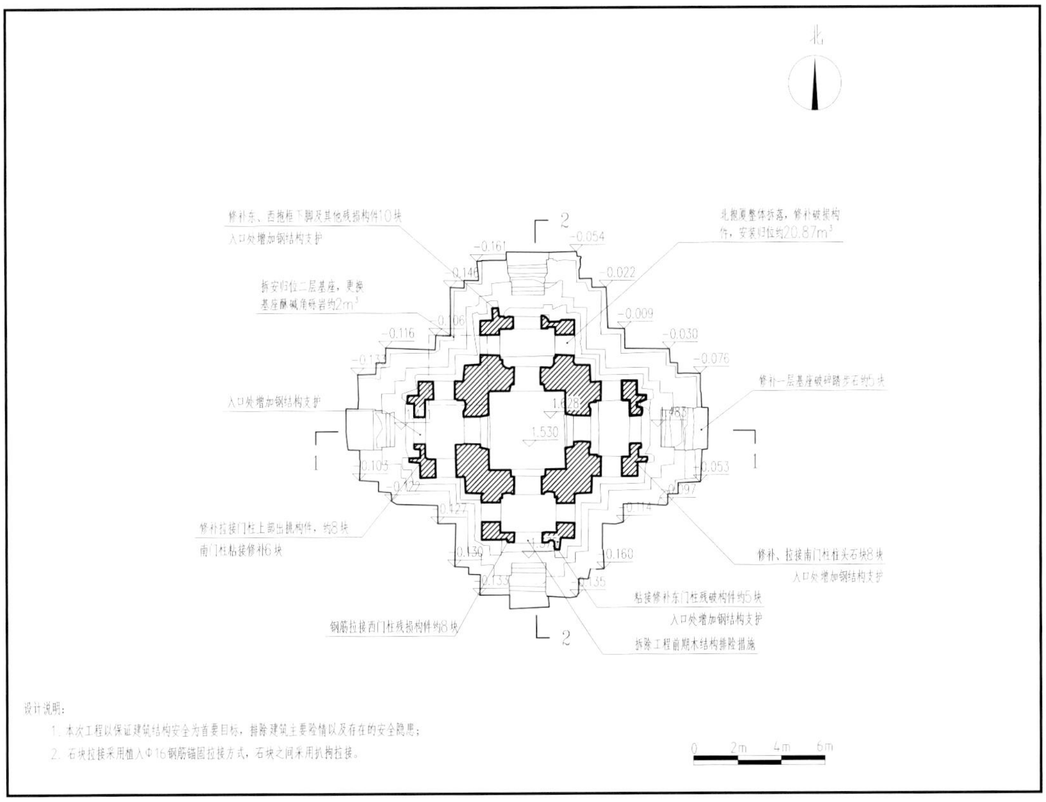

图 99　东北角塔平面设计图

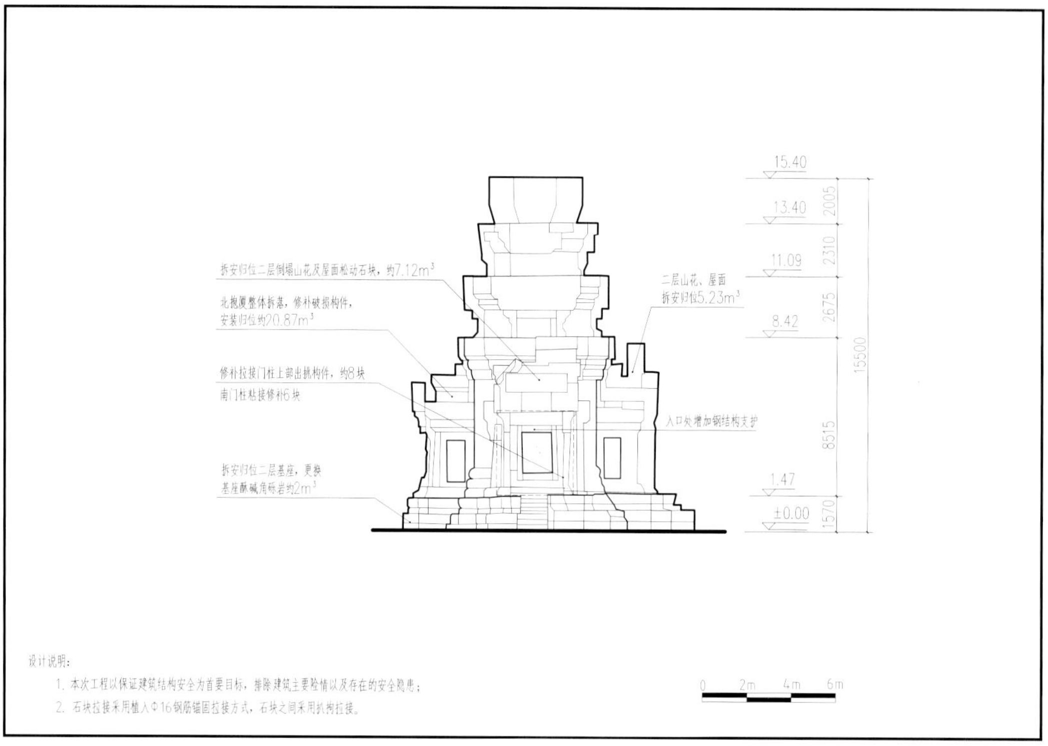

图 100　东北角塔西立面设计图

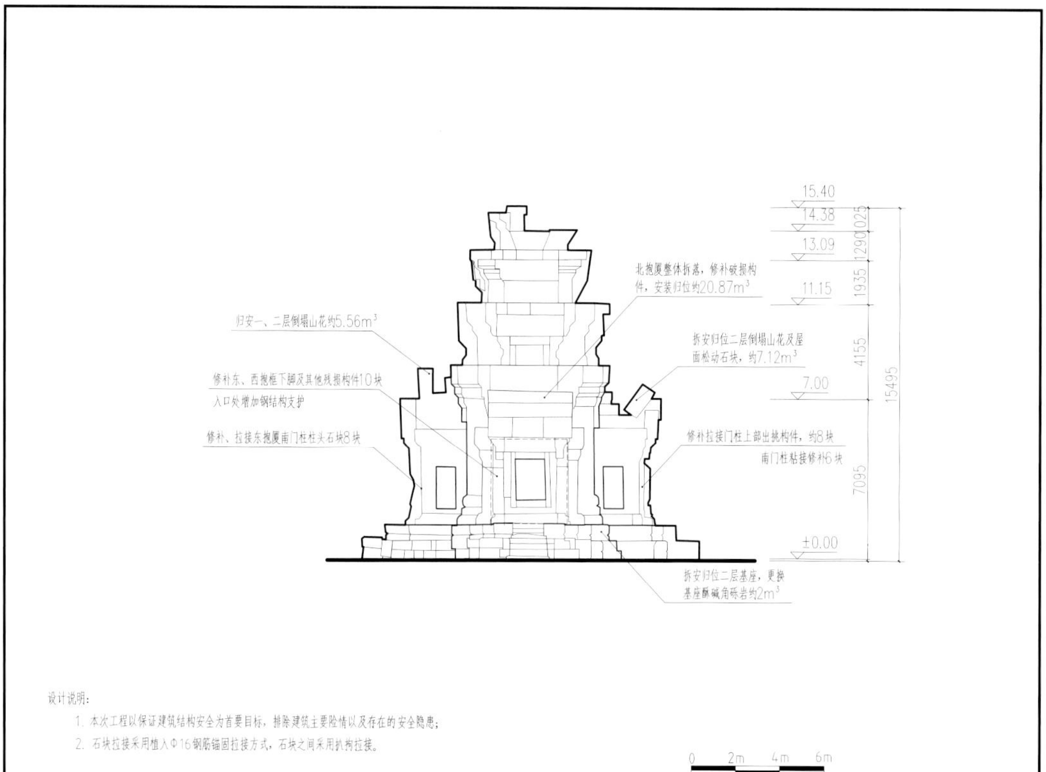

图 101　东北角塔北立面设计图

2. 东南角塔

维修部位	维修做法
东抱厦	1. 两侧窗框适量调整归位。 2. 上部山花、屋面拆安归位。 3. 入口处增加钢结构支护。 4. 其余部位维持现状。
南抱厦	1. 东门柱修补加固。 2. 山花、屋面石块拆安归位。 3. 入口处增加钢结构支护。 4. 其余部位维持现状。
西抱厦	1. 两门柱粘接修补，调整归位。 2. 山花、屋面拆安归位。 3. 基座、两侧窗框维持现状。 4. 入口处增加钢结构支护。
北抱厦	1. 东、西门柱拆安，修补粘接破损柱脚，下部垫层角砾石重新铺装。 2. 山花、屋面石块拆安归位。 3. 基座、两侧窗框维持现状。 4. 入口处增加钢结构支护。
塔顶	1. 归安走闪悬空石块。

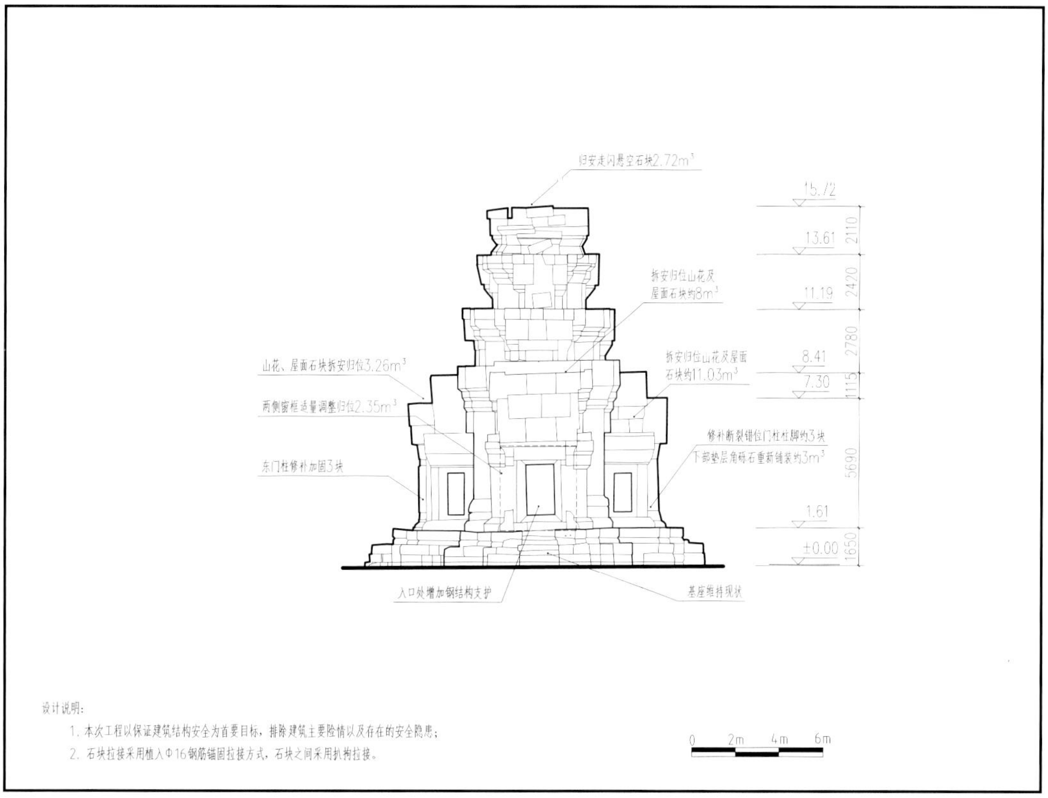

图 102 东南角塔东立面设计图

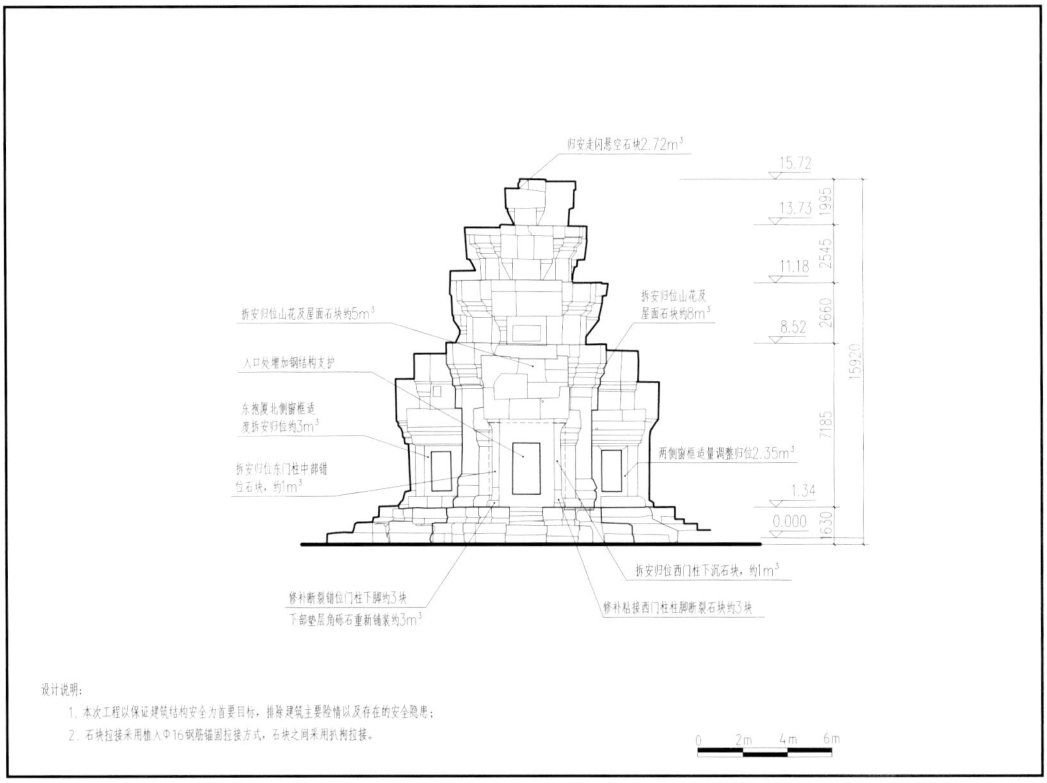

图103 东南角塔北立面设计图

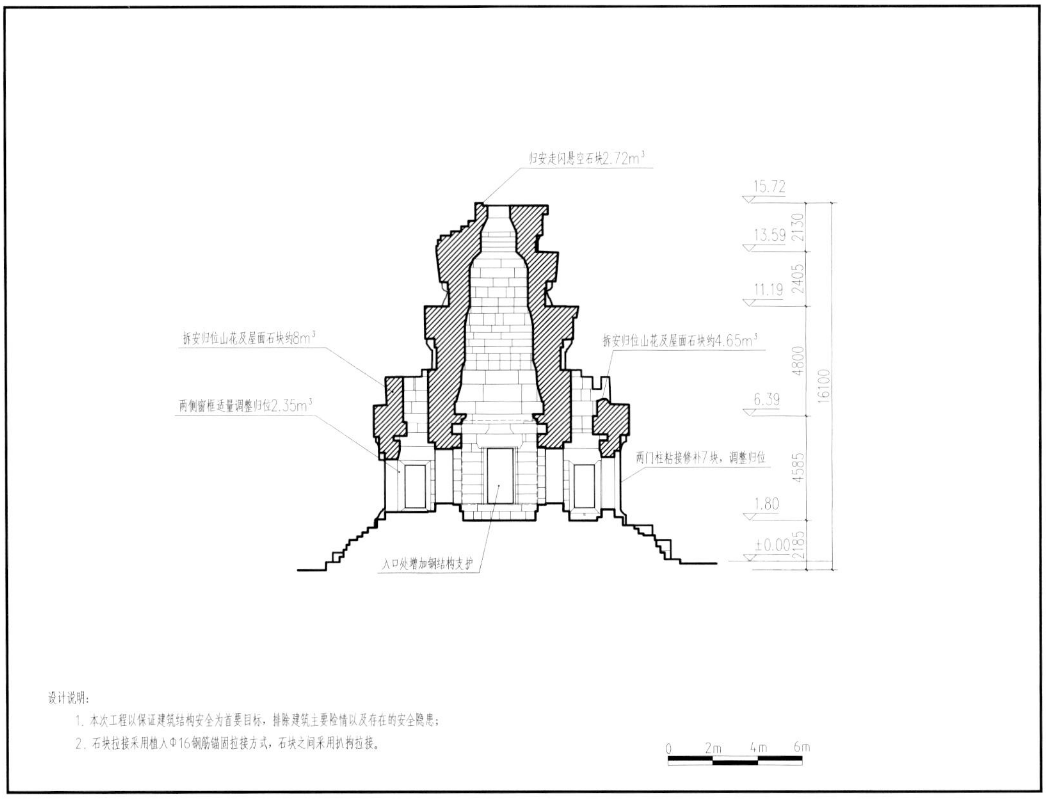

图104 东南角塔1－1剖面设计图

3. 西南角塔

维修部位	维修做法
东抱厦	1. 修补南门柱两层柱头破损石块。 2. 屋面、山花错位石块归位。 3. 基座规整，更换基础酥碱的角砾石。 4. 入口处增加钢结构支护。 5. 其余部位维持现状。
南抱厦	1. 规整基座错位石块。 2. 重点加固修补门柱柱头破损部位石块。 3. 山花转角石块与里侧拉接。 4. 两侧窗框维持现状。 5. 入口处增加钢结构支护。
西抱厦	1. 更换踏步下部破损、缺失的角砾石，补配上部缺失的踏步石。 2. 基座上部结构整体拆安归位。 3. 入口处增加钢结构支护。
北抱厦	1. 规整基座石块，山花、屋面石块归位。 2. 东门柱视上部山花拆落情况拉接加固。 3. 入口处增加钢结构支护。 4. 两侧窗框维持现状。

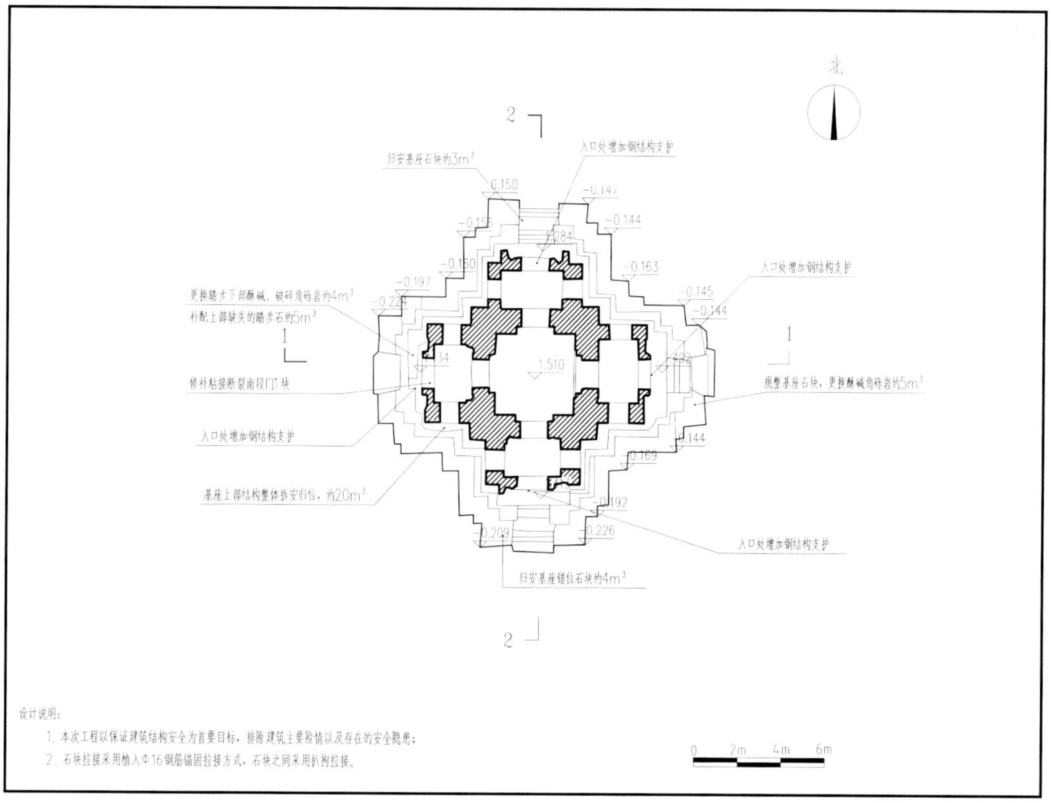

图 105　西南角塔平面设计图

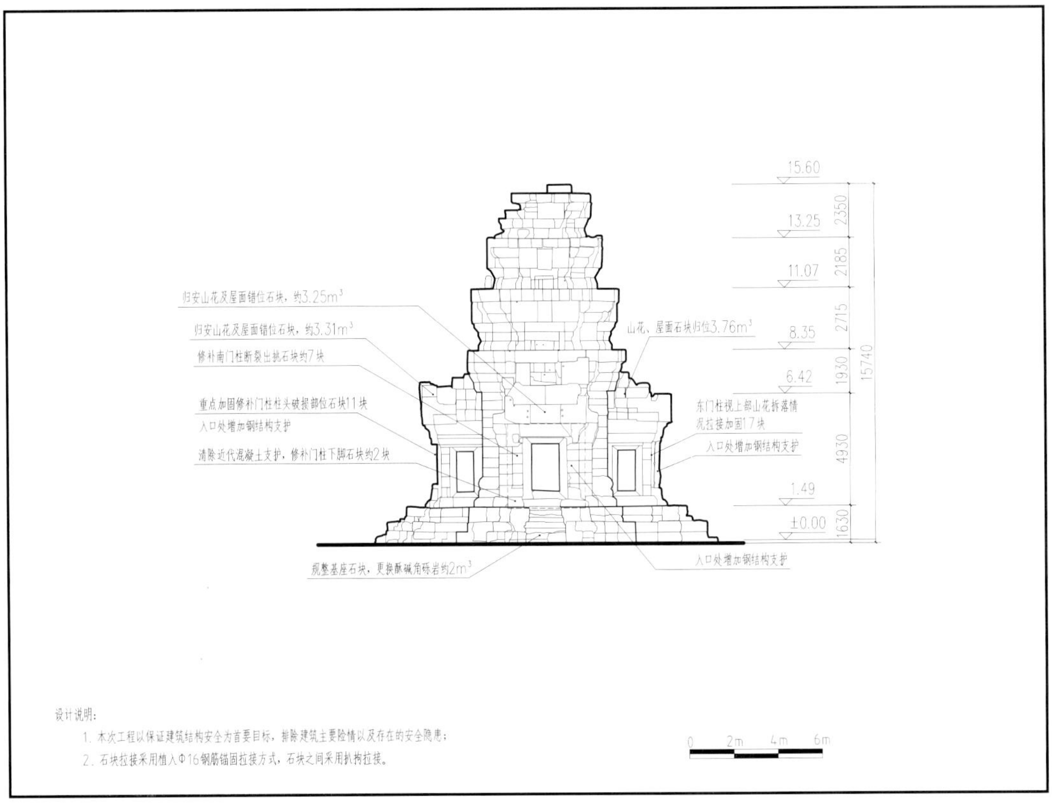

图 106　西南角塔东立面设计图

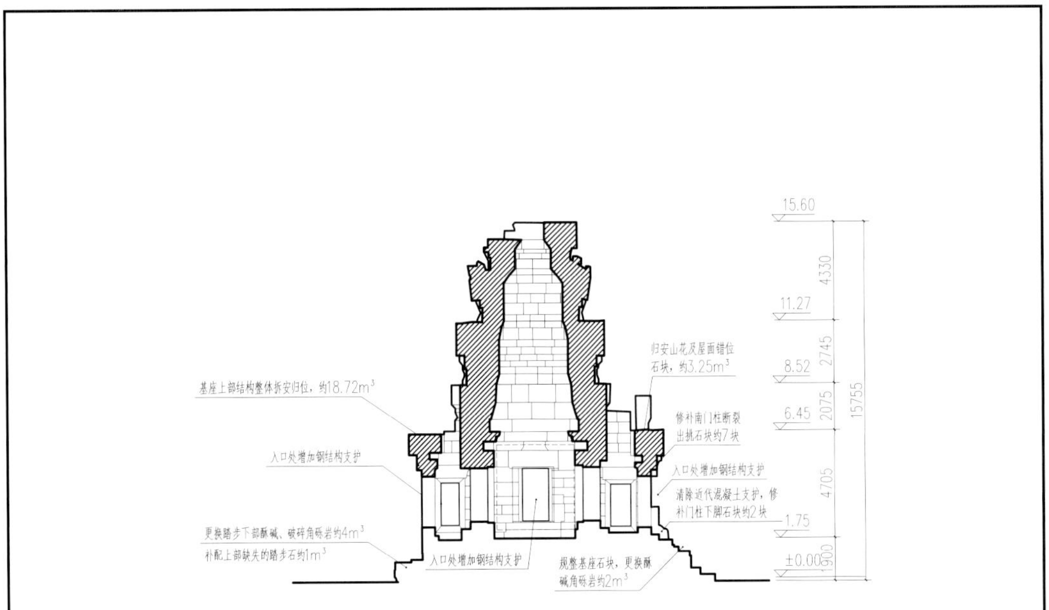

图 107　西南角塔 1－1 剖面设计图

4. 西北角塔

维修部位	维修做法
东抱厦	1. 修补南门柱上部柱头石块。 2. 山花转角石块拉接加固，屋面石块归安复位。 3. 粘接门下槛，修补南门框下部破损部位。 4. 入口处增加钢结构支护。
南抱厦	1. 基座石块规整，拆安一层山花。 2. 视现场情况尽可能将西门柱向里侧归位。 3. 屋面石块归位。 4. 入口处增加钢结构支护。
西抱厦	1. 基座石块规整，基座下部空洞部位补配铺装角砾石。 2. 二层屋面石块归位。 3. 入口处增加钢结构支护。
北抱厦	1. 重点修补加固西门柱。 2. 归安檐口、屋面错位石块。 3. 侧窗框维持现状。 4. 入口处增加钢结构支护。
塔顶	1. 归安走闪悬空石块。

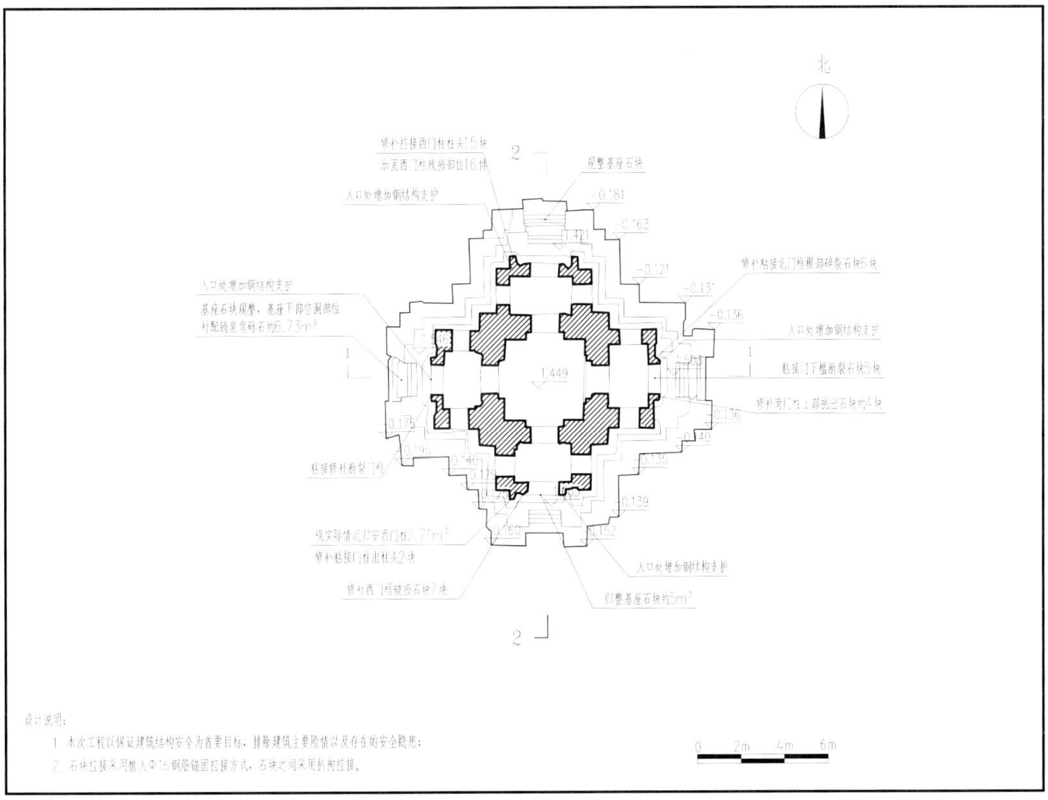

图 108　西北角塔平面设计图

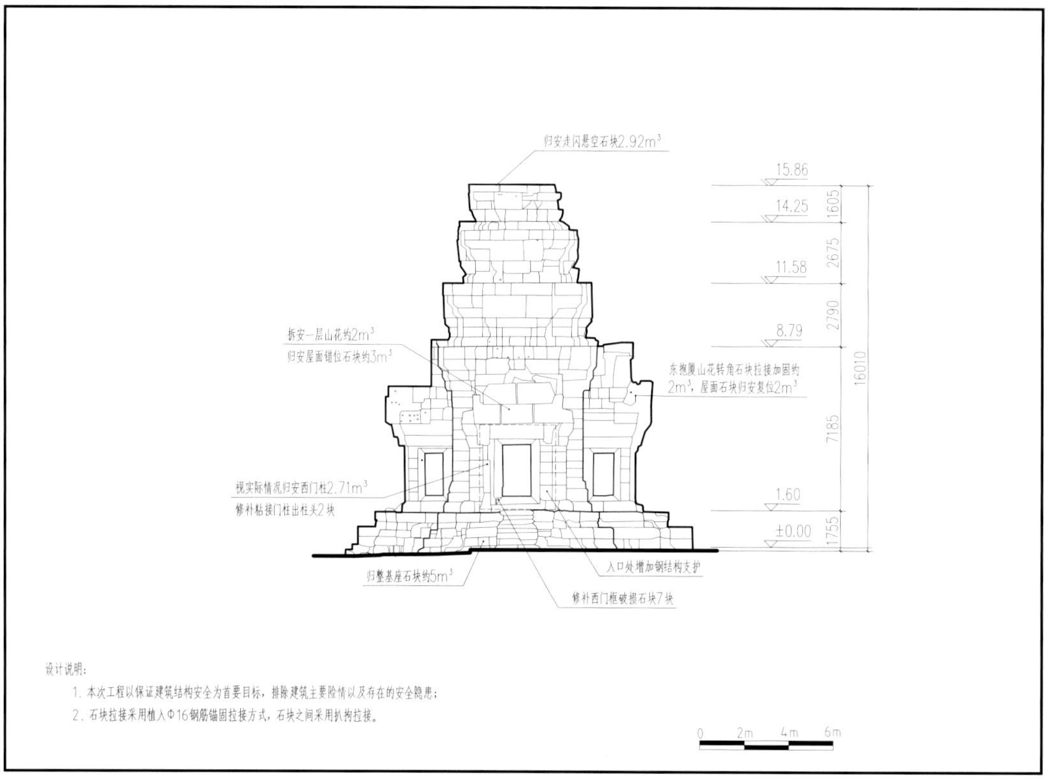

图 109　西北角塔南立面设计图

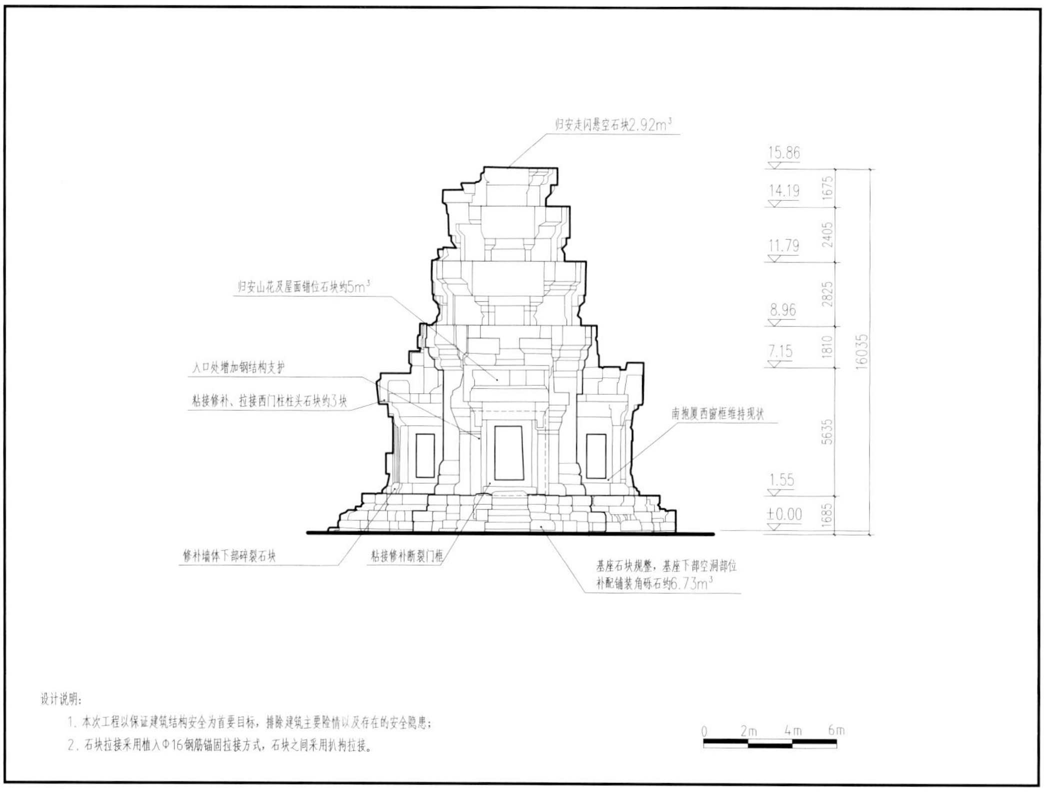

图 110　西北角塔西立面设计图

5. 中央主塔

维修部位	维修做法
中心塔	1. 补配东南角盲窗部位墙体缺失构件。
抱厦	1. 规整基座错位严重、有塌落危险的构件，更换酥碱的角砾石。 2. 拆安门柱上部山花、屋面构件。 3. 修补、拉接门柱柱头石块，粘接加固门楣、门过梁。 4. 入口处增加钢结构支护。

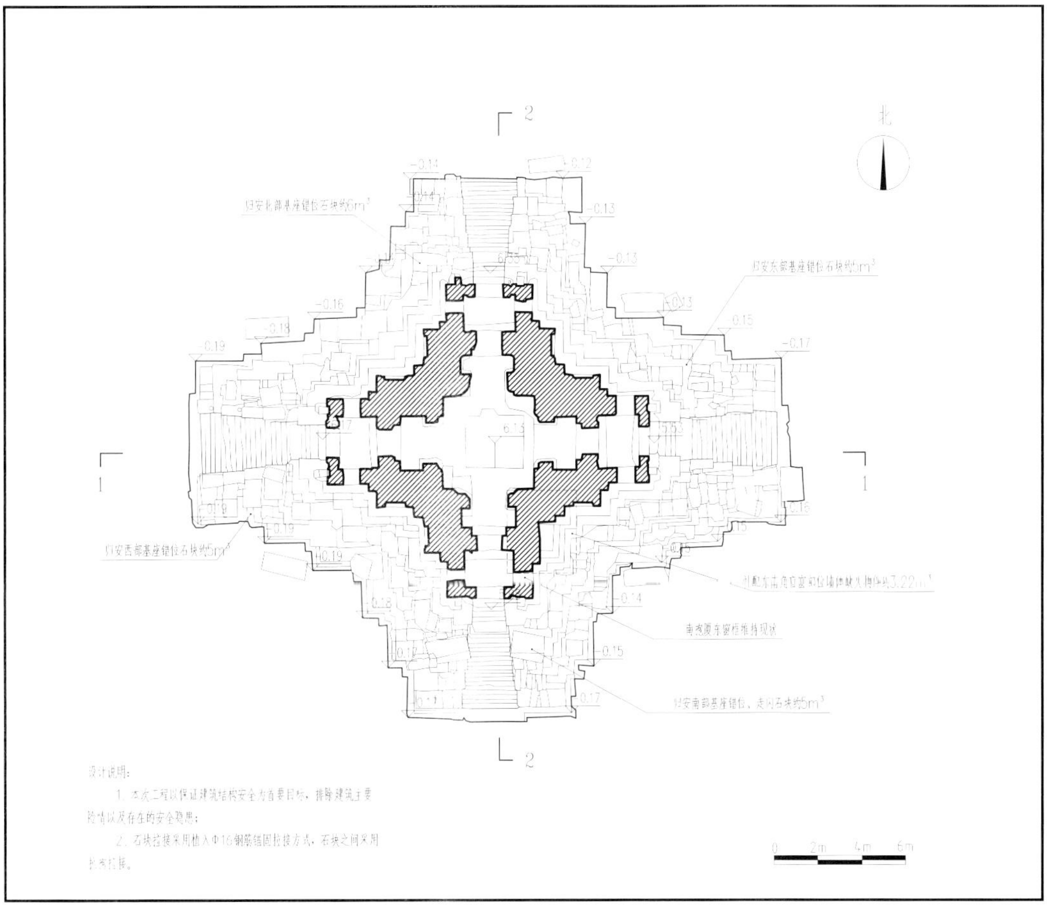

图 111　中央主塔平面设计图

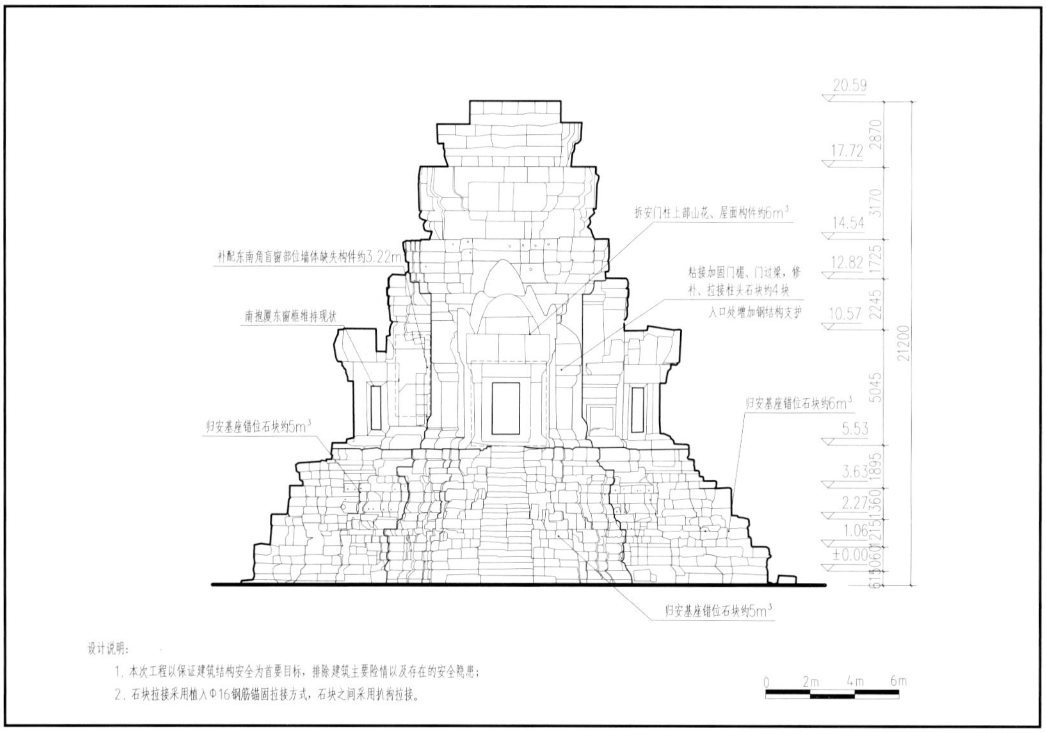

图 112　中央主塔东立面设计图

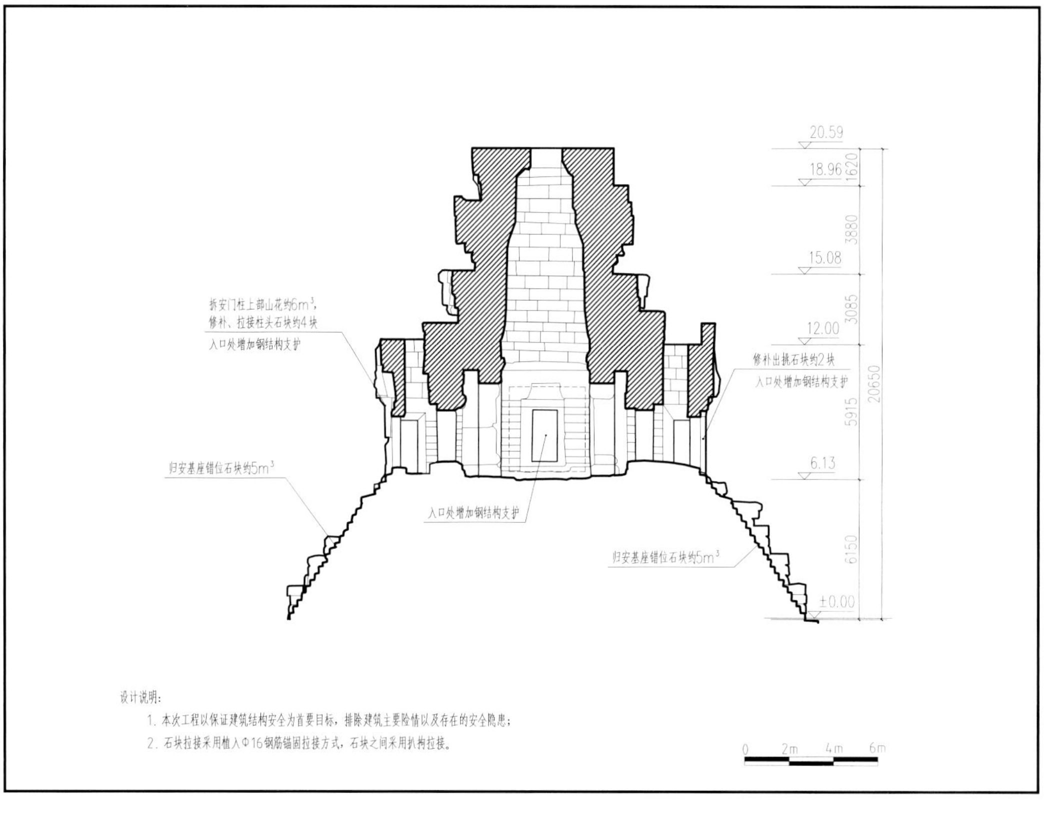

图 113　中央主塔 1－1 剖面设计图

第四章　工程实施

一　概述

茶胶寺庙山五塔保护工程实施从 2017 年 4 月开始，至 2017 年 11 月基本完成。

工地现场施工人员根据工作需要进行分组，技术人员为中方人员，普通工人为柬方人员，现场中方技术人员承担工程管理、资料收集、材料采购、安全检查等事务。

本次工程以保证建筑结构安全为首要目标，排除建筑主要险情，排险加固工程分为局部解体拆落，建筑构件归安复位，残损构件修复加固，石构件补配，钢结构支护。

表 6　庙山五塔保护项目项目量统计

庙山五塔	解体（块）	归安（块）	补配砂岩（块）	补配角砾岩（块）	修复粘接（块）	钢筋拉接（块）	钢结构支护（处）
西北角塔	23	58			16		4
东北角塔	29	78			13	2	5
东南角塔	21	47			8	4	4
西南角塔	6	80	49	8			4
中央主塔	2	298		2	5		6
总计	81	561	49	10	42	6	23

二　准备工作

1. 搭材作及吊装设备安装

为了满足庙山五塔的解体拆落、建筑构件归安复位、残损构件修补、钢结构支护等，并方便工作人员走动等要求，搭设施工使用的脚手架。庙山五塔排险加固项目施工脚手架根据施工需要和建筑的形制特征搭设，一律使用钢管，连接使用铸铁，脚手板使用木脚手板。立柱站在平台上或石块上，支垫木块和橡胶垫。

茶胶寺庙山五塔保护工程施工脚手架使用 2 米、3 米、4 米、6 米钢管，立杆横向间距约为 1.2 ~ 1.3 米，纵向间距也约为 1.2 ~ 1.3 米，高度超过塔顶 2 ~ 3 米，便于石块的吊运。脚手架末端距离建筑本体不少于 5 厘米。单体建筑脚手架四个角落均设定滑轮一个，用以运输脚手架和扣件。

此外，根据施工需要，准备四个手拉葫芦，以满足石块的吊运；准备千斤顶若干，满足吊运、移动、归安石构件；准备5吨塔吊，以满足茶胶寺一层地面的物资运至庙山五塔平台等。

图114　中央主塔搭设脚手架

图115　角塔搭设脚手架

图116　塔吊作业

2. 临时防雨设施

由于庙山五塔的顶部均残损缺失，现塔顶结构无存，塔顶裸露在外，雨水通过塔顶空洞进入建筑内部，并在室内形成积水，可能对建筑基础造成不良影响。为避免雨水进入建筑内部，在四角塔顶部安装了可逆的临时防雨设施。防雨设施框架为钢结构，通过插入砌体进行固定，固定方式完全可逆。

图 117　塔顶临时防雨设施

三　工程实施

1. 施工前的档案记录

对拆落的砂岩石构件进行测量、拍照、绘图、编号，并将其整理为数字化资料进行归档。

图 118　石块测量、编号

2. 局部解体拆落

局部解体拆落主要针对基座、踏步变形较大，上部结构需要拆落的情况。严格控制解体的工程量，减少不必要的干预。拆除前对歪斜、位移部位及周边相关构件采用钢材及千斤顶进行原位支顶，随拆随顶，防止拆除过程中发生坍塌。

拆砌中首先使欲拆除的石构件松动，使其与相邻构件分离，使用撬棍或手拉葫芦，用吊装带挂住构件一角，轻轻抬起3～5厘米，逐渐使构件分离。构件分离后，用吊装带将石构件拴牢用手拉葫芦将石构件运至地面，使用手拉葫芦通过井子架进行垂直运输，到达平台的石构件由多人搬运或使用脚手架杆铺设滑轨进行运输。

图119　局部解体

3. 建筑构件归安复位

建筑构件归安复位，主要针对建筑现存的构件，与茶胶寺之前单体建筑的散落构件寻配归安复位有所区别。需要归安复位的建筑构件大致包括三类：一是山花、屋面及塔顶倾斜错位的构件；二是门柱、抱厦墙体及部分窗框变形部位的构件；三是部分基座、踏步走闪变形的构件。

构件归安根据现场实际情况，包括拆落归安和原位归安。石构件原则要求按照原位归安，控制好成型后的外轮廓。归安时应尽量使块石之间接触面互相匹配。归安后的墙体、屋檐应尽量表面平整、线脚垂直。

图120　构件归安复位

4. 残损构件修复加固

（1） 修补粘接

修补粘接构是残损构件常用的修补方法，粘接对象是起结构支撑作用或有继续损坏危险、危及安全的构件。选用蠕变性好，固化时收缩小，耐候性好，适应性强，使用方便的环氧树脂对断裂石构件进行粘接。

图 121　残损构件的粘接

（2） 钢筋拉接

钢筋拉接主要用于柱头挑出部位的加固，根据构件破损情况，采用上部钻孔、剔槽埋入钢筋与后部构件粘接连接，增加构架的上部抗拉能力。对于受力较为集中的部位，如门柱柱脚、门柱柱头、门楣等应在断裂面植筋加固或下方开槽卧入钢筋，使用环氧树脂加石粉作为填充物加固，进而增加石构件的加固稳定程度。

图 122　钢筋拉接

5. 石构件补配（突出尊重原材料和原工艺）

对于存在结构安全隐患的关键部位，需要适当用新石料进行补配，如基座下部缺失的角砾石、墙体塌落部位等。严格控制新补配构件数量，除结构安全需要，比如为支顶上部悬挑构件，或一些特殊部位构件，其余部位构件原则上不予补配。采用当地砂岩及红色角砾岩（采自荔枝山脚下的采石场），根据实测尺寸，使用大型石材切割机对荒料进行加工，成半成品后，再使用小型机械细加工，确保补配的构件与原有构件形制基本相同，料石要求加工面面平角方，使用前均用人工錾凿打磨平整。

图 123　石构件补配

6. 钢结构支护

在庙山五塔抱厦入口处对原先部分木结构加固进行了移除，现庙山五塔各建筑的四面抱厦入口处及结构薄弱的部位加设钢结构支护，用于以支护上部出挑门楣及山花等构件。根据庙山五塔抱厦入口及结构薄弱部位的形制，单独设计各钢结构支护并施工。为了避免钢结构直接与石头接触，造成石构件表面的损坏，在钢材与石构件之间增设橡胶垫保护石构件。钢结构支护共安装23处。

图 124　东北角塔南立面钢结构支护

图 125　钢材与石构件之间的橡胶垫

第五章　能力建设与国际交流

一　能力建设

中国文化遗产研究院将国际社会公认的保护理念与具有中国特色的文物保护修复原则相结合，摸索出一套行之有效的项目管理方法和技术路线，逐渐在文物古迹保护国际舞台中形成了独特的“中国模式”。

在庙山五塔保护维修过程中，中方技术人员将培训柬方工程技术人员作为工作的重点之一。建筑本体保护与维修方面与柬方 APSARA 局密切合作，培训工作在工程实施过程中同步进行，培训对象主要是柬方的保护工程技术人员，以 APSARA 局古建筑保护的技术人员和当地的技术工人为主，在施工中教会柬埔寨工人使用传统施工工具、吊装机械，这种传统施工机械替代了一些现代大型起吊机械设施，极大地提高了保护修复效率；培训他们石材吊装、粘接加固、构件安装和其他施工技术。在保护工程实施中，在柬埔寨引入了国内的项目管理机制。极大提高了当地工人工作的积极性。

从中国政府援柬吴哥古迹保护修复项目的第一期周萨神庙的保护与维修工作开展之初，工作队就十分注重帮助柬埔寨培养自己的文物保护与维修的技术力量。至今 20 多年以来，在周萨神庙与茶胶寺的保护与维修的各项施工工作中，为柬埔寨培养了一百多名当地的维修技术人员。周萨神庙维修竣工后，除目前继续参与二期茶胶寺的保护维修施工技术人员外，部分经过中方培养的技术人员有的已经在别的国家工作队中成为技术骨干力量。

二　国际交流

在茶胶寺庙山五塔保护工程实施过程中，中国政府援柬吴哥古迹保护工作队通过多种形式开展国际学术研讨与交流，以丰富视野，提高专业水平。在 ICC 特设专家组莅临现场进行检查时，向现场专家组介绍茶胶寺保护修复的理念、方法和工作进展，并就庙山五塔建筑本体保护进行技术交流。对茶胶寺修复工程实施过程中所遇到的技术问题，与 ICC 专家召开专题研讨会，进行深入的技术探讨，共同解决所遇到的各种技术问题。在日常维修施工过程中，工作队还利用邮件建立了与 ICC 专家沟通的渠道，以求尽快解决在日常工作中所遇到的技术问题。

在联合国教科文吴哥古迹保护协调委员会（ICC-Angkor）第 29 届技术大会和第 24 届全体大会上，中方代表与柬方政府、ICC 秘书处、ICC 特设专家组、援助柬埔寨吴哥古迹相关国家驻柬埔寨大使馆代表、相关国际组织和专业机构代表等近 300 人一同参会，并介绍茶胶寺的工作情况，与各国同行进行技术交流和研讨。

图 126 中方工作人员与 APSARA 局召开茶胶寺工作交流会

图 127 柬方 APSARA 局检查茶胶寺工地

图 128　中方专家组调研茶胶寺庙山五塔

图 129　中方专家调研茶胶寺庙山五塔险情

图 130　中方专家组赴茶胶寺庙山五塔进行技术指导

图 131　中方工作队与 ICC 国际专家召开茶胶寺国际研讨会

图 132　中方工作队与 APSARA 局召开茶胶寺工作研讨会

图 133　中方专家赴茶胶寺进行技术指导

图 134　工作队与 ICC 特设专家、ICC 秘书处成员在茶胶寺进行现场考察与交流

图 135　中方代表参加 ICC-Angkor 第 29 届技术和第 24 届全体会议并做茶胶寺工作汇报

图 136　中方工作队与 ICC 专家召开第一届茶胶寺专题研讨会

图 137　中方工作队与 ICC 专家召开第二届茶胶寺专题研讨会

图 138　中方工作队专家组与 APSAR 局开展技术交流与研讨

图 139　中方工作队与法国远东学院召开技术研讨与交流会

图 140　中国吴哥古迹保护研究中心

图 141　吴哥古迹保护中国中心

2017 年 12 月 9 日，工作组与 ICC 特设专家组召开了第二届茶胶寺保护修复专题会议。双方围绕茶胶寺庙山五塔的保护措施、茶胶寺的排水、监测和防雷问题进行了技术交流。专家对工作组的保护修复理念、方法和措施表示肯定，认为考虑到茶胶寺结构安全稳定性，建议在后续采取一定的监测措施。由于茶胶寺曾在历史上遭受雷击，专家认同茶胶寺应考虑防雷的问题。专家组一致认为保护修复茶胶寺这一大型的建筑是非常复杂的，希望中国队能在未来工作中与 ICC 专家组加强交流和经验的分享，研究讨论出最佳的解决方法，共同实现对世界文化遗产吴哥古迹的保护。吴哥国际协调委员会永久科学秘书贝肖克教授指出，中国援柬工作队在茶胶寺保护修复工程的工程定位、理念与方法值得肯定。尽管部分庙山的残损情况严重，但庙山五塔的保护修复理念和方案，完全符合吴哥宪章的相关规定与要求。

第六章　总　结

庙山五塔保护工程是茶胶寺保护工程的新增部分，维修对象为茶胶寺价值最高的部分，工程符合总体计划中“抢险加固，排除险情，局部维修与全面修复相结合”的要求，改善了茶胶寺的整体安全状况，排除了文物险情，展现了原有的历史风貌。

庙山五塔保护工程是以全面的研究为基础，经过与柬埔寨专家、ICC的专家组和其他吴哥古迹保护国家队伍的充分交流，严格贯彻了《吴哥宪章》《保护世界文化和自然遗产公约》及其《操作指南》的精神，充分吸取了中国援助柬埔寨吴哥古迹第一期周萨神庙保护工程和茶胶寺其他部分保护工程的经验，发挥了中国队务实、高效、肯吃苦、敢拼搏的精神，取得了瞩目的成绩。

庙山五塔保护项目充分尊重了柬埔寨高棉建筑的制作材料和工艺。在勘察、设计和施工过程中，较为全面地了解了庙山五塔砌筑方式和用材，并严格按照原始的砌筑方式对散落构件进行归安，对新补配的构件也采用了原工艺做法，最大限度地保护了庙山五塔的真实性。

庙山五塔施工克服了施工场地狭小、塔殿高耸以及石构件体量巨大所带来的施工技术和安全方面的困难，施工技术和工程管理上有所突破。

庙山五塔保护工程的完成不仅给茶胶寺保护工程画上了完满的句号，同时还对茶胶寺价值的展示与阐释，对当地技术人员的能力培养，以及对我国在吴哥古迹保护国际大家庭中的地位和话语权的提升，都做出了应有的贡献。

Chapter Six Summary

The conservation of the Five-Towers of the Temple-Mountain of Ta Keo temple is an added project, which addresses the most important and symbolic part of the Temple.

The project complies with the requirements of the "reinforcement, removal of dangers, partial repairs combined withentire repairs" of the overall plan, improving the overall safety status of the Temple, eliminating the dangers of the monument and demonstrating the original historical appearance.

The project was conducted based on comprehensive researches, extensive consultation with related stakeholders, including Cambodian experts, the ICC expert group and the teams of other countries involved in the conservation of the Angkor monuments. It has been implemented strictly following the *Angkor Charter* (*Guidelines for Safeguarding the World Heritage Site of Angkor*), the *Convention Concerning the Protection of the World Cultural and Natural Heritage* and its *Operational Guidelines*. It was executed with rich experience gained from the previous projects of the Chau Say Tevoda, the China's phase I project for safeguarding the Angkor monuments, as well as that accumulated in the process of conserving other parts of the Ta Keo temple. The project is featured with pragmatic, efficiency, hard work and persistent in pursuing the international accepted conservation principles.

In the conservation project of the Five-Towers on the Temple-Mountain, full respect was given to the authenticity of the materials and workmanship of Cambodia's Khmer buildings. The masonry and building materials were fully secured, scattered components were re-installed into their original position, and traditional ways of stone processing was used for new stones. With this approach the authenticity of the Five-Towers on the Temple-Mountain were fully respected.

There are several particular challenges for the project, such as the huge stone blocks to be re-instated were extreme heavy, the lack of space up the Temple-Mountain creates difficulties on moving the blocks around, and safety issues of the workers. All these difficulties were overcome with ingenues design, in situ discussion, trials and other means. Many innovations can be used elsewhere. The project management is another feature of the project, which proved to be both efficient and effective.

The completion of the project marks a successful wrap-up of the Ta Keo temple conservation programme. The project has made its contribution in a better presentation and interpretation of the values of the Ta Keo temple. As part of the results of the project a number of local technicians and workers were trained. The project has enhanced China's the voice in the international community for safeguarding the Angkor World Heritage site.

参考书目

敖惠修、黄韶玲：《柬埔寨吴哥植物资源调查研究》，《广东园林》，2016 年 05 期。

蔡贻象：《元朝周达观出使柬埔寨及今日意义》，《公共外交季刊》，2015 年 02 期。

陈承藻：《吴哥艺术和柬埔寨的传统舞蹈》，《世界知识》，1984 年 17 期。

陈军军、支国伟：《吴哥建筑群的历史文化内涵》，《旅游纵览（下半月）》，2015 年 02 期。

陈显泗：《光辉灿烂的柬埔寨古文明—吴哥文化》，《世界历史》，1978 年 01 期。

陈显泗：《12—13 世纪真腊占婆间的“百年战争”》，《云南师范大学学报（哲学社会科学版）》，1988 年 04 期。

陈玉龙：《吴哥释名及寺庙群辑录》，《内蒙古大学学报（哲学社会科学版）》，1980 年 Z1 期。

大卫 · P. 钱德勒、周中坚：《吴哥的史料来源和吴哥王朝的建立》，《东南亚纵横》，1993 年 02 期。

邓霞：《浅析吴哥艺术的地域审美特征》，四川师范大学硕士论文，2013 年。

狄雅静、王其亨：《日本建筑遗产保护工程报告书体系的启示——从柬埔寨吴哥古迹保护与修复工程谈起》，《新建筑》，2009 年 06 期。

董卫：《从“西南”到“东南亚”——中国视角下的古代东南亚地区城市历史初探》，《建筑学报》，2015 年 11 期。

杜星月：《大湄公河次区域古都空间形态初探》，《东南大学》，2016 年。

段立生：《〈真腊风土记校注〉之补注》，《世界历史》，2002 年 02 期。

佛雷得里克 · 阿马特：《柬埔寨文物保护成绩突出》，《科技潮》，2000 年 09 期。

高红清：《理解柬埔寨吴哥时期艺术的三个要素——以“高棉的微笑——柬埔寨吴哥文物与艺术”展为例》，《艺术品》，2015 年 01 期。

顾军：《中国援助柬埔寨吴哥古迹周萨神庙保护工程》，载于中国文物保护技术协会：《砖石类文物保护技术研讨会论文集》，2004 年。

桂光华：《吴哥王朝的兴衰》，《南洋问题》，1986 年 03 期。

郭洁：《神圣与苍凉——吴哥的建筑和雕刻艺术》，《长安大学学报（建筑与环境科学版）》，2004 年 03 期。

贺平：《区域功能性合作与日本的文化外交——以吴哥古迹保护修复为中心》，《日本问题研究》，2014 年 04 期。

洪天华、王萌、霍斯佳：《“天眼”助力遗产保护——吴哥世界遗产环境遥感监测与研究》，《中国文化遗产》，2017 年 03 期。

侯卫东：《“吴哥保护国际行动”二十年和〈吴哥宪章〉》，《中国文物报》，2013 年 02 月 22 日。

侯卫东：《援助柬埔寨茶胶寺项目之保护实践》，《中国文物报》，2014年04月04日。

侯卫东：《从周萨神庙到茶胶寺——中国参与吴哥古迹研究与保护纪实》，《建筑遗产》，2016年01期。

胡西元：《试论印度文化对柬埔寨文化的影响》，《河南教育学院学报（哲学社会科学版）》，1998年02期。

黄汉民：《吴哥古迹——见证高棉民族的辉煌与沧桑》，《中国文化遗产》，2007年04期。

黄家庭：《也谈吴哥宗教文化》，《美苑》，2013年03期。

黄家庭：《浅析吴哥建筑雕刻艺术的宗教内蕴》，《南京艺术学院学报（美术与设计）》，2015年01期。

黄克忠：《恢弘的石头城——吴哥古迹考察记》，《文物天地》，1998年03期。

姜怀英：《古建筑保护理念的探索与实践——参与吴哥遗迹维修保护工程的几点体会》，载于 中国紫禁城学会《中国紫禁城学会论文集（第四辑）》，2004年。

姜怀英：《吴哥古迹保护技术的研究与探索》，《中国紫禁城学会论文集（第五辑 上）》，2007年。

姜怀英：《吴哥窟的保护与管理》，《沈阳故宫博物院院刊》，2008年01期。

姜怀英：《吴哥古迹保护的中国特色》，载于中国文物保护技术协会：《中国文物保护技术协会第六次学术年会论文集》，2009年。

雷琳：《吴哥古迹女王宫建筑雕刻艺术探析》，《南京艺术学院学报（美术与设计）》，2015年01期。

廖凯涛、王成、刁晓环、齐述华、KHUON Khun－neay：《吴哥遗产地土地利用/土地覆盖变化遥感分析》，《遥感信息》，2015年01期。

李弘：《走读周达观〈真腊风土记〉》，《传承》，2007年11期。

李克：《虔诚的筑造——探访吴哥窟的建筑和雕刻艺术有感》，《建筑技艺》，2014年06期。

李洋：《茶胶寺单体结构损伤分析及修复加固研究》，湖南大学硕士论文，2012年。

里仁：《古代柬埔寨的寺庙》，《佛教文化》，2003年06期。

梁江、张伟魏、孙晖：《原型图式的文化嬗变——以圣彼得大教堂与吴哥寺为例》，《建筑师》，2016年02期。

列奥尼德·亚·塞多夫、罗晓京：《吴哥的社会经济形态和国家机器》，《印度支那》，1985年03期。

林静静：《男性视域下的吴哥寺女性浮雕探微》，《南京艺术学院学报（美术与设计）》，2015年01期。

林静静：《战争与永生——解读吴哥寺第一回廊浮雕》，《美苑》，2014年05期。

林静静：《论柬埔寨吴哥时期浮雕艺术模式》，《雕塑》，2014年02期。

刘江、姜怀英：《吴哥古迹的保护与修复》，《中国文物科学研究》，2006年04期。

刘念：《高棉帝国：成也是水，败也是水》，《科学新闻》，2012年02期。

陆泓、陆帅：《吴哥建筑文化地理特征》，《世界建筑》，2009年09期。

陆泓、徐旌、陆恺：《吴哥神庙平面规划特征》，《云南地理环境研究》，2011年01期。

骆韬颖、王雪丹：《试论印度佛塔与吴哥神庙的渊源与演变》，《大众文艺》，2015年18期。

O. W. 沃尔特斯、李静：《东南亚视野下的历史、文化与区域：地方文化表述》，《南洋资料译丛》，2011 年 04 期。

乔梁、李裕群：《吴哥遗迹周萨神庙考古报告》，《考古学报》，2003 年 03 期。

邱勇哲：《神王合一——谈柬埔寨宗教与宫殿建筑》，《广西城镇建设》，2015 年 02 期。

R. 赫涅－凯尔顿、周中坚、L. P. 布里格斯：《〈古代高棉帝国〉序》，《印度支那》，1985 年 03 期。

尚莲霞：《从周萨神庙看吴哥窟宗教艺术特征》，《南京艺术学院学报（美术与设计）》，2015 年 01 期。

尚莲霞：《近三十年来国内柬埔寨吴哥古迹研究概论》，《南通大学学报（社会科学版）》，2014 年 06 期。

尚荣：《略论柬埔寨吴哥时期宗教文化的来源及其形成》，《南京艺术学院学报（美术与设计）》，2015 年 01 期。

尚荣：《从〈真腊风土记〉看巴戎寺浮雕》，《美苑》，2013 年 03 期。

帅民风：《观吴哥古迹寺庙建筑之对称意味——东南亚艺术研究（之八）》，《美术大观》，2012 年 08 期。

帅民风：《观读吴哥古迹寺庙建筑之尖塔建筑意味——东南亚美术现象研究之九》，《美术大观》，2012 年 09 期。

帅民风：《探小吴哥窟的回廊浮雕壁画之意趣——东南亚造型艺术研究之十》，《美术大观》，2012 年 10 期。

孙克勤：《柬埔寨吴哥世界遗产地存在的问题和保护对策》，《资源与产业》，2009 年 06 期。

谭立峰、温玉清：《吴哥古迹建筑雕塑艺术探微》，《室内设计》，2010 年 04 期。

陶然：《吴哥雕塑与敦煌彩塑的对比研究》，《大众文艺》，2016 年 11 期。

王明：《茶胶寺单体结构稳定性研究与修复加固技术初探》，湖南大学硕士论文，2011 年。

王林安、顾军、霍静思、王明、禹琦、侯卫东：《柬埔寨吴哥古迹茶胶寺塔门整体结构三维有限元数值分析》，《文物保护与考古科学》，2011 年 04 期。

王林安、王明、霍静思、顾军、侯卫东：《柬埔寨吴哥石窟建筑结构形式及其破坏特征分析》，《文物保护与考古科学》，2012 年 03 期。

王圣华：《柬埔寨吴哥茶胶寺建筑构造的研究与解析》，《北方文物》，2016 年 04 期。

王元林、余建立、乔梁：《柬埔寨吴哥古迹茶胶寺考古工作纪要》，《中国文物科学研究》，2014 年 01 期。

王元林：《吴哥古迹出土陶瓷与海上丝绸之路文化交往》，《南方文物》，2017 年 02 期。

王元林：《拯救吴哥：古迹保护与考古研究并重》，《中国社会科学报》，2017 年 03 月 17 日。

王哲一：《吴哥窟见证佛陀生平演绎》，《中国宗教》，2010 年 06 期。

温玉清、侯卫东：《毁灭与重生：古代高棉的历史记忆——柬埔寨吴哥古迹茶胶寺散记之一》，《紫禁城》，2009 年 05 期。

温玉清、侯卫东：《未完成的遗构：柬埔寨吴哥古迹茶胶寺散记之二》，《紫禁城》，2009 年 07 期。

温玉清、侯卫东：《曼荼罗的深邃宿命：柬埔寨吴哥古迹茶胶寺散记之三》，《紫禁城》，2009 年

09 期。

温玉清：《法国远东学院与柬埔寨吴哥古迹保护修复概略》，《中国文物科学研究》，2012 年 02 期。

伍璐璐：《探析小吴哥寺回廊浮雕的艺术语言》，《天津美术学院学报》，2011 年 02 期。

伍沙：《柬埔寨吴哥古迹茶胶寺建筑研究》，天津大学硕士论文，2010 年。

伍沙：《20 世纪以来柬埔寨吴哥建筑研究及保护》，天津大学博士论文，2014 年。

伍沙、吴葱：《世界文化遗产的保护与修复》，《中国文物报》，2014 年 05 月 14 日。

伍沙：《柬埔寨吴哥古迹保护与修复活动的启示——从日本工作队的工作谈起》，《建筑学报》，2015 年 01 期。

吴为山：《论柬埔寨吴哥窟艺术及其宗教文化特征》，《阅江学刊》，2009 年 03 期。

吴为山：《我看柬埔寨吴哥时期的宗教与艺术》，《美苑》，2013 年 03 期。

吴为山：《神圣与世俗：柬埔寨吴哥艺术纵论》，《南京艺术学院学报（美术与设计）》，2015 年 01 期。

邢和平、蔡锡梅：《吴哥寺为何坐东向西?》，《印支研究》，1984 年 03 期。

邢和平：《柬埔寨古代建筑和雕刻艺术的发展》，《东南亚纵横》，1990 年 01 期。

徐晶：《吴哥雕刻艺术的三个特征》，《美苑》，2013 年 03 期。

徐力恒：《用新技术勾勒吴哥古城的格局》，《光明日报》，2014 年 05 月 21 日。

许言：《茶胶寺修复工程研究报告》，文物出版社，2015 年。

晓宪：《探秘吴哥古迹》，《大众考古》，2014 年 07 期。

杨昌鸣：《吴哥与北京：空间图式的比较》，载于中国建筑学会建筑史学分会、清华大学建筑历史与文物建筑保护研究所：《营造第一辑（第一届中国建筑史学国际研讨会论文选辑）》，1998 年。

杨昌鸣、张繁维、蔡节：《“曼荼罗”的两种诠释——吴哥与北京空间图式比较》，《天津大学学报（社会科学版）》，2001 年 01 期。

杨甲、张珂、刘丽、王心源、宋经纬、刘洁、Khun - NeayKhuon：《基于 SPOT - 5 影像的吴哥地区水体提取方法研究》，《测绘工程》，2016 年 03 期。

杨静蓉：《南印度的宗教建筑城市遗产保护及其空间文化抉择探析》，昆明理工大学硕士论文，2015 年。

杨民康：《柬埔寨吴哥窟石雕壁画中的乐器图像研究》，《中央音乐学院学报》，2016 年 02 期。

喻常森、L. P. 布里格斯：《吴哥的衰亡：它的本质，意义，原因》，《东南亚纵横》，1994 年 01 期。

余建立、王元林、乔梁：《柬埔寨吴哥古迹茶胶寺周边遗址考古调查简报》，《考古》，2017 年 09 期。

余思伟：《吴哥王朝的社会结构与经济基础之探讨》，《印支研究》，1984 年 02 期。

张兵峰：《吴哥窟茶胶寺东门神道地质雷达探测研究》，《中国文物科学研究》，2010 年 03 期。

张明远、郭秋英：《浅谈吴哥艺术》，《雕塑》，2013 年 02 期。

张穹：《神秘的吴哥古城》，《环境》，2012 年 04 期。

郑好：《石筑的不朽——柬埔寨吴哥艺术》，《中国文化遗产》，2015 年 03 期。

中国文化遗产研究院：《中国文化遗产研究院与柬埔寨吴哥古迹保护与发展管理局签署合作谅解备

忘录》,《中国文物报》, 2017 年 06 月 27 日。

Aubin , N. , Le Phimeanakas: *Temple* -Montαgue *à Angkor.* la thèsc dc l'école d 'architecture dc Nantcs.

Briggs, (1951) . *The AncienlKhmer Empire.* Philadelphia: American Philosophical Society.

Cunin Olivier, (2000) *Le* Bαyon , *contrìbution à l'histoire archilecturale du temple* , Memoire de travail personnel de fin d'erude en architecture (cn deux volumes) , Ecole d' Architecture de Nancy.

Claude Jacques, M. F. (1997) . *Angkor : Cities and temples* . Bangkok, Asia Books.

Dagens B. , (1995) . *Angkor : Heart of an Asian Empire* , London, Thames & Hudson.

Groslier, G. , (1921 - 23) . *Arts & ArcheologieKhmers* (1) . Paris: Augustin Challamel.

Groslier, G. , (1924 - 26) . *Arts & ArcheologieKhmers* (2) . Paris: Augustin Challamel.

Jacques, C. , (1993) . *"Zoning and Environmental Management plan for the Angkor Area. Angkor and the Khmer History* ." Paris: UNESCO, Rapportdactylographie 42.

Jacques Dumarçay, Cambodian Architecture: Eighth to Thirteenth Centuries (HANDBOOK OF ORIENTAL STUDIES/HANDBUCH DER ORIENTALISTIK) , Leiden, Boston, Köln: Brill, 2001.

Jacques Dumarcy, The Site of Angkor, New York: Oxford University Press, 1998.

附录 1

茶胶寺保护工程成果目录

1. 测绘勘察研究报告

《柬埔寨吴哥古迹茶胶寺测绘成果集》
《中国政府援助柬埔寨吴哥古迹保护茶胶寺须弥坛测绘图》
《中国政府援助柬埔寨吴哥古迹保护茶胶寺维修单体建筑三维实体数值模型图》
《中国政府援助柬埔寨吴哥古迹保护茶胶寺庙山岩土工程勘察报告》
《中国政府援助柬埔寨吴哥古迹保护茶胶寺单体建筑整体结构三维有限元分析》
《茶胶寺庙山建筑形制与复原研究》
《柬埔寨吴哥古迹茶胶寺建筑保护修复史研究》
《柬埔寨吴哥古迹茶胶寺建筑保护修复史研究（茶胶寺老照片）》
《柬埔寨吴哥古迹茶胶寺建筑保护修复史研究（茶胶寺历史照片与现状照片对比图录）》
《茶胶寺：寺庙建筑研究》

2. 保护工程专项报告

《柬埔寨吴哥古迹保护茶胶寺保护修复工程总体研究报告》
《茶胶寺庙山五塔修复工程研究报告》
《茶胶寺庙山五塔风险评估报告》
《中国政府援助柬埔寨吴哥古迹保护茶胶寺典型单体建筑结构危险性评估与加固技术研究》
《建筑信息模型在茶胶寺保护工程中的应用试点研究成果——以茶胶寺南外门为例》
《中国政府援助柬埔寨吴哥古迹保护茶胶寺庙山地基与基础数值计算分析与评价报告》
《中国政府援助柬埔寨吴哥古迹保护茶胶寺庙山岩石物理力学性质测试报告》
《中国政府援助柬埔寨吴哥古迹保护茶胶寺庙山藏经阁地基基础调查及角砾岩抗拉强度增强试验报告》
《茶胶寺石质文物保护前期研究报告》
《茶胶寺须弥台砂岩雕刻保护研究》
《茶胶寺须弥台整体砂岩雕刻纹饰本体风化病害与微环境关系分析研究报告》
《茶胶寺须弥台二层东立面南端砂岩雕刻病害调查表》

《茶胶寺须弥台砂岩雕刻抢救性保护工程（须弥台二层东立面南端）》（病害图）
《茶胶寺砂岩雕刻病害评估与抢救性保护工程（须弥台二层东立面南端）施工图》
《茶胶寺须弥台砂岩雕刻抢救性保护工程（施工图三册）》
《茶胶寺须弥台砂岩雕刻抢救性保护工程竣工报告》
《中国政府援助柬埔寨吴哥古迹保护茶胶寺地质雷达考古探测报告》
《茶胶寺维修施工过程中湿婆神像考古发现报告》
《柬埔寨吴哥古迹茶胶寺考古工作汇报》

3. 总体方案

《中国政府援助柬埔寨吴哥古迹保护茶胶寺保护修复工程总体计划（2011－2018）》
《中国政府援助柬埔寨吴哥古迹保护茶胶寺保护修复工程总体设计方案》
《中国政府援助柬埔寨吴哥古迹保护茶胶寺保护修复工程总体设计方案（南内塔门）》
《中国政府援助柬埔寨吴哥古迹保护茶胶寺保护修复工程总体设计方案（东外塔门）》
《中国政府援助柬埔寨吴哥古迹保护茶胶寺保护修复工程总体设计方案（西外塔门）》
《中国政府援助柬埔寨吴哥古迹保护茶胶寺保护修复工程总体设计方案（南外长厅）》
《中国政府援助柬埔寨吴哥古迹保护茶胶寺保护修复工程总体设计方案（二层台东北角及角楼）》
《中国政府援助柬埔寨吴哥古迹保护茶胶寺保护修复工程总体设计方案（二层台东南角及角楼）》
《中国政府援助柬埔寨吴哥古迹保护茶胶寺保护修复工程设计方案（二层台西北角及角楼）》
《中国政府援助柬埔寨吴哥古迹保护茶胶寺保护修复工程总体设计方案（二层台西南角及角楼）》
《中国政府援助柬埔寨吴哥古迹保护茶胶寺保护修复工程总体设计方案（南外塔门）》
《中国政府援助柬埔寨吴哥古迹保护茶胶寺保护修复工程总体设计方案（北外塔门）》
《中国政府援助柬埔寨吴哥古迹保护茶胶寺保护修复工程总体设计方案（北外长厅）》
《中国政府援助柬埔寨吴哥古迹保护茶胶寺保护修复工程总体设计方案（北内长厅、南内长厅）》
《中国政府援助柬埔寨吴哥古迹保护茶胶寺保护修复工程总体设计方案（南藏经阁）》
《中国政府援助柬埔寨吴哥古迹保护茶胶寺保护修复工程总体设计方案（北藏经阁）》
《中国政府援助柬埔寨吴哥古迹保护茶胶寺保护修复工程总体设计方案（须弥台东南角、西南角）》
《中国政府援助柬埔寨吴哥古迹保护茶胶寺保护修复工程总体设计方案（须弥台东北角、西北角）》
《中国政府援助柬埔寨吴哥古迹保护茶胶寺保护修复工程总体设计方案（二层台回廊）》
《中国政府援助柬埔寨吴哥古迹保护茶胶寺保护修复工程总体设计方案（一层台围墙及转角、须弥台踏道两侧整治、庙山场地〈庙院〉环境整治）》
《中国政府援助柬埔寨吴哥古迹保护茶胶寺保护修复工程总体设计方案（排水设计）》
《中国政府援助柬埔寨吴哥古迹保护茶胶寺保护修复工程总体设计方案（须弥台石刻保护专项）》
《中国政府援助柬埔寨吴哥古迹保护茶胶寺保护修复工程总体设计方案（考古专项）》
《中国政府援助柬埔寨吴哥古迹保护茶胶寺保护修复工程总体设计方案（辅助设施建设工程专项）》
《中国政府援助柬埔寨吴哥古迹保护茶胶寺保护修复工程管理与展示中心建筑设计方案》
《中国政府援助柬埔寨吴哥古迹保护茶胶寺庙山五塔排险与加固工程勘察设计方案》

4. 施工图与施工组织设计

《中国政府援助柬埔寨吴哥古迹保护工程茶胶寺二层台西北角及角楼保护修复工程施工图设计》
《中国政府援助柬埔寨吴哥古迹保护工程茶胶寺二层台西南角及角楼保护修复工程施工图设计》
《中国政府援助柬埔寨吴哥古迹保护工程茶胶寺二层台东南角及角楼保护修复工程施工图设计》
《中国政府援助柬埔寨吴哥古迹保护工程茶胶寺二层台东北角及角楼保护修复工程施工图设计》
《中国政府援助柬埔寨吴哥古迹保护工程茶胶寺东外塔门保护修复工程施工图设计》
《中国政府援助柬埔寨吴哥古迹保护工程茶胶寺南内塔门保护修复工程施工图设计》
《中国政府援助柬埔寨吴哥古迹保护工程茶胶寺北藏经阁维修施工图设计》
《中国政府援助柬埔寨吴哥古迹保护工程茶胶寺茶胶寺南藏经阁维修施工图设计》
《中国政府援助柬埔寨吴哥古迹保护工程茶胶寺茶胶寺须弥台东北角维修施工图设计》
《中国政府援助柬埔寨吴哥古迹保护工程茶胶寺须弥台东南角维修施工图设计》
《中国政府援助柬埔寨吴哥古迹保护工程胶寺须弥台西北角维修施工图设计》
《中国政府援助柬埔寨吴哥古迹保护工程茶胶寺须弥台西南角维修施工图设计》
《中国政府援助柬埔寨吴哥古迹保护工程茶胶寺南内长厅维修施工图设计》
《中国政府援助柬埔寨吴哥古迹保护工程茶胶寺北外塔门维修施工图设计》
《中国政府援助柬埔寨吴哥古迹保护工程茶胶寺南外塔门维修施工图设计》
《中国政府援助柬埔寨吴哥古迹保护工程茶胶寺西外塔门维修施工图设计》
《中国政府援助柬埔寨吴哥古迹保护工程茶胶寺目须弥台回廊维修施工图设计》
《中国政府援助柬埔寨吴哥古迹保护工程茶胶寺须弥台踏道维修施工图设计》
《中国政府援助柬埔寨吴哥古迹保护工程茶胶寺北外长厅维修施工图设计》
《中国政府援助柬埔寨吴哥古迹保护工程茶胶寺南外长厅维修施工图设计》
《中国政府援助柬埔寨吴哥古迹保护工程茶胶寺北内长厅维修施工图设计》
《中国政府援助柬埔寨吴哥古迹保护工程茶胶寺一层台基围墙维修施工图设计》
《中国政府援助柬埔寨吴哥古迹保护工程茶胶寺藏经阁及长厅等排险支撑工程施工图设计》
《中国政府援助柬埔寨吴哥古迹保护工程茶胶寺庙山五塔排险与结构加固工程施工图设计》
《中国政府援助柬埔寨茶胶寺修复项目第一阶段施工组织设计》
《中国政府援助柬埔寨茶胶寺修复项目第二阶段施工组织设计》
《中国政府援助柬埔寨茶胶寺修复项目第三阶段施工组织设计》

5. 保护工程竣工资料

《中国政府援助柬埔寨吴哥古迹保护工程茶胶寺南内塔门保护修复工程竣工图》
《中国政府援助柬埔寨吴哥古迹保护工程茶胶寺二层台西南角及角楼保护修复工程竣工图》
《中国政府援助柬埔寨吴哥古迹保护工程茶胶寺二层台西北角及角楼保护修复工程竣工图》
《中国政府援助柬埔寨吴哥古迹保护工程茶胶寺二层台东南角及角楼保护修复工程竣工图》

《中国政府援助柬埔寨吴哥古迹保护工程茶胶寺二层台东北角及角楼保护修复工程竣工图》
《中国政府援助柬埔寨吴哥古迹保护工程茶胶寺东外塔门保护修复工程竣工图》
《中国政府援助柬埔寨吴哥古迹保护工程茶胶寺二层台西北角及角楼保护修复工程竣工图》
《中国政府援助柬埔寨吴哥古迹保护工程茶胶寺二层台西南角及角楼保护修复工程竣工图》
《中国政府援助柬埔寨吴哥古迹保护工程茶胶寺二层台东南角及角楼保护修复工程竣工图》
《中国政府援助柬埔寨吴哥古迹保护工程茶胶寺二层台东北角及角楼保护修复工程竣工图》
《中国政府援助柬埔寨吴哥古迹保护工程茶胶寺东外塔门保护修复工程竣工图》
《中国政府援助柬埔寨吴哥古迹保护工程茶胶寺南内塔门保护修复工程竣工图》
《中国政府援助柬埔寨吴哥古迹保护工程茶胶寺北藏经阁保护修复工程竣工图》
《中国政府援助柬埔寨吴哥古迹保护工程茶胶寺南藏经阁保护修复工程图》
《中国政府援助柬埔寨吴哥古迹保护工程茶胶寺须弥台东北角保护修复工程竣工图》
《中国政府援助柬埔寨吴哥古迹保护工程茶胶寺须弥台东南角保护修复工程竣工图》
《中国政府援助柬埔寨吴哥古迹保护工程茶胶寺须弥台西北角保护修复工程竣工图》
《中国政府援助柬埔寨吴哥古迹保护工程茶胶寺须弥台西南角保护修复工程竣工图》
《中国政府援助柬埔寨吴哥古迹保护工程茶胶寺北外长厅保护修复工程竣工图》
《中国政府援助柬埔寨吴哥古迹保护工程茶胶寺南外长厅保护修复工程竣工图》
《中国政府援助柬埔寨吴哥古迹保护工程茶胶寺北内长厅保护修复工程竣工图》
《中国政府援助柬埔寨吴哥古迹保护工程茶胶寺南内长厅保护修复工程竣工图》
《中国政府援助柬埔寨吴哥古迹保护工程茶胶寺北外塔门保护修复工程竣工图》
《中国政府援助柬埔寨吴哥古迹保护工程茶胶寺南外塔门保护修复工程竣工图》
《中国政府援助柬埔寨吴哥古迹保护工程茶胶寺西外塔门保护修复工程竣工图》
《中国政府援助柬埔寨吴哥古迹保护工程茶胶寺一层台围墙及转角保护修复工程竣工图》
《中国政府援助柬埔寨吴哥古迹保护工程茶胶寺须弥台踏道保护修复工程竣工图》
《中国政府援助柬埔寨吴哥古迹保护工程茶胶寺回廊保护修复工程竣工图》
《中国政府援助柬埔寨吴哥古迹保护工程茶胶寺东内塔门保护修复工程竣工图》
《中国政府援助柬埔寨吴哥古迹保护工程茶胶寺北内塔门保护修复工程竣工图》
《中国政府援助柬埔寨吴哥古迹保护工程茶胶寺西内塔门保护修复工程竣工图》
《中国政府援助柬埔寨吴哥古迹保护工程茶胶寺庙山五塔保护修复工程竣工图》

6. 出版图书

《茶胶寺庙山建筑研究》
《茶胶寺修复工程研究报告》
《柬埔寨吴哥古迹茶胶寺考古报告》

附录 2

吴哥宪章*

——吴哥世界遗产地保护指南

工作组成员

Giorgio Croci（主席）	联合国教科文组织专家	mail@giorgiocroci.com
Azedine Beschaouch	联合国教科文组织吴哥古迹国际保护协调委员会（ICC－Angkor）秘书	azedinebeschaouch@hotmail.com
Anne Lemaistre	联合国教科文组织代表	a.lemaistre@unesco.org
Mounir Bouchenaki	联合国教科文组织专家	mounir.bouchenaki@gmail.com
Pierre－André Lablaude	联合国教科文组织专家	lablaude@wanadoo. fr
Hiroyuki Suzuki	联合国教科文组织专家	thsuzu5@mail.ecc.u－tokyo.ac.jp
Kenichiro Hidaka	联合国教科文组织专家	kenichioh1216@gmail.com
Simon Warrack	国际文物保护与修复研究中心（ICCROM）	swarrack@gmail.com
Claude Jacques	法国远东学院（EFEO）	claude.jacques@sfr.fr
Pascal Royère	法国远东学院（EFEO）	pascal.royere@efeo.net
Christophe Pottier	法国远东学院（EFEO）	christophe.pottier@efeo.net
Chau Sun Kerya	吴哥古迹保护与管理局（APSARA）	cskacacya@gmail.com
Ros Borath	吴哥古迹保护与管理局（APSARA）	rosborath@yahoo.fr
Tan Boun Suy	吴哥古迹保护与管理局（APSARA）	tanbounsuy@yahoo.com
Hang Peou	吴哥古迹保护与管理局（APSARA）	hangpeou@yahoo.com
Takeshi Nakagawa	日本吴哥古迹管理局保护吴哥项目（JASA）	nakag@waseda.jp
Yoshinori Iwasaki	日本吴哥古迹管理局保护吴哥项目（JASA）	iwasaki@geor.or.jp
Ichita Shimoda	日本吴哥古迹管理局保护吴哥项目（JASA）	ichita731@hotmail.com
Sœur Sothy	日本吴哥古迹管理局保护吴哥项目（JASA）	ssoeru@yahoo.com
Hans Leisen	德国仙女保护项目（GACP）	hans.leisen@fh-koeln.de
Esther von Plehwe－Leisen	德国仙女保护项目（GACP）	jaeh.leisen@t-online.de
Thomas Warscheid	德国仙女保护项目（GACP）	lbw.bb@gmx.de
Valter Maria Santoro	I. Ge. S 公司	vm.santoro@igessnc.com
Glenn Boornazian	世界文化遗产基金会（WMF）	gboornazian@icr-icc.com

* 由联合国教科文组织和柬埔寨吴哥古迹保护与发展管理局起草，于 2012 年 12 月 5 日在柬埔寨王国暹粒颁布。

续表

Janhwij Sharma	印度考古局	sharmasn.asi@gmail.com
D. S. Sood	印度考古局	ds_sood2006@yahoo.co.in
Hou Weidong	中国政府援助柬埔寨吴哥保护工作队（CSA）	houweidong@263.net
Marie - Françoise André	地质实验室（GEOLAB）	m-francoise.andre@univ-bpclermont.fr
Yoshiaki Ishizawa	上智大学	yoshia-i@sophia.ac.jp
Roland Fletcher	悉尼大学	roland.fletcher@sydney.edu.au
Michel Verrot	法国 MoCC	michelverrot@gmail.com

相关秘书工作由联合国教科文组织金边办事处 Lim Bun Hok（bh.lm@unesco.org）负责。

修订版本

修订版本		日期
第一次修订本	草稿	2002 年 11 月 20 日
第二次修订本	草稿	2002 年 12 月 20 日
第三次修订本	草稿	2003 年 6 月 30 日
第四次修订本	草稿	2003 年 9 月 24 日
第五次修订本	草稿	2004 年 2 月 13 日
第六次修订本	草稿	2004 年 12 月 14 日
第七次修订本	草稿	2004 年 12 月 22 日
第八次修订本	草稿	2005 年 3 月 1 日
第九次修订本	草稿	2005 年 7 月 15 日
第十次修订本	草稿	2005 年 11 月 30 日
第十一次修订本	草稿	2006 年 5 月 31 日
第十二次修订本	草稿	2011 年 6 月 23 日
第十三次修订本	草稿	2012 年 2 月 29 日
第十四次修订本	草稿	2012 年 9 月 7 日
第十五次修订本	终稿	2012 年 12 月 5 日

引 言

本文旨在协助现场技术人员基于共同的理念来规划、实施吴哥古迹的保护干预，同时对每一种情况的多样性和特殊性予以尊重，这既是对吴哥世界遗产地所具有的突出普遍价值的肯定，也是为了积极应对在保护这一珍贵的遗产过程中所面临的挑战。

过去20年来，吴哥古迹的专家们一直就保护吴哥古迹所涉及的技术问题进行探讨。本文的目的便是要概括各方对关键问题所达成的共识。这些指导性的意见将有助于遗产保护专家规划与实施合理有效的保护和修复工作。

本文分为两个部分。第一部分以“保护原则”为标题，概括了一些经国际社会认可、已被纳入各类章程的基本保护原则。其中，我们特别参考了国际建筑文化遗产结构分析和修复学术委员会（ISCARSAH）和国际古迹遗址理事会（ICOMOS）的建议。

第二部分主要提出技术建议，在综合大量讨论的基础上，分章节探讨数据获取、诊断与安全评估、确认吴哥地区修建寺庙所用的材料和建筑技术。接着，分析吴哥寺庙发生劣化和后续变化的原因，包括前沿的研究和评估方法，以及数据记录与存储系统。

本文就保存吴哥高棉古迹的标准和技术方面提供了详细的建议。最后一章论述保护吴哥古迹、制定风险地图所涉及的相关事宜。

吴哥古迹历史

吴哥古迹及其周边遗址——罗洛寺（Roluos）和女王宫（BanteaySrei）——构成一片庞大的考古遗址群，位于柬埔寨境内，洞里萨湖（Tonle Sap，意为“大湖”）以北约20公里，自金边（Phnom Penh）向北行驶约300公里即可到达。早在数千年前这一地区就已经有人类居住。到7世纪初，这里可能出现了第一座印度教古迹（阿约寺，Prasat Ak Yum，TrapeangPhong）。几年后，一位国王在其宫殿布瑞蒙蒂寺（Prei Monti）周围建立都城诃里诃罗洛耶（Hariharâlaya），建造了最初的寺庙——巴空寺（Bakong）。7世纪晚期，阇耶跋摩二世（Jayavarman Ⅱ）占领了诃里诃罗洛耶。802年，他在荔枝山（Phnom Kulen）被奉为轮转王（cakravartin），即“众王之王”，并在835年左右逝世于此。其子阇耶跋摩三世（Jayavarman Ⅲ）继位，去世时间不详。

877年，阇耶跋摩三世的一位亲属登上王位，即因陀罗跋摩一世（Indravarman Ⅰ）。他对诃里诃罗洛耶进行“现代化”的改造，彻底修复了巴空寺，其中，整个寺院都用砂岩饰面，还恢复了神牛寺（Preah Ko Temple）的修建工程，作为献给前任国王的圣殿。阇耶跋摩三世还在北边建造了第一个大型水利设施——一个3800米长、800米宽的人工湖。

其子耶输跋摩一世（Yaçovarman Ⅰ）建立了吴哥城——耶输陀罗补罗（Yaçodharapura），这个名字明显沿用了几个世纪。然而，这座城市或至少是“国寺”多次迁址。城市似乎围绕巴肯山而建，国王在山顶建了一座大型的金字塔形寺庙。同时，他还建造了耶输陀罗达塔卡（Yaçodharatatāka），即东巴莱湖（Eastern Baray），这是吴哥最大的两个人工水池里最早修建的一座（体量为7500公里×1800公里）。耶输跋摩一世还在南边为各大宗教建造了大精舍（âçrama）或隐居处所。

后来，耶输跋摩一世的两个儿子相继继位，分别是曷利沙跋摩一世（Harshavarman Ⅰ，910年至约920年在位）和伊奢那跋摩二世（Īçānavarman Ⅱ，约920年至928年在位）。曷利沙跋摩一世建造了巴塞增空寺（Baksei Chamkrong），这是他为纪念自己父母而建造的小型金字塔形寺庙。在位期间，他还建造了豆蔻寺（Prasat Kravan）。

随后，国王阇耶跋摩四世（Jayavarman Ⅳ）以武力夺取了王位，在贡开（Koh Ker）施行统治。928年，他加冕为王，仍将贡开作为都城，他或者他的大臣们在此修建了约40座寺庙，包括一座高棉最高的金字塔（prang）。阇耶跋摩四世于940年逝世，但是，其指定的继承人很快就被其兄弟曷利沙跋摩二世（Harshavarman Ⅱ）取而代之，不过后者在位也仅有几年时间。

曷利沙跋摩二世的表兄罗贞陀罗跋摩（Rājendravarman）回到吴哥，于944年登上王位。不过，他把都城建在了东巴莱湖的南边，环绕着他在962年所建的国寺比粒寺（Pre Rup）。此前，他还在东巴莱湖的中央建立了东梅奔寺（East Mebon）。968年，罗贞陀罗跋摩去世，很可能死于刺杀。同年，女王宫的神像开始被供奉，这是国师雅吉那瓦拉哈（Yajñavarāha）所建的一所寺庙。

阇耶跋摩五世（Jayavarman Ⅴ）继承了父亲的王位，统治期间似乎颇为太平。他在1000年逝世，生前在大人工湖（Great Baray）的西边建造了茶胶寺（TaKeo）和宫殿。

此后的历史不太清晰，阇耶跋摩五世之后的第一个继位者活得不长，在1002年或更早逝世。同年，有两个人自封为“众王之王”，他们都出身于不知名的家族。阇耶毗罗跋摩（Jayavīravarman）驻扎在吴哥，继续建造茶胶寺；而苏利耶跋摩一世（SuryavarmanⅠ）则在马德望（Battambang）一带开始统治。双方爆发了十年之久的战争，大获全胜的苏利耶跋摩一世定居吴哥，在其王宫周围建造了坚固的城墙，即后来的大吴哥城（Angkor Thom）。另外，他还在王宫内建造了一座中等规模的国寺——空中宫殿（Phimeanakas）。他的统治持续到1050年左右，期间，他建造了浩瀚的西巴莱湖（Western Baray）（长8公里、宽2.2公里），巴方寺（Baphuon）很可能也是他开始修建的，但直至去世前仍没有完成。

他的儿子优陀耶迭多跋摩一世（UdayadityavarmanⅠ）继承了王位，并继续建造巴方寺，还在巴莱湖中央修建西梅奔寺（Western Mebon）。但其统治期间发生激烈的动乱。1066年，优陀耶迭多跋摩一世逝世，他的弟弟曷利沙跋摩三世（HarshavarmanⅢ）继承了这个岌岌可危的宝座。新国王继续打击叛乱，但成效不大。

曷利沙跋摩三世于1080年逝世，继位的阇耶跋摩六世（JayavarmanⅥ）很可能打败了曷利沙跋摩三世，夺取了王位。关于这位国王的出身，我们了解得不多，仅知道他来自玛希陀罗补罗（Mahīdharapura），这个地点至今尚未明确。他的统治一直持续到1107年，但他并未建造任何重要的古迹。现在泰国的帕密寺（Pimay）是在他统治期间建成的。

他的哥哥陀罗尼因陀罗跋摩一世（DharanindravarmanⅠ）继承了王位，但时间不长，1113年就被阇耶跋摩六世的侄孙消灭了，后者便是苏利耶跋摩二世（SūryavarmanⅡ）。高棉艺术的伟大杰作吴哥窟（Angkor Wat）历史上一直被认为是苏利耶跋摩二世建造的。然而，他一生中大部分时间都在打仗，尤其是与越南人之间的战争。他于1145年左右逝世。

随后，另一个不确定的时期开始了。耶输跋摩二世（YaçovarmanⅡ）继承了王位，关于他，我们几乎一无所知，但他在位时间很短，于1165年中伏身亡。设下埋伏的是下一任国王特里布婆那迭多跋摩（Tribhuvanādityavarman），他的事迹和统治也始终是个谜。

1177年，占婆（Cham）的某位国王在一支高棉军队的支持下攻占了吴哥。人们普遍认为，他这样做是为了让他的一位高棉同伙登上皇位。就在这个时候，尚未继位的阇耶跋摩七世（JayavarmanⅦ）向占婆（及高棉）敌军开战，试图控制高棉国土，整个国家很可能已经处于分崩离析的状态。直至1182年，阇耶跋摩七世才登上王位，彼时，高棉并没有彻底实现和平。阇耶跋摩七世具有优秀的组织能力，振兴医院等事迹据说都是他的功劳。他还是一名虔诚但宽厚的佛教徒，他在吴哥及其他省份大兴土木，虽然与他姓名有关的建筑并不一定全是他修建的。他在吴哥建造了塔布隆寺（TaProhm）与塔布隆城、圣剑寺（Preah Khan）与圣剑城及相应的人工湖龙蟠水池（Neak Pean）、大吴哥城、巴戎寺（Bayon）及其王宫。

阇耶跋摩七世于1220年左右逝世，因陀罗跋摩二世（IndravarmanⅡ）继位，我们对他的事迹几乎一无所知。他很可能也是一名虔诚的佛教徒，在位时间很长，期间他继续阇耶跋摩七世开始的建筑工程，虽然这两位国王似乎来自不同的家族。

1270年，阇耶跋摩八世（JayavarmanⅧ）继位，他似乎热衷于消除前几位国王所留下的宗教遗迹，密集分布于整个吴哥的佛像全都遭到了有组织的破坏。与此同时，他修复先前的印度教寺庙，尤其是吴哥窟（Angkor Wat）和巴方寺（Baphuon）。在他统治末期，到访的中国使节周达观将自己在柬埔寨看到的习俗和繁华生动地记载了下来。阇耶跋摩八世于 1298 年将王位传给他的女婿室利陀罗跋摩（Srīndravarman）。新国王思想开明，允许两大宗教共同发展。

关于此后的吴哥，我们只有零星的了解。我们知道两位国王的名字——室利陀罗耶跋摩（Śrīndrajayavarman）和阇耶跋摩底波罗密首罗（JayavarmanParameśvara）。但 13 世纪以后的吴哥政治史大部分仍是个谜。不过，我们今天仍能欣赏到这时期修建的古迹，如普拉比图寺（Preah Pithu）和巴里莱寺（Preah Palilay）。就这样，吴哥变成一个平静的小国，但仍然相当活跃，在 16 世纪晚期的一些事件中我们仍能看到它的身影。

第一部分　保护原则

建筑遗产的保护、加固与修复需要综合多个学科的方法。

建筑遗产的价值和真实性不能用固定的标准来评估，因为文化之间存在差异且都应该得到尊重，所以物质遗产应该放到其所属的文化背景下加以考虑。

遗产建筑各具特殊性，其历史错综复杂，需要按照类似于医学的步骤，有组织地展开研究与分析。研究病史、诊断、治疗与控制，相当于现状调查、确定残损和劣化原因、选择补救措施、监测干预成效等。为了达到最好的效果，以及尽可能减少对建筑遗产的负面影响，上述这些步骤常常需要以迭代的方式反复进行。

对于任何保护和修复项目而言，充分了解组成材料的结构性能及特征都是非常必要的。必须针对建筑物的原始状态和早期状态、建筑技术与施工方法、后续变化、影响建筑结构的各种现象、建筑物的现状，展开相应的研究。

在决定采取任何结构性干预措施之前，首先必须确定残损和劣化的原因，然后对当前的结构安全进行评估，这两个步骤必不可少。

一个适当的维护项目，可以减少或延迟后续干预的需求。

在采取任何行动前都必须证明其必要性。

在规划任何干预方案时，都必须充分了解目前引起残损和劣化的行为、力量、加速作用、变形作用或媒介因素，以及未来将会引起残损和劣化的行为、力量、加速作用、变形作用或媒介因素。

在“传统”技术与“创新”技术之间进行选择时，应基于每一个案例具体情况具体分析，优先考虑那些对遗产价值干预最少，与遗产价值最为兼容，能够满足安全、持久的需求，且维护手段获取方便的技术。

有时候，对于干预措施的安全等级和预期成效，我们很难同时做出评估，因此，可采用“观察法”或递增法，先施加最低限度的干预，随后可采取措施进行纠正。

修复工作中使用的新材料的特性及其与现存材料的兼容性，都需要经过充分的验证。其中必须包括这种材料的长期使用效果，以避免产生负面的副作用。

不得改变建筑结构及其环境从其原始形态及后续主要变化中产生的独特特征。

任何干预行为都应该尽可能地尊重建筑结构的原始理念、建筑技术和历史价值，以及其所呈现的历史信息。

修复优于替换。

建筑结构的瑕疵或改动若已成为其自身历史的一部分，则应在保证安全的前提下予以保留。

拆卸和归安这些措施，当且仅当材料和结构的性质要求如此，并且/或者采用其他保护方法会产生更多破坏时，才能予以采取。

不得采用实施过程中无法控制及效用无法确定的措施。提出干预方案时，必须同时提交一份监测和控制方案，表明在干预过程中所能实施的最大程度的监测和控制。

对保护工作的所有控制和监测活动都应记录在案，并作为该建筑历史的一部分予以保存。

在吴哥古迹的任何保护工作开始之前，都应进行预防性的考古学研究或勘查。对探沟进行一次系统的“诊断”，以及调查发掘，能有效地评估干预措施对考古遗迹和古迹遗产的影响，为任何必要的保护、调查和档案工作奠定基础。

第二部分　保护指南

第一章　总则

本保护指南帮助我们更好地理解背景知识，从而进一步提高吴哥寺庙保护与修复的设计与规划水平。然而，这些建议的目的绝不是要取代科学和文化方面的全面分析与研究，而是要为后者搭桥铺路。

吴哥寺庙的整体建筑结构设计简洁且充满智慧。然而，任何保护和修复项目都面临着复杂的问题。在不同劣化与腐蚀因素的作用下，主要材料会劣化，结构会破损，而这些劣化彼此相互影响，结构的破损彼此相互作用，劣化与破损之间又可能互相影响，这些因素全都要纳入考虑范围之内，下文会对此作进一步的讨论。

不时发生的严重变形和局部坍塌，往往不仅给古迹与装饰物的保护和加固带来问题，还给局部的拆卸和归安工作造成麻烦。

如何在安全性和持久性之间保持正确的平衡，并且不对古迹的价值、真实性及其身上的历史痕迹造成损害，是我们目前面临的挑战。

组成材料会在自然因素的影响下发生变化和劣化。这些材料及表面雕刻是吴哥寺庙的特征，对它们的保护与对结构的保护同样重要。

我们不仅要从静力学和保护的角度来了解吴哥古迹的状态，还要明白其价值所在，这一点很重要。一座古迹对于不同的利益相关者来说具有不同的意义，当我们对它进行保护时，这可能会影响到我们所选择的技术方法。

吴哥古迹及其环境之间关系复杂。许多寺庙荒废多年，为丛林所覆盖，这样的环境如今已成为自然和文化遗产的一部分。因此，采用的技术和工艺必须符合这一总体文化取向的框架。棘手的是，森林和植被的覆盖可能对建筑结构造成严重的不良影响。但同样要注意，清除覆盖的森林也会带来破坏，因为这样做可能会对微气候和地表水产生急剧的影响。因此，我们亟须在吴哥开展全面的生态与林木调查。

生机勃勃的自然环境是吴哥古迹的特点，无论是在选择技术和工艺时，还是在决定总体文化取向时，我们都必须考虑到这一点。不可否认，植物是导致损害和劣化的原因，但生长在古迹上及其周围的这些脆弱的树木，是吴哥古迹文化价值中独一无二的部分，因此应尽可能长久地保留，即使建筑结构的完整性可能要有所折中——由于受到自然作用力的影响，建筑结构可能需要加固。

但要记住一点，这些树木有生命周期，它们必然会枯萎、倒塌，由此早晚会对它们所寄生的寺庙造成危害。因此，专家必须持续对这些树木进行监测。树木应尽可能长久地保留，如有必要，可以采取一些特殊措施，但即将倒塌的树木应当被移除。当务之急是让林业和保护方面的专家编制一份全面的风险地图，以及相应的监测与维护计划。

保护与修复的理念并不会随着时间的推移而呈线性发展，相反，它一直在变化。相关领域急剧增多，它们所积累的经验和获得的进步，以及文化层面上更加全面的思考，都会推动保护与修复理念的变化。一些新的领域应运而生，它们可能与保护和修复没有直接的关系。

大规模干预措施所涉及的问题久已有之。钢筋混凝土一度在修复工作中广泛使用，如今不同了。遇到这类情况时，应制定一个连续且能与之前工作理念相兼容的项目。

这些建议旨在促使我们意识到各种各样的问题及可能的解决办法，并对此有更深的理解。它们不是在确定干预标准时需要严格遵守的规则，因为干预标准应基于具体的背景和环境而定。尽可能少的来修复和加固建筑结构，这一点应作为指导性的原则。有时，采用另一种方法可能同样合理有效，比如拆卸归安并且/或者单纯保留考古废墟的浪漫特征。

保护必须始终被视为一个跨学科合作的过程。所有保护领域的专家在规划、执行和监测干预过程中发挥着同等重要的作用。

在可逆性方面，我们必须区分结构性干预与对材料的保护。在进行结构性干预时，采用的通常是能起作用的方法，而对于材料，我们几乎不可能做到彻底的保护。因此，材料的兼容性和有效性应当被纳入考虑范围之内，所有的方法和材料都应在实验室和现场进行大量的测试，然后才应用在保护措施中。

虽然干预的可逆性是一个决定性的因素，但我们决不能认为它是硬性规定。原因有二：首先，干预可逆这个要求，本身就排除了多种具有兼容性的常用材料（如石灰基喷射砂浆）；其次，大多数材料虽然在实验室条件下被认为是可逆的，但在现场不完全可逆（如有机树脂）。

保护人员必须对自己做出的选择负全部责任，因此必须能够用科学的方式证明其选择是正确的。选择保护材料过程中的所有步骤都应该记录在案。

保护材料需要在化学、物理及美学上与原始材料相兼容，尤其要考虑到吴哥普遍面临的热带极端气候条件，这是选择保护材料的一个重要标准。

最近几十年来，创新型材料、技术和工艺大量涌现。它们的有效性和优点近来被从技术和文化的角度进行批判性评估。如今普遍认为，它们在某些情况下比传统技术更能保护古迹。因此，所有的方法和材料——无论是传统的，还是现代的——都应加以考虑，在经过科学（和文化）方面的评估后，再纳入保护干预措施中。考虑到近几年某些现代技术和材料出现过失败的案例，我们应特别注意评估它们的积极影响和消极影响。

吴哥宪章与其他类似文件的不同之处在于，它针对的是某种结构/建筑类型，以及特定的环境条件。

因此，在重新定义总体原则时，应当使其具备足够的灵活性，来应对吴哥古迹所面临的特殊问题。在一般与特殊、通用与个别、古迹的普遍情况与吴哥的具体特征之间仔细权衡，找到正确的保护方法。

所有干预措施都必须对古迹的真实性予以最大的尊重。对于吴哥古迹来说，对其真实性的尊重包含许多方面。形态与几何结构的真实性、材料的真实性、建筑结构及其静态性能的真实性、古迹环境的真实性，以及它的功能和/或用途的真实性，都应该得到尊重。

有时，不同方面的真实性似乎会发生冲突。例如，为了保护古迹所在的环境，需要保护生长在寺庙上的树木，但它们可能会对建筑结构造成威胁。又如，某些材料由于风化或坍塌而缺失。这个过程是古迹历史的一部分，但同时可能会给建筑结构的几何结构、原始形态带来严重问题，从而影响文化的真实性。

在保护和修复工作中，真实性整体概念下的各个组成部分都应尽可能地予以尊重，但如果出现上文提到的情况，即不同方面的真实性发生冲突或互不兼容，那就有必要在全面分析的基础上对每种方法的好坏加以研究，进而取得平衡。

最终方案应倾向于，在遗址的整体环境下对于该古迹来说最为重要的方面。

这意味着，不同的古迹在面对类似的问题时可能会选择不同的方法。重要的是，我们应该尊重总体原则的精神而非其字句，将我们的选择建立在理性思考的基础上，让普遍的、一致的、合乎道德的行为引导理性思考。

第二章　对建筑结构的作用

对材料和结构性能产生影响的作用多种多样，可分为以下几种类别：

a）直接静态作用

静态直接作用力主要表现为结构自重、人类等负重所产生的力。一般来说，结构自重是这一类别里最大的负重。

b）间接静态作用

与前者不同的是，间接静态作用不会表现为直接作用的力，而是表现为建筑结构所承受的各种变形。

这些变形既可以是“内部的”，如材料的固有特征（包括温度变形、蠕变变形和黏滞性变形等），也可以是“外部的”，如某些运动通过土壤运动来影响建筑结构。

若上述变形无法自由发展——换言之，建筑结构没有达到等压状态——那它们将会产生力，进而形成压力，这种压力可以很大，例如土壤运动。温度和土壤运动对吴哥古迹产生非常重要的间接静态影响。

区分这两种作用十分重要，因为a、b两种情况下的干预标准可能会相当不同。

c）动态作用

动态作用的特点是加速，加速会产生与建筑结构的特性相关的力。

风和地震是动态作用的主要来源。风对温度和湿度的变化有明显作用，同时，评估风对材料和古迹产生的动态影响也相当重要。至于加速——以及由此施加在建筑结构上的力——古迹巨大的体量和硬度基本阻止了震动的产生及其带来的显著影响。不过，巴戎寺塔上的一些记载表明，这些作用和力还是可能会产生一些细微的影响。

至于地震，建筑结构的某些特性会放大动态影响，与风力作用造成的影响完全不同。高大的个体、坚硬的结构属于最糟糕的情况。因此，由于与众不同的结构连接关系而变得脆弱的吴哥寺庙，可能在过去遭受过这类作用带来的破坏，事实上，这种破坏可能会持续下去。根据目前的残损情况调查，我们无法排除地震作用的可能性。

遗憾的是，我们目前仍没有可靠数据能够说明，假如发生过地震的话其强度有多大，但从遗址的地貌来看，遗址似乎受过震动的影响。另一方面，古迹实际上已经荒废了好几个世纪，其间完全没有相关历史记载。因此，我们必须进行调查、研究，确定保护和修复项目是否应该将地震作用及其强度纳入考虑范围内。

最后需要说明的是，人类、车辆交通和飞机产生的震动也会构成动态作用，进而对古迹产生影响。但从目前情况看，飞机的影响尚小，不足以构成威胁。

d）环境影响

环境作用是指由气候（温度变化和降水）、污染、植被、旅游和上升水位等引起的影响。这些影响可能会对材料本身（污染）、结构性能（树木）或两者都产生作用（温度变化会引起变形，从而引发结构问题，同时还会加速材料的腐化）。清除寺庙附近的林木而引起的微气候变化也应予以考虑，因为这样做会导致石材加速腐化。

过去，树根是造成损毁和坍塌的重要原因。树根往往在石缝中穿插生长，由此产生的力量之大，足以移动石块、改变寺庙的几何结构，最终导致不稳定的状态。通过预防和加固措施，树木与建筑结构之间可以形成共生的关系。我们应制定一个维护计划，定期检查事态的发展。

第三章　项目组织

1. 简介

保护项目、修复项目、保护兼修复项目应包含以下内容，此处先进行概述，随后详细展开：

（1）制定计划：包括初次接触，初步实地考察，确定宗旨与目标，制定工作计划、预算，日程安排及分工。

（2）获取数据：包括搜集关于保护或修复对象的历史、图像、建造、此前实施过的保护与修复项目、社会调查、准备平面图与记录表格的数据；还要搜集影像资料、监测图像、现状、关于材料的测绘与文件记录、实施技术、材料与腐化因素检测方面的数据。这一阶段还应准备一份条理清晰的调查计划，即“病史”（anamnesis）。

（3）诊断与安全评估：基于获得的数据和结构方面的分析，对残损和劣化的原因和目前的安全等级进行调查，根据每个情况具体分析，然后加以评估。

（4）治理：调整方案，确保建筑结构的安全和长久保存。

（5）控制：在保护/修复工作过程中及完成后，开展质量控制调查，制定长期的维护计划。

2. 制定计划

所有项目在实施之前都必须对现况、风险（及相应的优先项）和关键数据进行初步评估，开展必要的调查来初步了解建筑物的整体情况。

3. 获取数据

（1）历史研究

研究的第一阶段往往是历史研究，包括此前古迹实施过的所有项目（含局部或整体的重建工作），以及当初设计和建造古迹时所采用的技术和方法。整个研究环节中，查阅历史文献资料是十分重要的阶段。

在任何保护干预项目中，研究和分析阶段都具有决定性的作用。所有的保护方案在实地操作前都必须进行大量的研究。

这一研究应尽可能涵盖多个领域，将所分析的遗址的相关信息，尽可能多地提供给保护方案的制定者和实施者。研究领域不应局限于材料和结构的保护，还应涵盖历史、社会、宗教、文化和环境方面的因素。

此外，还应特别关注古迹的建造时间、落成时间及其所经历的各个历史时期。和其他地区一样，柬埔寨的古迹也可能经历了偶像破坏运动和宗教信仰改变时期，以及社会/宗教断裂时期。

目前原始记录不多，关于吴哥的记载更是少之又少。虽然碑铭很常见，但经常具有误导性，特别是在判断寺庙年代的时候。因此，当研究的时候，应将碑刻铭文和文献记载的学术性解释结合起来，加之对建筑表面、组成材料与修复材料的细致观察与解读，这样往往能获得更加可靠的信息。需要注意的是，过去的几个世纪里古迹经历了多次修复，确定所用材料的年代具有重大的意义。

当有迹象表明建筑经过改建或被增建时，我们应对该区域予以特别关注。若在保护/修复过程中需要对此进行改造或整合，则必须记录下来并做出解释。相关记录中必须包含一份文件，说明历史变化与新做出的改动之间有何差别。整合的程度，以及所有的修整、增添和做旧工作，都必须根据对象所处的环境条件进行仔细的评估。

（2）调查

调查包含几何学—建筑学调查、建筑结构的调查（对残损、裂缝、变形和倾斜等情况进行绘图），以及材料的调查（指出不同种类的材料及其劣化现象）。建议采用现代技术。

（3）考古发掘

在对吴哥古迹及其发展历史进行分析时，考古研究和考古试掘应被纳入其中。

对遗址地层的了解是判断遗址现状的一个重要因素，在制定修复计划、设计保护修复方案时，能发挥重要的作用。

对于像吴哥这样广阔的遗址，我们应该将考古发掘的成果汇总起来进行分享，然后将这些成果整合进数据库里，为吴哥这类历史遗址群提供无比珍贵的记录，利用考古数据来补充文献资料的不足。

部分遗址做过岩土勘察，结果表明，古迹的原始土壤堆积都极为密实。从真实性的角度来看，吴哥古迹地表以下极为密实的人工夯土层是土结构遗产的一个关键元素，后续发掘工作不得改变它。此外，发掘后松散回填的区域容易遭受侵蚀并引起地面沉降，从而损害周边建筑，还可能危及游客的安全。回填土和材料应尽量接近原始的土壤和材料。回填的每个步骤都必须详细记录在案。

（4）测试与调查

测试工作主要针对材料的机械性能（如阻力）和化学性能。

（5）监测

如果正在实施的改动可能会对建筑结构的性能产生影响，那或许有必要对变化进行监测。由于土壤沉降不稳定，我们常常需要对土壤堆积进行这类监测。

最简单的监测方式是定期的地形监控和置于裂缝之间的“信号指示”（一般是小片玻璃，当裂缝发生变化时，玻璃片会破碎）。

用铅垂线来测量倾斜度，也不失为一种简单且有效的方法。

还有其他更为复杂的监测系统，如连接计算机记录装置的裂缝仪和倾斜仪等电子设备。这些系统十分昂贵，应仅在必要的情况下使用，例如正在发生的某种现象可能会导致严重的损毁或坍塌时。对监测系统生成的图表和变形趋势进行分析，往往能在情况恶化之前就对风险作出判断，及时采取补救措施。

监测对象包括室内和室外的气候状况，有时还包括污染分析。

4. 诊断与安全评估

诊断与据此做出的安全评估是所有项目的关键阶段，决定着何为最佳的干预措施或“治疗方法”。一般来说，我们必须同时考虑以下三个步骤：

（1）历史研究对于了解古迹来说十分重要，因而对古迹状况的诊断与评估起着重要作用。

（2）对建筑结构进行观察，包括对裂缝形式、连接部位的开口、破裂现象、分离和倾斜等情况具体分析，这是诊断和安全评估的关键所在。

（3）将建筑物的结构与特定问题联系起来，加以分析，这是第三个必要步骤，而且要与历史研究、实地观察一同进行。这类分析往往只需要一个简单的建筑结构模型便可展开。

情况复杂的时候，我们应利用计算机程序进行更为复杂的数学模型分析。但必须强调的是，复杂的现象——如土壤沉降的影响——难以用图像化的方式准确表现出来，因此复杂的数学模型并不一定会比简单模型所提供的结果更加可靠。关键是对建筑物的复杂现状进行正确的阐释。

诊断及安全评估的结果应有清晰的说明，在说明报告中指出材料劣化和结构破损的原因。这份报告必须对重点分析的内容进行总结，并概述基于上述三项步骤——历史研究、古迹现状观察，以及结合材料测试的结构分析——所做出的评估，后者尤其重要。为了说明干预方案的合理性，我们需要对做出的选择和决定进行解释。

5. 治理

治理包括所有能够改善建筑结构的性能、进一步保护材料的方法。它可以涉及对建筑结构方案的改动和材料的替换。

治理方案的选择应基于本文第二章提及的注意事项（最小干预等），以及诊断与安全评估的结果（见第三章第4小节）。

一般来说，我们研究的解决方案应该不止一个，选择方案时，应以完成第二章和第三章第4小节列出的步骤后所得到的结果为依据，同时考虑可持续性、成本和必要的紧急干预措施。

必须从提高结构安全性的方面，对最终选择的合理性做出清晰的说明。

工作开始前搜集全部资料，包括建筑物状况的图纸和照片，以便核实所有的改动，这一点始终是必要的。

6. 控制手段与维护

控制手段是指保护/修复工作过程中及完成后进行的一系列的分析与调查（包含监测），以查明预期效果是否实现。作为保护和修复项目的一部分，总体维护计划也必须对控制手段加以确认。这项计划应列出一个时间表，说明在不同时间阶段应开展的不同工作。

第四章　材料特征及劣化

1. 简介

本章概括了吴哥寺庙主要建造和装饰材料的特征。劣化的速度和程度，与材料的性质及其所处的环境因素有关。本章将简述吴哥建造及装饰材料中最常见的劣化形式。

如上文提到，古代高棉的建筑师在建造吴哥时使用了多种多样的材料。而且，在吴哥地区，环境条件明显因地点而异。因此，我们很难针对那些活跃的劣化过程提供指导意见，因为这些劣化过程因地点和材料的不同而不同，而且经常是多个现象经过复杂互动后产生的。

我们在吴哥观察到的劣化类型，几乎普遍都有水的作用，因此，了解各类型的水（雨水、水蒸气、冷凝水、毛管上升水等）的作用，可以帮助保护人员更深入地研究劣化的确切原因。

因此，仔细研究组成材料在有水存在时的特性就显得非常有必要。材料的孔隙度及其吸水能力有多大？确认水与建筑材料各成分的相互作用，对于了解活性或非活性的劣化机制来说十分重要。

气候及微气候方面的研究和记录也至关重要。比起温度、湿度本身，温湿度的频繁变化反而对组成材料造成更大的损害。因此，应在遗址多个位置进行一年以上的温湿度变化监测。

再次申明，这份文件旨在为保护人员和研究人员提供简要的指导意见，而非掩盖个别研究的重要性，在对保护干预进行规划与编制时，后者始终是必需的。

2. 建筑材料

（1）砖

早期寺庙的建造常常会用到砖。砖为人造建材，由黏土烧制而成。高棉砖为烧窑砖。放置在烧窑不同位置的砖，可能会经受不同的热力条件。由于燃烧条件的不同，这些砖可能会出现明显的区别。砖芯呈深灰色，表明砖是在还原性气氛中烧成的。砖的材质特性多种多样，尚未观察到有哪一方面是完全相同的。

在吴哥古迹中，砖的黏土类型和燃烧条件决定了其颜色种类繁多，有白色、黄色、深浅不一的红色、灰色甚至黑色。它们的吸水性从较弱到中度不等，水蒸气隔绝性低。它们的力学性能堪比吴哥古迹的多种砂岩。

在建造过程中，砖块紧密粘接在一起。各砖块之间只能看到非常薄的一层黏合剂（参见第七章第2节）。黏合剂的构成尚待全面研究。

吴哥的砖最主要的劣化形式是磨圆、出砂和破碎。微生物侵害也很常见。

（2）砂岩

砂岩广泛用于建造、装饰高棉寺庙和雕刻造像。吴哥地区发现的砂岩可能大部分来自荔枝山脚下和位于崩密列附近的采石场。这些采石场含有三叠纪及中侏罗纪、中白垩世纪和三叠纪时期的层状砂岩。云母类矿物的伸展方向显示了层理构造。

吴哥寺庙所用的砂岩可以简单分为以下三种类型：

①第一类砂岩的颜色从灰色到褐绿色或褐黄色不等，在吴哥寺庙中最为常见。这些长石质砂岩来自不同的采石场。主要包含石英、长石（斜长石和碱性长石）和云母。呈中粒到细粒状，稍有棱角，分选良好。基质主要是黏土，有的具有高含量的碳酸盐矿物。

②第二类是红砂岩，如女王宫的石英砂岩。主要成分为带有小岩屑的石英，含有圆形且分选良好的碎屑颗粒。基质为石英岩。红色来自赤铁矿呈现的颜色。

③第三类是青长石硬砂岩，如茶胶寺的上层部位，包含石英、长石、黑云母、白云母和岩屑。

第一类砂岩与其他两类相比，具有较强的毛细作用，而且强度较低。不同砂岩的劣化程度差别较大。总体而言，由于矿物成分及其结构，灰色至褐绿色或褐黄色的砂岩受风化作用的影响最大。主要的劣化形式是外表剥落，常伴有破碎、掉片、分层和分裂的现象。

相比之下，由于矿物成分的原因，女王宫的红砂岩和茶胶寺的青硬砂岩具有更强的抵抗力。红砂岩的表面往往会变黑，而茶胶寺的硬砂岩则会形成薄薄的剥落片。两类砂岩都容易破碎。

暴露在空气中时，所有砂岩都会褪色（红砂岩褪为黑色，灰砂岩褪为黄色，青砂岩褪为白色）。

吴哥寺庙的砂岩劣化很大程度上受建筑所处的气候环境的影响。反复的干湿循环引起膨胀与收缩，加剧了砂岩的劣化。与持续变化的气候条件相比，保持较高的空气湿度对吴哥建筑材料的保护更为有利。

有些寺庙的树木遭到清除，对这些寺庙劣化过程的图像监测显示，树木砍伐后，寺庙的剥落片急剧增加。

（3）角砾岩

角砾岩常用作古迹的地基，有时也用于修筑围墙。角砾岩是在湿润的热带区域从伏基岩发展而来的残余沉积物。高温、多雨的平地，如季风区，会产生强烈的风化作用，从而生成这类岩石。角砾岩矿不仅存在于荔枝山等裸露岩层或河床地带，还能从多个地方的地面进行开采。新开采出来的岩石较轻且易于雕刻，因此成为便利的建筑材料。但这类岩石的质地非常不均匀，不像砂岩那样可以精雕细琢。

这种材料可分为两大类。第一类是多孔角砾岩，十二塔庙（Prasat Sour Prat）和吴哥窟的基础就使用了这类岩石。石料中的大孔隙很可能用高岭石加以填塞，这些高岭石随后被冲走了。

第二类是豆状角砾岩，茶胶寺的下层结构和克罗姆寺（PhnomKrom）的围墙就用了这种岩石。与多孔角砾岩相比，豆状角砾岩的质地更为均匀。

（4）木材

大约自8世纪至17世纪，木材在吴哥地区广泛使用。这种材料大多用于寺庙建筑的装饰、图像和日常工具。我们在佛寺发现了木门、柱、梁、天花和许多柱洞的痕迹，即荔枝山的部分寺庙、神牛寺、罗莱寺、大吴哥城的城门、吴哥窟、北仓（North PrasatKhleng）、空中宫殿、塔布隆寺、吉隆寺（Chrung）和多布寺（Top）。近日，瓦阿特维寺（Wat Atvear）地区发现了一艘长木船，年代大约为14世纪。

新发现的木制品应在合适地方进行保管，同时，对寺庙的木构遗迹定期进行监测，检查其状况。任何保护和修复工程都应该对古代木质结构予以最大的重视。寺庙建筑、图像和日常工具所用的木材类型需要更深入的科学研究。用三维模型来展现吴哥地区的古代木质历史结构（高棉中期的王宫或其他佛寺）是个不错的办法，可以提高公众对木构遗产的关注度，并让木结构在建筑遗产中占有一席之地。

3. 装饰材料

（1）灰泥

许多砖砌寺庙的表面都有灰泥雕刻。这当然有重要的装饰和图像学功能，但也可能用于保护砖块表面，因为砖块表面一经雕刻便容易劣化。

通常砖的表面要预先修整好，或削凿（神牛寺）或钻孔（东梅奔寺和贡开的部分寺庙），以便增强灰泥对砖基层的黏附力。

灰泥由熟石灰、河沙构成，还会添加一些有机物来增强灰泥的质地。沙粒的大小和形状各不相同，其主要成分为石英，有时也包含岩屑。石灰由小型水生动物的外壳制成。当灰泥还是糊状的时候进行涂敷，大多数都是现场模制。灰泥通常分阶段敷贴，先敷一层打底，上面雕刻出或用炭笔勾出图案，然后就是装饰层，最后是细部。灰泥劣化主要是由各层之间缺乏黏附力所致。一旦砖基层与灰泥之间或各灰泥层之间失去黏附力，装饰部位将大块脱落。裂缝和细裂痕是常见的劣化形式。此外，黏合剂腐蚀和微生物侵害可能会导致粒状崩解，从而让表面变黑。

（2）壁画和石膏

现在高棉寺庙内外仍然有不少地方使用石膏。石膏涂抹在砂岩和角砾岩砌成的墙体上。粗加工过的砂岩墙体通过抹上一层厚石灰泥而形成光滑的表面，角砾岩墙体上则使用黏土石膏。有时，这些涂层上仍见彩绘的痕迹。

砖墙上仍残留有非常薄的薄涂层。砖砌寺庙常常有精心装饰过的痕迹。近期研究表明，9 世纪和 10 世纪的砖砌寺庙不仅在外表有装饰，其内壁也有统一的装饰。

这些寺庙很多都留有当初壁画或彩色装饰的痕迹，这些图案描绘在薄薄的涂层上，这些薄涂层覆盖在墙体上作为打底。根据彩绘痕迹，它们或是写实绘画，或是植物图案，或是装饰体系，用红色或赭石色在单色或彩色墙体上绘制而成，有时会画出平行的黑色条纹。所用颜色有红色、黑色、白色和黄色，均为矿物颜料。描绘的图案与外面的灰泥、石雕装饰相似。这些彩绘和石膏的保护状况不佳，由于人为影响（如参观者倚靠在墙壁上），这些装饰遗迹极有可能消失。

由于屋顶坍塌、水的影响以及人为破坏，只有极少数的装饰痕迹得以保存。雨水和具有破坏性的盐使得问题十分迫切。主要劣化形式为彩绘层缺失、盐结皮、褪色和染色。我们还观察到彩绘层粉化或成片剥落。微生物侵害的现象也相当普遍。

（3）多彩装饰

我们可以在各个历史时期的高棉建筑表面看到明显的颜料痕迹。这些痕迹可能是在制作规则的织锦型装饰或长条状的浅浮雕图案之前所打的草图，也可能是绘于各种表面的真正意义上的多彩装饰。根据分析，有铁红、赭石色、白色、红丹、朱红色和金色颜料。黏合剂样品包含碳酸钙，还可能添加了有机物。

颜料有时候是直接涂在砂岩、砖材或灰泥表面上的，其他时候则涂在打底层上。

漆也可用来装饰墙和造像。吴哥窟有一处铭文提到，在后吴哥时期的修复中雕塑被涂上了漆。吴哥窟的浅浮雕甚至重要的宗教图像上，留有金的痕迹。有的金箔，是在后吴哥时期的修复工作中，贴在最后的处理层上，也可能这些金箔是前来朝拜的人奉献的供品。

第五章　对材料的保护

1. 简介

采用量身定做的保护手段，可以大大推迟古迹的劣化。保护和修复计划需要考虑保护对象的各种需求。每一处古迹的需求都要有详尽的说明，还应制定好随后的维护计划。然而，要完全停止劣化过程是不可能的。

在对吴哥的材料进行保护干预前，应有详细的现象调查，包括对现场的材料、材料的分布及其保存状态进行记录和分析。应尤其注意空心剥落片和分离层，遇到这些现象时，可能需要紧急处理。

遗址出现盐害的话，盐害的情况和湿度都必须记录在案。结皮的形成、生物病害和前期保护措施

（例如防水措施）都要记下来，这一点同样重要。此外，通过无损或最低程度破坏的方式进行检测，有助于验证直观调查的结果。要对盐害的性质和深度剖面进行分析。一旦材料性质、劣化类型、劣化程度及劣化原因确定下来，便可以开始考虑使用合适的技术和材料，实现最大程度的保护。

按照第三章所示的系统步骤，对保护计划进行设计。最初的计划阶段包括现场考察和讨论，这一阶段结束后，便开始追究“病史”。关于古迹的一切可用信息，包括古迹的建造和修复历史，都要搜集起来并加以查阅。

“病史”阶段结束后，就到了分析和诊断阶段。分析对象含括古迹现状和材料的方方面面。这一阶段里，要对静态问题、建筑材料、劣化状态，以及气候、地质和环境方面的条件进行调查。通过摄影全方位地记录古迹状况。重要的项目全都要进行记录和绘图。因此，静态问题、材料使用情况（石材、石膏、混凝土和彩绘的类型）、劣化类型及其程度必须加以登记和描述。

在分析结束、分析结果经过评估后，就可以进入设计治理方案的阶段了。

治理阶段刚开始的时候，应选择适当的干预方法和材料，然后在实验室和现场进行测试。经过测试并证明有效的干预方法将被纳入保护计划并加以实施。全部干预结束后，必须进行质量控制和评估。古迹的后续维护和保养绝不可少。

在实验室和现场对相关方法和材料进行测试，是确保保护步骤和材料可安全施行的唯一途径。保护干预措施绝不能对所保护的材料造成额外的损害，不得给保护对象引入有害物质或改变建筑材料的原始属性。某些产品可能在兼容性或长期性能方面产生不良影响，或者实际上会对所处理的材料造成新的损害。要考虑到新产品可能产生的负面作用。

保护措施是调适过的治理方案，针对的是某个先前仔细调查过的材料和状况。熟练有能力的保护人员在实施过程中至关重要。

保护工作结束后必须进行质量控制、实行维护计划，我们应把这个环节视为整个保护过程不可或缺的一部分。由于保护措施未经仔细测试或执行不彻底而所造成的损害，往往要比所治理的劣化现象更为严重。

2. 对保护干预的系统规划

如前文所述，保护干预实施前必须经过小心谨慎的准备，包括全面的文件记录和科学研究。首先要完成的任务便是对材料、保护状况和前期干预进行详细的绘图和记录。

根据这项初步评估，编制古迹的风险地图。风险地图对石料、雕刻表面等对象的劣化程度进行评定。在刚开始计划和实施有效保护方案的时候，这一环节起着至关重要的作用。充分了解材料、材料属性与保存状况，对于实现成功的保护来说非常重要。

根据风险地图，我们可以列出一个优先序列。这个优先序列综合了风险评估、古迹的历史价值和古迹各单体部分的重要性。优先序列确认了项目的修复顺序（参见第九章）。

通过风险地图和优先序列这两个规划手段，我们能够对吴哥的各个古迹实施系统的保护项目。

3. 初步加固/应急加固

应急加固或初步加固是必不可少的第一步，对整个干预项目的成功着起决定性的作用。这个环节可与保护干预其他阶段同步实施。应急干预有助于将岌岌可危的物体固定起来，防止损失。与其他保护活动一样，应急干预必须经过认真规划和实施。应急保护所做的工作必须完全可逆，因为当整个保护计划执行完毕后，应急固定将被解除。应急加固程序不得妨碍保护计划的实施，也不得与相关方法和材料发生冲突。或许只能使用那些不会在现场发生变化的材料。

4. 清洁

遇到以下情况时，石材清洁可能是必不可少的保护步骤：

（1）出现破坏性的盐结皮；

（2）石材表面出现致密层；

（3）浮雕和建筑元素的清晰度严重下降；

（4）至关重要的保护方法和材料可能难以应用。

有时候，我们需要将先前干预使用过的、经证明是有害的材料清除掉，如硅酸盐水泥或钢筋混凝土修复材料，以及丙烯酸树脂涂层。

在石材清洁这一环节，各种清洁方法会根据吴哥古迹的保护需求进行调整。我们要以先前对现场情况的检查为依据，决定使用何种方法。清洁步骤开始之前，我们必须确保没有彩绘层或壁画装饰。这类重要的高棉文化碎片可能会在清洁过程中损毁。

5. 微生物侵害的清除和抗微生物试剂的使用

生物病害可能会引起材料劣化。在考虑清除微生物侵害及其相关方法前，我们应对生物试剂的防护作用与破坏作用进行仔细的评估。特别要提到的是，虽然旺盛生长的地衣会导致石材表面发生化学风化，但有迹象表明，地衣能缓解热应力和直接水侵害对石材表面的影响，从而起到保护作用。

吴哥位于热带季风区域，微生物高度活跃。在自然条件下，清理过的表面会在极短时间内再度被侵害。遇到这种情况时，我们认为，有机的或无机的生物试剂和化学试剂并不能有效地抑制微生物侵害。

根据国际团队对吴哥窟及周边寺庙的微生物研究，石材上自然生长出来的微生物区系由一个复杂、稳定的微生物群落构成，其中有藻类、菌类、地衣和细菌，这些群落的分布很大程度上受湿度条件的控制。

我们应避免使用有机的抗微生物试剂和含氯化物的试剂，因为它们具有毒性且无法长期有效，还可能为重新出现的微生物群落提供养分。使用抗微生物试剂对石材进行保护，必须经过国际标准的测试，同时保证现场卫生条件良好。为巩固保护工作的成效，我们需要制定相关措施，防止水流和渗水的影响。这里再次说明，要让保护措施长久有效，我们必须对古迹和寺庙持续进行维护和保养。

6. 降低盐分

建筑和造像所用材料的矿物质在其空隙中含有盐，这些盐有多种来源。大部分盐负荷来源于环境或生物影响，例如空气污染或动物栖息（蝙蝠、鸟类等）。此外，盐分也来自材料本身。石、砖和包括灰泥在内的砂浆，其天然成分就含有盐。此外，由于现代修复材料如硅酸盐水泥或水硬石灰的特性所致，修复对象的材料被增添了盐负荷。不同的盐矿物对材料造成的破坏是各不相同的。

在吴哥地区，当出现以下情况时，或许就有必要降低盐分了：

（1）有证据表明可溶性盐引起损害；

（2）至关重要的保护方法和材料难以应用；

（3）可溶性盐影响到保护方法的可持续性。

必须对盐害的表面和深度剖面进行分析；确定盐的化学成分（阴离子和阳离子）和矿物成分。小心使用微粒子爆破等机械性方法，或者使用液态微凿或超生凿，或许能减少致密的盐结皮。工作现场必须严格保持清洁，以防除去的盐分再次进入处理区域。

反复使用脱盐泥敷剂，或许也可以降低盐分。这些泥敷剂必须根据所应用的石材、砖或砂浆的孔径加以调适。

最常见且有效的泥敷剂材料是纤维素纤维、专用活性炭或纸浆。将泥敷剂与去离子水相混合。根据盐的现状，降低盐分的时候，既可以任由泥敷剂变干，也可以一直保持泥敷剂湿润。用泥敷剂降低盐分的同时，往往还要用水冲洗材料。无论是赞成或反对某种降低盐分的方法，决定前必须考虑到这一点。在吴哥地区这样的气候条件下，为了防止泥敷剂材料受微生物侵害，我们需要采取额外的措施。

7. 加固

经过长时间的风化作用后，建筑和装饰材料的外部区域会变得不稳定。若风化作用大大削弱了矿物成分的黏结力，我们可以通过加固来恢复材料原有的机械强度。至于不用加固的区域范围，则由材料属性、环境、风化机制和时间因素来决定。

根据风化区域的机械强度注入相应的加固试剂，可以使材料的强度提高到未经风化的水平。市面上有各种加固试剂。此前用来加固的人造树脂，造成相当大的损害，不应再用于吴哥的保护工作。我们建议，加固试剂的反应物要与处理的材料具有相似的化学成分。

为了使磨蚀剥落的表层及空鼓剥落片下的脆弱区域恢复稳定状态，我们对吴哥的古迹采用注入法进行加固。也可以使用勾缝砂浆进行加固，提高它们的强度和抗风化能力，增强它们与基层的黏结性。

采用注入法进行加固，同样需要制定详细的计划。保护现场不能受降水影响，因为潮湿的材料无法用注入法加固。在吴哥地区，这类预防措施应在雨季开始之前就做好。我们还要遵循加固试剂生产方的技术说明。

与所有保护干预一样，为了实施安全的保护操作，使干预可能带来的损害降到最低，我们要满足相应的要求。

非常重要的一点是，我们通过注入法进行加固时，要对恢复强度和弹性截面进行把控。这时候，我们要适当加大对石材内部的加固，促使其发生同质的转变，否则会产生强化过度的剥落片，容易加重脱落。为了获得同样的强度，有必要先在现场和实验室进行测试。首先，我们需要在现场确定非加固区域的深度，同时在实验室对同等材料进行加固，以确定合适的加固试剂、所需试剂的用量、处理的时长，以及在一定截面内获得同等强度的成功几率。

8. 剥落层注入和勾缝

对于许多吴哥古迹的砂岩来说，外表剥落是最主要且最危险的劣化形式。砖也可能出现剥落现象。砂岩制成的门侧柱等长条状的构件往往出现分层现象。至于灰泥装饰，各灰泥层之间、装饰层与砖基层之间常常会变得松动。

向松动的剥落层和分离层注入特制的砂浆，用这种砂浆进行粘接，可以将危险部位稳固下来，恢复水、湿度和热传递的状态。剥落片的边缘得到加固，孔洞和缝隙被石材修复砂浆填充。通过这种方式，珍贵的浮雕得以免受损害。

石材修复砂浆含有黏合剂和填充物。在对吴哥砂岩的保护方面，我们开发了硅质黏合砂浆体系，以便使用的保护材料具有化学上的兼容性。经技术娴熟的保护人员之手调配和使用，这种材料取得了非常好的效果。

调配这些砂浆所用的填充物，必须含有经过仔细分级的石质凝聚物和粉尘（或水洗砂），以及煅熔氧化硅等其他填充物。配制时，晶粒的粒径分布必须经过相当精准的确认。为此，先粉碎当地的天然石头或沙子，然后用校正过的筛网分离不同尺寸的颗粒。根据吴哥各寺庙所用石材的不同类型，对配方进行调整。干预之前，我们需要确定最适宜的粒径分布和黏合填充物的确切比例。这必须根据各古迹的需求进行调适。普通石灰、水硬石灰等矿物黏合试剂在保护吴哥砖结构和灰泥成分方面已取得一定的成效。更深入的研究正在进行当中。

几乎所有修复砂浆都需要湿润处理，以便整个反应顺利进行。在调配所有砂浆的时候，保护人员必须严格遵循为这次干预所设定的配方。同样地，我们必须遵循生产方的技术建议。

所用修复砂浆的性能必须根据基层的参数及劣化状态进行调适。总之，新基层的杨氏弹性模量和压缩强度等机械性能应低于原有基层，从而避免修复砂浆产生损害。

9. 防水

有不同的方法可以保护建筑和装饰材料免受雨水破坏：搭建屋顶防护棚、修复现有屋顶、安装金属覆盖物等，或者注入防水试剂。我们应该始终先考虑前面三种方法。

注入防水试剂，是为了减少摄入的水分但不影响材料的水汽扩散性能。我们要知道，这种方法仅能防止毛细作用，不能减少盐侵或膨胀水等损害。现在最常用的防水试剂是基于不同的硅胶配方制成的。

仅当有证据表明雨水造成严重的损害且石材出现一定程度的毛细现象时，我们才能考虑使用防水试剂。疏水处理的效果持续时间不长，几年后需要再次注入试剂。但反复注入试剂的话，可能会大大改变材料的性能。

如果考虑使用防水试剂，那建筑材料必须满足以下前提条件：

（1）没有出现黏土矿物等膨胀或隆起物；

（2）没有出现由于烧结物、盐结皮或密集型生物侵害而引起的致密表面；

（3）没有出现潮解盐；

（4）没有因为前期的保护干预或装饰而留下禁忌。

吴哥石材大多含有膨胀的黏土矿物，因此，经过防水试剂处理后很有可能会受损。由于受到各类劣化和装饰的影响，很多表面都十分致密。吴哥所有寺庙的建筑和装饰材料普遍存在盐负荷。

寺庙中处处可见水渗透的现象且无法控制，这是高棉寺庙的筑造方法所造成的，这种方法的特点是干砌，不用勾缝砂浆，同时采用假拱顶和矮地基。寺庙所处的位置使得它们频频受湿气入侵。大量蝙蝠栖居，其粪便会产生盐害，使得它们所栖居的建筑结构受到可溶性盐的严重侵害。

对于高棉寺庙的建筑材料而言，防水试剂处理并不总是安全的，因此，这样的方法更有可能会造成损害而非起保护作用。

10. 薄涂层与牺牲层

有时候，我们有必要将粗糙、劣化的表面进行光滑处理，以便减少材料表面的反应面积。我们可以使用专门准备的薄涂层来完成该工作。薄涂层是非常薄的砂浆涂层（约5毫米），能保护风化的石材表面，有时候也起到加固作用。它们不会遮盖下方石材基层的外观。

在吴哥古迹中，薄涂层用于稳固那些剥落、磨蚀的表面，同时通过缩小反应面积来降低风化作用。它们通常是石材保护干预的最后一个步骤，以保护表面的特性并使其均衡。薄涂层或许也能对砖、灰泥起保护作用。

11. 质量控制和维护计划

保护干预的质量管理至关重要。在干预实施前、实施期间和实施后，都要对所用方法和材料的效果进行确认。保护干预完成后，我们应该对保护工作的成效进行评估，如有必要，我们必须重做或重复干预。一些非破坏性或低破坏性的测试方法（如卡斯滕管的吸水性测试、超声波速度测试或抗钻测试）可帮助我们评估保护干预的结果。为了确认所用方法的长期效果，我们有必要制定监测计划。

维护是保护和保存考古现场过程中另一个至关重要的环节。维护吴哥古迹意味着，监测树木及树根，除去建筑结构中的小植物或新生植物，清洁墙壁的灰尘、污垢和虫巢，对剥皮的表面等危险部位进行加固，维修有水渗入的开口接缝处，以及最后同样重要的小修小补。在实施这些方法时必须严加小心，以防在维护过程中产生新的损害。维护计划的实行必须高效，设定精确的时间表，不同的时间段内实施不同的控制手段和活动。

第六章　土壤、水和环境

1. 气候条件

吴哥地区受典型的东南亚季风气候影响，而气候变化进一步加剧了这种影响。夏天，盛行风从西南方向吹过来，带来印度洋的水汽。每年5月至10月是雨季，月平均降水量为200毫升。

一般来说，11月到4月是旱季，月平均降水量为50毫升，盛行风从东北方向的中国吹过来。旱季即将结束时，温度会升至40℃。

日常的温湿度循环对砂岩材料产生机械应力，引起严重的劣化。

由于各种原因，风也是导致吴哥石材和石质建筑劣化的一个因素。

2. 植被覆盖

吴哥的植被主要是半常绿森林，这已成为吴哥文化遗产的一部分。尽管个别树木可能会威胁考古构造物的稳定性，但总体上说，森林起到保护的作用。首先，森林创造了小气候和排水条件，有助于土壤的稳定和石材的保护。其次，森林环境有利于苔藓化薄层的生长，和直接暴露在阳光、季风雨水的石头表面相比，薄层的覆盖不仅大大延缓了石材的生物腐蚀，而且使得这种腐蚀多发生在表层，还不容易遭受严重的无机机械性损伤。我们应当考虑森林和地衣覆盖物的缓解作用，避免清除它们，这有利于保存砂岩表面的雕刻，至少延缓其劣化。

3. 水系统

水系统对环境平衡起关键的作用。吴哥文明的发展在一定程度上归功于水利建设，在后者的帮助下，吴哥得以将大量降水利用起来。主要宗教建筑附近经常修筑堤岸、蓄水池、堤坝、堰和水闸，不仅助长丰收，还减少了受淹面积。

对水资源的合理管理，表明高棉人在各领域的繁荣发展，而且，在地下水位变化引起土壤沉降的区域，这种管理还有助于控制建筑行为。人工湖、皇家浴池等蓄水池可帮助调节地下水位，从而减轻建筑地基的变形。因此，当吴哥王国衰落后，水利设施缺乏维护并渐渐淤塞，使得雨季洪水失去调度。这引起了巨大的水位变化，造成建筑和地基严重受损、堤岸不稳固，加速材料的劣化。

4. 土壤

吴哥的表层土壤主要是冲积层，由细沙层、淤泥层、黏土砂或砂质粉土组成。这些冲积层之间通常夹杂着土壤侵蚀和运输带来的淤泥。含水量约为12%至25%。

最表层的土壤可追溯至第四纪沉积层，厚度约为40米。其下是属于新生代的风化砂/凝灰石。基岩由距离表面70至80米深的侏罗纪（中生代）火山石和/或砂岩组成。

大部分土壤调查的结果都来自日本吴哥保护工作队（Japanese Organisation for the Safeguarding Angkor，1996年及其后的年度报告）的地质勘查和岩土勘查。此区域其他遗址的土壤类型大概与之类似，在对吴哥所有区域进行全面考察前，我们可以先利用这些数据。

支撑寺庙地基的土壤在某些最常见的建筑性能及损坏方式上起着关键作用。

水位变动通常与附近河流、湖泊、堤坝和/或蓄水池的水位变化有关。旱季和雨季的水位差可能多达几米。这往往会造成土壤沉降，主要看淤泥的含量和土壤的可压缩性。

5. 地表和水

吴哥地区地处荔枝山（位于吴哥以北约40公里）与洞里萨湖的低地之间，吴哥最南的寺庙便坐落在洞里萨湖的岸边。

按照土壤渗透性和过滤原理，从荔枝山发源的水流沿着地表的水道及地下暗道，流经缓缓倾斜的台地。表层雨水会立刻对地下水位产生影响，但很难波及更深的地层。土壤渗透性为10立方厘米/秒左右。地面平均坡度为1/1000。地下水的流速非常慢，约为31米/年。

因为水的自然流速很慢，地表水的年度变化主要由渗透和蒸发引起。

旱季期间，水位在地面3米以下，雨季来临之前甚至可达5米。换言之，旱季期间有3至5米厚的表层土壤会变得很干燥，非常坚硬。

土壤在旱季时会收缩、雨季时膨胀。体积变化是砖石结构发生变形的一个重要因素。我们观察到，由于雨季收缩、旱季膨胀，地表上出现了多达3~6毫米的沉降和起伏，同时地下水位会发生约3米的变化。

沟和渠的水位上升，最容易引发堤岸的突然坍塌，尤其是雨季强降雨和持续降雨频繁发生的时候。

沙质土壤的水位升高，会产生更大的整体应力，减小颗粒间的相互摩擦力，因为这种摩擦力取决于有效应力。水从上坡地渗向下坡地，可能会引起突发性的滑坡和局部的不稳定，而低排水更是进一步推动了这一过程。这样的环境条件可能会引发一系列连锁反应，浸在水下的坡脚此时已经完全被水浸润，开始部分坍塌。

寺庙周围的水池和环壕对这些建筑有着重要的作用。水池被土堤环绕着，其四面通常有石阶通向水源。这些土堤的变化常常会导致邻近寺庙的局部发生移位。环壕水位常常因为强降雨而突然发生变化，由于土堤渗透性差、内部排水不便，使得土堤处于不稳固的状态。因此，我们必须注意蓄水池水位剧变给土壤造成的孔隙水压力，以便更好地评估土壤结构的安全限度。

这种现象在整个吴哥地区有不少案例，四壁建有石阶的蓄水池（吴哥窟环壕、皇家浴池等）尤其突出。

堤岸泥土流入环壕的情况在吴哥地区十分常见。其中一个原因可能是管涌现象，这种现象先在堤岸前方发生。如果输出面的渗流速度超过某个特定的值，泥土就会被冲走。这是管涌现象的初始阶段，随后内部土壤会受到连续侵蚀，最终在堤岸形成一个通达表层的管道。由于水土流失，上层石阶的背后可能会形成空洞。

6. 城市化和基础设施

自从高棉都城首次建于此地，运河、蓄水池就开始修建起来，人为干预改变了这一区域的水文地质平衡。昔日的小镇发展为暹粒市，近来，快速的城市化导致整体水平衡发生剧烈的变化，因为人口增长速度大大超过相关基础设施的建设速度，导致大量自然水从土壤排出。

地表不同程度的沉降活动是砖石结构受损的关键因素。酒店抽取地下水的行为造成严重的后果，导致地下水位大幅下降。因此，应建立一个监测系统，用于测量古迹附近的地下水位，同时对吴哥的水井进行管控，以便减少地下水变动给古迹带来的危险。

水位的年变化或季节变化是最常令人担心的问题，但长时间发展而来的主要变化也会影响土壤的性质，例如长期干旱，或者当土壤含水量被人为地改变时。引入这些变化因素后，变形现象会发生在10到30年后，取决于土壤性质、当地条件和分层情况。

7. 荷载引起的土壤沉降

地下水位全年接近地表，由于有效应力低，部分土壤变形实际上可能与上方建筑物带来的直接荷载相关。至于建筑物下方的土壤层，层位越深，支撑外压荷载的土壤体积就越大，相应压力就越小，但静态压力也会随之加大。

根据经验，外压荷载可以产生重要的影响，视建筑占地面积所对应的深度而定。例如人造的庙山在这方面的影响就相当的大。

当均匀的变形是沿纵轴方向严格发生的时候，建筑物的总体完整性或平衡不会受到影响，在这种情况下，建筑物不易受损。但是，由于沉积物和土层的不规则性，以及压力分布的不均匀性，变形并不是均匀的。事实上，根据荷载分布理论，在荷载接触面有限的情况下，即便是均质土壤也会产生不均匀的压力。

当地层比上文提及的参考范围更深的时候，土壤自身的静荷载比其他因素更重要。

8. 下沉

在荷载无明显变化的情况下土壤体积减小，这种现象被称为下沉，常见于吴哥中等颗粒到细颗粒的土壤。下沉的过程取决于土壤的初始含水量和密度、土壤的渗透性、边界状态或可压缩性。水分从细粒土的颗粒基质中排出，给内部结构的土壤带来种种变化，这是一个缓慢的过程。

与其他水土相关的沉降一样，下沉引起的变形通常是不可逆转的。但如果采取合理的方法，我们可以预防这种现象的发生。有策略地布置和清理排水井或排水沟，可以逆转不利的变形，或对有利的变形稍加调整。

9. 损害及渐进破坏

土壤内部摩擦力减小的话，很有可能会引起坍塌。在土壤——或者说，致密、坚硬的土壤——的本构定律的作用下，会发生渐进破坏的现象，特征是大幅移位，使得自然边坡或人造沟渠等土建结构彻底坍塌。

即便发生了大幅移位，土壤堆积也能形成新的平衡。但荷载的增大会引起移动，这在地基土膨胀中经常出现。如果建筑受到土壤移位的影响，建筑的使用或用途就会受损，尽管建筑结构的承载量并不会改变。不同程度的地基土壤沉降可能会引发以下两个主要现象：

（1）当建筑足够坚硬或地基的不同沉降呈线性时，会出现倾斜；

（2）当不同沉降呈非线性时，会出现垂直裂缝，通常伴随着墙体向外变形、石块（或砖）之间发生滑动。详见第五章第6小节。

10. 洞穴侵蚀（管涌）

渗透现象与先前所述的渐进破坏现象密切相关，它发生在含有细土的环境中，随后形成水头，至于有多大价值，则取决于渗透性和水的流向。它导致部分土壤隆起，承受水流的反压力作用。

我们应该通过扩散性的排水来避免产生这样的水头，或用足够的摩擦力来抵抗这一过程。这种水头的出现可能会造成建筑的突然坍塌。

一般来说，当渗流水的构成发生变化，从大范围的沙质土壤变为大范围的细粉土层时，将会导致水压超载，因为穿过地平面的过滤速度不同，压力会以意想不到的速度迅速集中在“没有那么容易渗透”的地层的后部。

当与水有关的中性超压状态可能会促使雨水渗入更深层的地平面时，我们要加以制止。为此，可以设置沟渠来汇集地表的活水，还可以修建缓坡。

11. 侵蚀

强降雨期间，由雨水冲刷地面引起的土壤表面侵蚀，短期内不会构成问题，因为表面植被会形成一道天然保护层，就连季风雨也能抵挡。

另一方面，支护结构内部的填充物被冲走，其体积逐渐损耗。回填土的长期损耗将影响建筑的完整性，因为这个过程是连续的，而且集中发生在某个位置，最后造成接触压力的不均匀分布。地基体积减小的现象可能会与土壤沉降相混淆。

这个问题在吴哥地区很普遍也很严重，必须加以解决，为此，我们要将排放出来的水进行过滤，防止硬粒从建筑内部迁移出来，以及/或者通过适当的遮盖来防止渗透的发生。

12. 土建结构和堤岸

我们应特别重视土建结构，这类建筑在以水为基础的吴哥文明中占有重要地位。在各类水利工程中，土建结构的组成成分有多种选择，可以是沙子、粉沙甚至砂质粉土，一般而言它们的可塑性较低。雨季时，这些建筑结构对土壤中的孔隙水压力变化非常敏感，还很容易受堤岸环绕的蓄水池水位的影响，这是它们的一大特征。

过大的孔隙压力作用于外部水位，不平衡的作用力可能会造成土壤坍塌。这会引起建筑或大或小的变形，甚至整个结构的坍塌。如在吴哥窟发现的那样，高棉人在土建支护结构的后部有效使用了回填土，其中出现的水平黏土层，被用作渗透水的排水垫层。当水无法通过土建支护结构这层屏障时，建筑可能会坍塌。

13. 排水

吴哥古迹存在各种不同的排水机制，其目的都是为了将古迹内部的水排出去，但在一些寺庙，实际的排水渠道仅用于排走宗教圣水。排水装置包含水槽、排水孔和水坑。排水孔铺设在路面以下，走廊下方会挖渠道。

如果排水不足或排水功能不佳，雨水将渗入角砾岩基础的石块和填土中。在渗透作用下，土壤含水量增加，导致土质弱化。有些角砾岩石块尤其易受干/湿循环和风化作用的损害。吴哥大部分砖石建筑的地基都是由角砾岩石块建成的。基础和地基的角砾岩发生风化，导致石建结构上部发生移位。以巴戎寺为例，由于土壤被水冲走，地基发生移位，最终导致墙体和塔上部石结构的移位和倾斜。我们要研究古代排水系统，适当情况下进行修复，在发现其运作不良时要加以改善，这一点很重要。

14. 基础

吴哥地区的建筑结构直接由表层土支撑。修建人工基础的时候，通常以砾岩和沙子混合而成的夯土作为回填土。基础沉降的主要问题来源于上文提及的直接接触荷载，以及深层土壤的特性。

当压力峰值引起基础损坏时，可通过扩大地基基础进行处理，但是该方法对深土层并不奏效。只有当荷载被转移到新建筑结构上的时候，新建地基基础或者扩大现有基础的办法才能起效。新的基础建成后，在达到新的平衡以前，还可能出现进一步的沉降。

15. 支护结构

支护结构一般属于重力类型，用重力来抵消土壤推力所导致的倾斜，并通过摩擦力的剪切强度来反作用于滑动破坏机制，从而将墙体稳定下来。

支护结构由角砾岩石块和砂岩石块组成，后者置于前者之上。使用不同质地的石块，通常会导致塑性变形和扭曲，使得上层石块发生倾斜。修建支护结构的目的通常是为了安置回填土，用回填土来支撑部分寺庙建筑。因此，我们很难将支护结构的各种功能和地基结构分割开来。

16. 庙山

庙山是人造山体，是吴哥最早修建的建筑之一，修建时可能利用了水利工程挖出来的材料，以及表层砂土。庙山从底部开始建造，形成一层层平台，逐层缩小，直至顶层，距地面约20～25米。这些庙山侧面的倾斜度可达45°。根据自然坡面的稳定性理论，随着内部摩擦角和土壤黏结力上升，安全系数会变高。

为稳固整座建筑而修造的挡土墙，是直接用石块堆起来的，没有用灰浆作为黏合剂。这些重力墙很多都出现了损毁的迹象。此前就用过各种方法来重建和加固，包括原物归位法和钢筋混凝土墙。

依照高棉建筑原本使用的技术，石块之间只宽松地连接在一起，这就为渗透水的排散提供了条件，防止后方生成水头。砌体通常从角砾岩石切割下来，这是一种多孔材料，能够让水力传输穿过接触面。

如果重建工程利用了坍塌下来的旧石块，而且在没有充足的排水条件下使用了防水砂浆，那么，由于水分不可渗透，建筑的整体稳定性往往会受影响。

角砾岩是一种易磨损的材料，而且，不同程度的土壤沉降所产生的最大张力，常常会造成基础石块的劣化和破损。

沉重的塔通常靠近平台外缘，给建筑结构带来不平衡的加载力。

第七章　结构性能和损害

1. 结构特征

所有高棉建筑都用一层层砖或石砌筑而成。在开口的地方，砖或石则逐渐呈悬臂状。拱门、拱顶和塔也是用这种技术建造起来的。部分拱顶和开口用梁木进行加固，过去几个世纪里这些梁木朽化消失，使结构变得薄弱。

2. 砖建筑

前吴哥时期的寺庙通常使用砖，或者混合其他材料，主体部分用砖，门、过梁等重要细部则用砂岩。

寺庙主体首先被建起来，然后加以雕刻。这种先完成建筑的基本形式、然后现场处理细节的方法是高棉建筑的一个特征。刚开始是砖砌寺庙，随后加工得越来越精美，石材用得越来越多。

至于砖黏合剂的问题，我们仍需要更深入的科学研究才能得到明确的答案。关于古代高棉建筑师修建砖砌寺庙时所用的黏合剂，目前主要有两个说法：

（1）石灰基

在砖块湿润的时候，加入少量熟石灰，然后用力摩擦二者，如接缝处磨损的痕迹所显示的那样。这样能形成结实、紧密的接缝，以便在雕刻砖块的时候不会破坏接缝。石灰很可能是用洞里萨湖软体动物的外壳燃烧而成的，但最近研究显示，熟石灰还可能来自马德望（Battambang）和贡布（Kampot）。

（2）天然树脂基

莱里奇基金会（Lerici Foundation）的研究表明，越南美森的占婆寺庙使用了一种有机黏结剂。这种树脂来自一种名为具翼龙脑香（Diptherocarpus Alata）的树木，在柬埔寨被称为彻蒂尔树（Chea-teal）。今天，这种树脂常用来给洞里萨湖的船只填缝。最近在柬埔寨进行的检测有了结果，初步结论是古代高棉建筑师使用过同样的树脂。

雕刻砖块的时候，烧结的表层会被去掉，从而将较柔软的内芯暴露出来，因此常常需要加固内芯，塞小碎砖来代替那些劣化了的材料。

砖块表面可用含有细粒砖粉和灰石的砂浆进行处理，形成结实、光滑且均匀的表层，从而对砖起到保护作用。

砖块向来是水平放置的，开口时会做成叠涩拱的形式。因此，过梁——通常是石质的——负重较小。砌砖方式非常随意，常常有一连串的纵向连接。这种技术在干砌结构中更常见。

3. 砂岩建筑

打磨技术开始于砖砌寺庙，随着砂岩建筑更受高棉建筑师的青睐，建筑技术发生相应的调整，打磨技术也有了进一步的发展。

巴戎寺的浅浮雕向我们展示了打磨的过程。在支架和杠杆的辅助下，上部石块被悬在下部石块上方，前后摆动，直至这两个石块的表面通过相互摩擦而变得光滑。砂岩因为含有丰富的耐磨硅成分，打磨起来效果特别好。

这样一来，石块层层叠压、紧密相连，增强了稳定性，对石块表面进行雕刻的时候，不会损毁接缝处的石块角部。但这也意味着高棉建筑的基本前提是水平接缝，由此形成的一大特征是叠涩拱。

建筑细部大多是在现场雕刻而成的，包括窗户开口、小圆柱、过梁，以及浅浮雕等装饰元素。

水平接缝及由此形成的叠涩砌筑技术，使得建筑具有一种特殊的结构性能。原则上，挤压力的作用线应尽量垂直（与接缝垂直），以消除在接缝上滑动的风险。但实际上，由于弯曲曲率，内力偏离，导致剪切力产生（与接缝相切），这个剪切力可能会超过摩擦力，进而引起接缝之间发生滑动。为了防止这种损害，必须有巨大的垂直力，即大重量的建筑结构。因此，建筑结构采用“塔”而不是“穹隆顶”的形式，其接缝通常做成放射状，从而消除滑动的风险，如欧洲常见的那样。

4. 角砾岩建筑

基础结构通常含有一个由角砾岩石块干砌而成的基础。单个砌块的尺寸大体是标准的。土壤特性可能会对砖石结构产生巨大的压力，而建筑的强度则完全依赖于剪切力强度，也就依赖于接缝面周边石块的摩擦力。这些石块因为风化而发生改变或劣化时，摩擦力很容易减小，进而引起位移和损害，尤其在土壤沉降不均衡的时候。

5. 结构损害

与干砌石结构相比，砖结构的强度分布更均衡，因为连接砖的黏合剂在水平接缝上提供了一定的剪切阻力。因此，砖之间几乎不会发生滑动。压力超过砖的强度时，与主要张力垂直的地方往往产生裂缝。此外，材料强度会因为劣化而降低。

与砖结构不同，干砌石建筑结构坚固，但是，一旦接缝的剪切力低于摩擦力，情况就不一样了。只有当剪切力大于摩擦力时，砌块之间才会发生相对运动。大幅度的相对运动可能会导致建筑结构的坍塌。

由于劣化过程、树根作用等因素，建筑结构内部可能会产生力，但主要原因与土壤沉降、平台挡土墙的向外变形、基础的垂直运动或转动有关。光照是损害建筑结构的另一原因。

接缝处的相对运动改变了石块间的接触，导致滑动和/或相互作用力集中在某些作用线或点上（而不是将压力分散在原始接触面上），因此，随着现象进一步发展，裂缝生成，承载力下降，导致整个结构发生变形，最终坍塌（参见第七章第2小节）。

挤压现象通常集中发生在特定区域，这些区域由于重大的变形或结构分离，受到的挤压力大幅增加，这类现象常见于支撑过梁和山花的柱子。由于过梁、山花的重量和一般的变形，这些柱子逐渐与主体结构分离。

由于作用的挤压力与砂岩、砖块砌成建筑的层面产生相对倾斜，使得挤压现象更加严重。

6. 土壤运动引发的损害

土壤变形通常是不均匀的。即使变形看起来均匀，那也常常是因为结构坚固，迫使自身沿着严格的方式运动，发生均匀或线性的变形。在这些情况下，力——主要是水平方向的力——逐渐累积，施加在建筑结构上，一旦超过强度，就会突然出现裂缝，造成重大损害。

其中，塔结构存在以下三个问题：

（1）由于土壤固有的特征或塔的坚固（和强度）等因素，土壤变形呈线性，导致塔倾斜。比萨斜塔就是最有名的例子。

（2）由于结构的硬度和抵抗力不够，土壤变形并不均匀，也并非呈线性。至于结构强度的分布，这里基本上有两种不同情况，但也存在中间地带和两者并存的情况：

①垂直缝将塔——或一般的建筑——自下而上分为两个甚至多个部分，这些部分可能会向外倾斜（例如比粒寺低处的东南角塔）。当土壤非均匀变形的曲率向下、建筑强度很低的时候，便会出现这种情况。

②裂缝、变形、过梁断裂等主要集中在塔的中下部位。结构内部的土壤变形会给建筑施加力，当这个力距底部越远时越小，尤其是当土壤变形曲率上升的时候，便会出现这种情况。

在拱形或拱顶结构中，基础移动——尤其是向外转动——会导致接缝处的砌块发生滑动、开裂、几何结构变形，使得砌块间的接触相当有限，集中在角部。这样会引起局部挤压现象，最终导致坍塌。

通常情况下，靠近挡土墙或水渠的建筑可能会向挡土墙或水渠倾斜。在沙质土壤的环境下，沙子可能从石缝中流出，进而加剧这一现象。

当有可能发生土壤运动时，监测系统能起到非常大的用处。对十二塔庙1号塔倾斜的墙体进行持续监测的时候，我们发现，1997年10月一次强降雨过后，墙体突然以约200毫米/24小时的速度加剧倾斜。在此之前，墙体倾斜是周期性发生的现象。

第八章　结构加固的标准和技术

1. 总体标准

必须尽可能地遵循原始的施工技术，但不得妨碍建筑结构和地基的安全性。决定干预标准的首要因素之一是变形类型，即建筑结构上的裂缝，以及这些变形现在是否稳定，后者尤其重要。

如果这些变形是稳定的，则有必要检查它们是否会危害建筑的稳定性，倘若会，则要考虑能否通过特定方法（链条、木钉、灌浆、箍筋等）来重新建立建筑的稳定性。

为了修复变形，可考虑各种系统。必须特别注意由此产生的力，以避免任何可能的损害。干预应不可视，如果无法实现这一点，则必须认真评估其对古迹产生的美学影响，然后才下决定。

将遗址的考古遗迹连带其所有历史遗痕一同保留下来，不失为可行之策，但在环境方面必须进行仔细的评估。

在决定拆卸/归安严重变形或危险的建筑之前，我们必须先对这些需求及其可行性进行分析和确认，评估古迹的真实性是否存在改变的风险。再者，我们应该对建筑物及其组成材料受到的损伤进行仔细的评估和研究。

当决定要拆卸/归安时，我们必须极其小心地保存材料的完整性。与现状相关的所有信息（轴线、石层、水准点等）都必须记录下来。

原物归位法不得与拆卸/归安技术相混淆，尽管二者有共通之处。按照原物归位法，将先前散落或移动的石构件或碎片放回原处，在某些情况下也可使用新石块。

2. 选择拟使用的措施

要了解实际的风险、确定采用何种措施，首先必须对建筑的可见迹象进行解释。这些迹象如下：

（1）干砌石建筑上产生的裂缝有限，开裂方式主要受石块滑动的影响。这种现象通常表明情况不严重，无须进行加固。

（2）大裂缝可能影响建筑的形状，引起变形，尤其是壁面会发生倾斜和向外移动。

其后，建筑结构可能会脱节、松动，如果劣化持续下去，情况就有恶化的风险。拉杆、链条、锚固等可能是合适的补救方法。有时候，为了不让这些拉杆被看见，可将其嵌入砌体的钻孔或石块内。

在某些情况下，拉杆、链条及其他类似物可预先施加压应力，以便可以立刻生效，产生有利的作用力或减少变形。就材料而言，耐生锈的不锈钢是最常用的；还有碳纤维、芳纶纤维等新型复合材料可供选择，尤其是考虑到它们的耐用性。

（3）与干砌结构石材的大幅滑动有关的大幅度变形，由于几何结构的变化，可能会产生附加力。当石块外移，支撑力可能会不足。

这些状况可能会引发危险，链条系统可能不够用。鉴于此，我们可以采取两种方法：拆卸重组（参见第八章第3小节）或修复变形（参见第八章第4小节）。

（4）远距离的移动——如塔的倾斜——可能带来一定的风险（倒塌），即使结构本身并未显出重大损毁。这时候，我们首要需要监测、观察其状况是否稳定（参见第八章第5小节）。之后，应评估静荷载离心率引起的附加力，检查是否满足稳定性要求。

如需进行干预，可遵照第八章第5小节所述的标准。

（5）拱门和拱顶（在高棉建筑中呈塔形）以石块干砌而成，其水平接缝的建造技术造成某些特有的问题。石块移动不仅包括滑动，还包括改变支撑方式。事实上，两个石块的水平接触面可缩减到靠近某个角部的区域，其他角部不再发生接触。整个结构逐渐“脱节”，总体强度随着角部力量的集中而减弱，从而产生高应力，加速局部开裂（破碎）和渐进劣化的过程。这一现象的发生通常与柱子的外移或者拱门或拱顶所在墙体的外移有关。

可根据下列情况选择拟使用的措施：如果开裂的面积不大且石块没有受损的迹象，可保持现状不变（或使用局部锚固及拉杆连接石块等方法加以改善）。如未来会发生重大变化，应对其进行监测。

在石块移动加剧、威胁到结构平衡的情况下，可使用两种处理方法：根据下文建议进行拆卸和重建，或者修复部分变形，使其更加稳定。通常我们会用一连串的千斤顶，首先推高拱门或拱顶，然后将柱子或墙水平内推（参见第八章第4小节）。

（6）考虑到庙山的回廊具有重要的功能，支护结构和挡土墙在吴哥古迹中很常见。视情况采用不同的方法，包括减少荷载、提高土壤内部摩擦力、增大滑动发生的面积、安装有效的排水系统或固定土方。

堤岸坍塌的时候，我们要在符合项目标准的情况下实现两个主要目标。第一，通过增加现场土壤密度，提高土壤的强度，土壤密度决定了内部摩擦角的值。第二，改善土体排水条件，以防形成大于堤岸外侧水位的剩余孔隙压力。我们可以通过修建粗土的泥浆槽，轻松实现这一目标，将泥浆槽与环壕或堤坝相连，为地表水提供充足的排水系统。为了同时实现上述两个目标，我们可以鼓励使用土工合成纤维等合成材料。

3. 拆卸和归安

有时候，我们有必要重建局部的建筑结构，以确保其稳定性、增强保护（如防水等）或重新嵌入建筑缺失的部件。但是，应尽可能地限制重建。

当有必要重建时，必须使用可兼容的技术和新材料，遵循与原建筑相同的几何结构和形状，留下部分迹象用以辨认新旧，至少可让专家辨别出来。在特殊情况下，也可使用不那么明显的嵌入物；如果必须使用这种嵌入法，干预的时候应该对新嵌入的区域进行详细的图表和照片记录。

当不了解原始几何结构和形状时，新构件的形状应尽可能的简单和不显眼，以尽可能少地与原始结构相抵触，不引起任意的解释。

对于由石块干砌而成的建筑结构，除了加固方法外，通常需要更换掉落的石块。这时，除了拆卸和归安整体结构的情况外，还可能出现多种问题：

（1）关系到古迹稳定性的关键石块常常缺失；如果这样的石块缺失不多，则可找一些新的石块，模仿原石块进行雕刻。

（2）现存的结构元素——主要是墙和柱子——出现变形时，掉落下来的或新的石块无法进行替换，使用的石块必须要在几何形状上有所改变。如有可能，应尽可能尝试修复变形的部分。使用的系统应经过仔细的评估和检测，不应让石块有开裂或损毁的风险。

（3）需要解决采石场选择和开采等相关事宜。新石材必须在物理性质、几何结构及建筑方面与原结构兼容。

（4）要将新石材修整到何种程度，需视情况而定。当装饰方面没有任何可靠信息时，只应复制其几何形状。

（5）仅当对原始结构有充分了解时，才可以将细节大致复制出来。

（6）作为图像内容一部分的雕刻元素，新雕石材可能会与丢失了因而情况不明的原石材不一样，如果存在伪造或主观解释的危险，则不应被复制出来。

（7）若新石块嵌入位置周围的石块处于严重劣化的状态，一个微妙的美学问题便产生了。解决方案必须考虑到处理区域的整体和谐。

（8）重新使用破损的石材，通常意味着要用黏合剂粘接开裂部位，常常还得用榫进行加固。新石块通常需要与原石块整合在一起。这些新石块必须在属性和外形上与原石块一致。新石块应被限制使用在石块缺失的部位，而且这些缺失的石块对于古迹的稳定性和完全可辨别性来说是不可或缺的。

4. 修复变形

修复变形是相对较新的技术，是伴随着更成熟的工具（如千斤顶等）及修复工作必需的电脑监测系统发展起来的。

整个项目及各种措施的施行计划必须经过仔细的准备，要对以下几点进行考虑：

（1）设备

设备由工具（液压千斤顶等）给建筑施加压力或拉力，以及手动泵或电动泵组成。设备通过油压动力系统与千斤顶连接起来，再加上多支管多路全模拟式及数字式仪表。压力计可随时测定千斤顶上的压力值。有必要建立一个监测系统，用以测量建筑结构所承受的压力，以及建筑发生的任何移动（倾斜等）或变形。

（2）建筑结构方面的准备

建筑结构方面的准备主要有两方面的工作：

①根据不同情况来放置千斤顶，对建筑结构施力。必须进行初步分析，根据拟修复的变形对这些力做出评估。

②把将要发生移动的局部建筑结构，以及发生相对移动的作用线（通常是裂缝）作为个体进行处理。当需要缩小裂缝宽度时，有必要移除堆积的碎块和任何可能阻碍移动的东西。

（3）修复变形阶段

通常情况下，只有部分移动或变形可以恢复过来，因为移动或变形往往不具有弹性，是不可逆的。为了巩固措施的功效，可以人为制造一些切口或中断。

千斤顶承受的压力会逐步增加。每个千斤顶被赋予了不一样的压力值，这是基于此前的分析结果而设置的，以便在这个阶段限制额外压力的产生。

每执行一个步骤，监测系统就要对压力和移位进行记录，将它们与预设值相比较。要在理论上设定压力与移位的比率并不容易，因为我们不确定其中的作用机制和受损的建筑结构的实际硬度。

因此，在最初几个步骤，我们常常会测量压力与变形的比率，在这基础上对理论模型重新进行校准。如果建筑结构有部位产生过大压力，可能导致新的损害，监测系统就会发出警告。

（4）最终干预

根据修复工作的结果，尤其是根据变形的修复比率，我们必须进行评估，判断是否要实施进一步的措施。一般来说，除非为了消除仍然存在的危害因素（例如树根），否则没有必要继续采取措施。

最后，必须注意的一点是，这种技术虽然看起来复杂，但实际上可能并非如此。保护人员必须有足够的相关操作经验，不过使用这种技术的结果，往往是化解了困境，同时尊重了建筑的历史价值。

5. 受不稳定土壤沉降影响的建筑结构

土壤沉降是除材料劣化以外影响结构性能的最重要的因素。这类问题往往很复杂。我们需要对现象的发展趋势做出预期，评估其后果，因为建筑结构受到额外压力时，倾斜等现象会进一步加剧。监测系统往往是必需的，通过对数据记录的仔细检查，我们能够预示现象的发展变化。

总体上，有三种方法可供选择：

（1）消除成因，即降低那些作用于土壤的不稳定因素（稳定水位）或者作用于结构的不稳定因素（扩大地基基础，往现有基础下方打桩，等等）。这些干预措施通常很复杂，并且可能极大改变了原有的建筑结构。它们可能导致结构的拆卸和归安，造成不可挽回的损失。仅在特殊情况下，例如现象加速发展时，以及没有其他合理方案可供选择时，才可使用这个方法（技术上最为可靠）。

遇到倾斜的情况时，有一个方法颇受人关注，那便是下挖技术（under-excavation），如果沉降范围不大，便可以用这种技术来松动土壤。做法是挖取建筑偏高侧下方的土壤，形成空腔。这些空腔之后将自动闭合，形成人工沉降，从而减弱倾斜。近几年这个技术被用于减少比萨斜塔的倾斜。

（2）消除（或减小）影响，即通过建立滑动支撑、接缝等，降低结构的超静定性。这样一来，土壤变形引起的压力可能会有所减少或消失。这个方法可以有效地用在建筑群上，但很少用于单个古迹。

（3）提高建筑结构的强度，使其不仅足以抵抗当前土壤施加的压力，还能够获得新的整体硬度和延续性，以便未来发生土壤沉降时，可抵抗由此产生的压力。只有在现象发展速度减慢，或者说，在相应产生的变形和压力在可接受的范围内时，这种方法才有效。可采取的措施有链条、锚固、拉杆（不锈钢或合成纤维），以及对受损或坍塌部位进行局部重建等。这些干预应关联监测系统，以便控制未来潜在的增加或扩大。

第九章 风险地图

很多古迹都有危险，但是否面临严重、不可逆的损伤或坍塌的风险，对于每个古迹来说不尽相同。因此，由于措施的紧急程度不一，而且资金有限，有必要具体研究每个古迹或古迹局部的风险等级，评估古迹的大小、残损状况和加固成本。通过这种方式，制定优先序列。

利用信息输入系统来组织这项工作。

制定保护计划时，要准备好风险地图和优先序列。有必要就单个建筑结构（针对古迹稳定性和古迹坍塌这些宏观问题），就建筑石材、雕刻和装饰表面（针对与材料相关的保护问题）制定不同的风险地图。风险地图突出的不仅是已造成的损坏，还有未来可能发生的损坏。

风险来自风化作用、环境变化（树木和植被）、土壤沉降、人类活动（如旅游）等。

单凭详细的调查，往往就可以剥离出最严重的风险；至于其他情况，则需要进一步的调查和分析。

通常可识别出三个风险等级：零级风险（安全状态）、一级风险（潜在危险）、二级风险（不安全状态，即将坍塌）。

优先序列以风险地图为基础并含括其他因素，如每个古迹自身的价值、为了减少或消除风险而必须采取的措施的成本。因此，根据成本效益挑选出优先项，建立优先级，同时考虑多种因素，包括风险范围及置之不顾所造成的后果，以及相较于古迹的自身价值和重要性而言修复它所需要的成本。

优先序列还应说明要以多快的速度来实施适当的措施，通常划分以下三个级别：

(1) 应急（或急救）措施：这些方法通常是临时性的，在结构出现较高的坍塌风险时使用，而且必须立即实施。这些方法往往过后就被移除，或者说，经过检查后用永久的方法替换。典型的应急方法是支护、临时链等。

由于应急措施的特征，在一个更广泛的保护与加固计划的框架下，它们不能一直被使用。这些措施是临时的，我们应确定一个严格的期限，明确规定全面的保护干预将在何时且以何种方式展开。应急加固措施应是可逆的。

如有可能，我们采取的干预措施最好属于永久加固工程的第一阶段。

应急加固使用的材料在使用过程中不应以任何方式改变建筑结构。

应该对应急加固系统进行定期监测，确保不会发生任何类型的损坏或改变。

如果不得不使用易劣化的材料，则必须更加频繁地进行监测，以保证系统仍然有效，没有发生移动或劣化。

如果必须使用木材，应尽可能防止昆虫和真菌的侵害。

应急措施的计划和实施阶段需要极其小心，专家必须一直在场，确保在装配和施行过程中工作人员不会有危险，结构不会受损。

任何应急加固措施都必须有完整的的图表和照片记录。

(2) 紧急措施：此方法应尽快实施，但要留有足够的时间对建筑结构进行全面的分析。因此，这些措施是研究得出的结果，通常是最终干预的前期部分。

(3) 预防措施：这些方法针对的是这样一种情况，即建筑结构本身尚未立即有危险，但未来有可能处于危险境地，尤其是某些现象已经发生时，例如有迹象显示，靠近挡土墙的塔可能会发生移动。预防措施是保护建筑遗产的最佳策略。维护常常是实现这一目标成本最低、最为有效的方法，虽然有时候并不是完全充足的。

如上所述，我们应该针对不同结构和/或材料，以及将要实施的干预措施，制定不同的风险地图和优先序列图，就像对石材和装饰表面进行保护时所做的那样。渗透、毛细吸水作用、生物层、生长于建筑结构上的植物、盐霜、游客造成的损害等，均可能带来风险。我们必须将风险地图作为保护制度框架下一个不断发展的活的要素。每当一个保护干预完成时，风险地图必须进行更新，以便反映相应的变化。

第十章 结语与致谢

本宪章明确肯定，当前研究和由此带来的保护方法和材料的发展具有重大意义。十年（2002 年）前一个多学科合作的遗产保护专家组起草了这份宪章，这些保护专家长期从事遗产保护工作，并在过去 20 年间专注于吴哥古迹保护的复杂问题。

我们对于乔治·克罗奇（Giorgio Croci）教授领导的工作组深表感谢。他们为吴哥事业所做的奉献对这份吴哥宪章起了决定性的作用，反映了这个领域多年来积累的专业知识。这些建议只有一个愿望，就是为现在和未来的遗产专业人员提供指南。

实测图

图1 茶胶寺总平面图

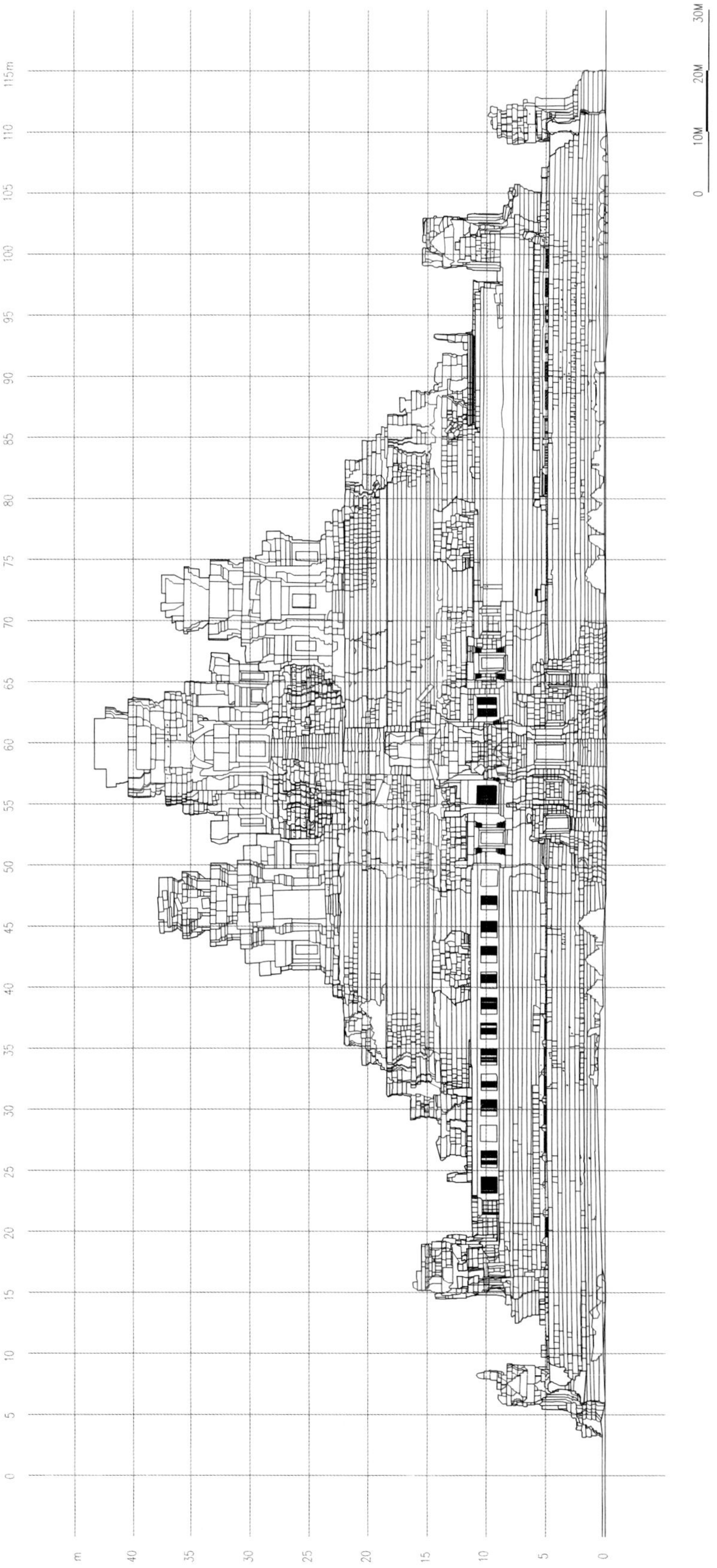

图2　茶胶寺东立面图

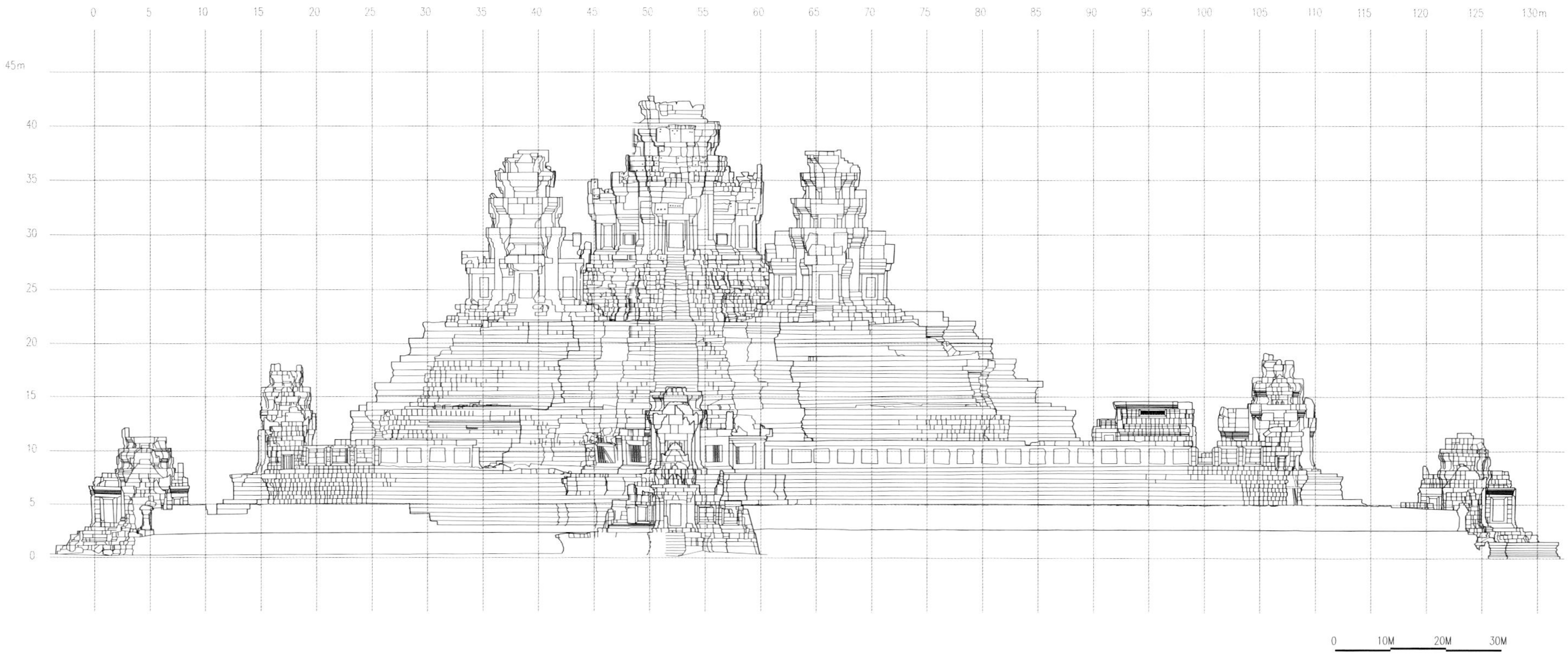
0 5 10 15 20 25 30 35 40 45 50 55 60 65 70 75 80 85 90 95 100 105 110 115 120 125 130m
45m
40
35
30
25
20
15
10
5
0
0 10M 20M 30M

图3　茶胶寺南立面图

图4 茶胶寺西立面图

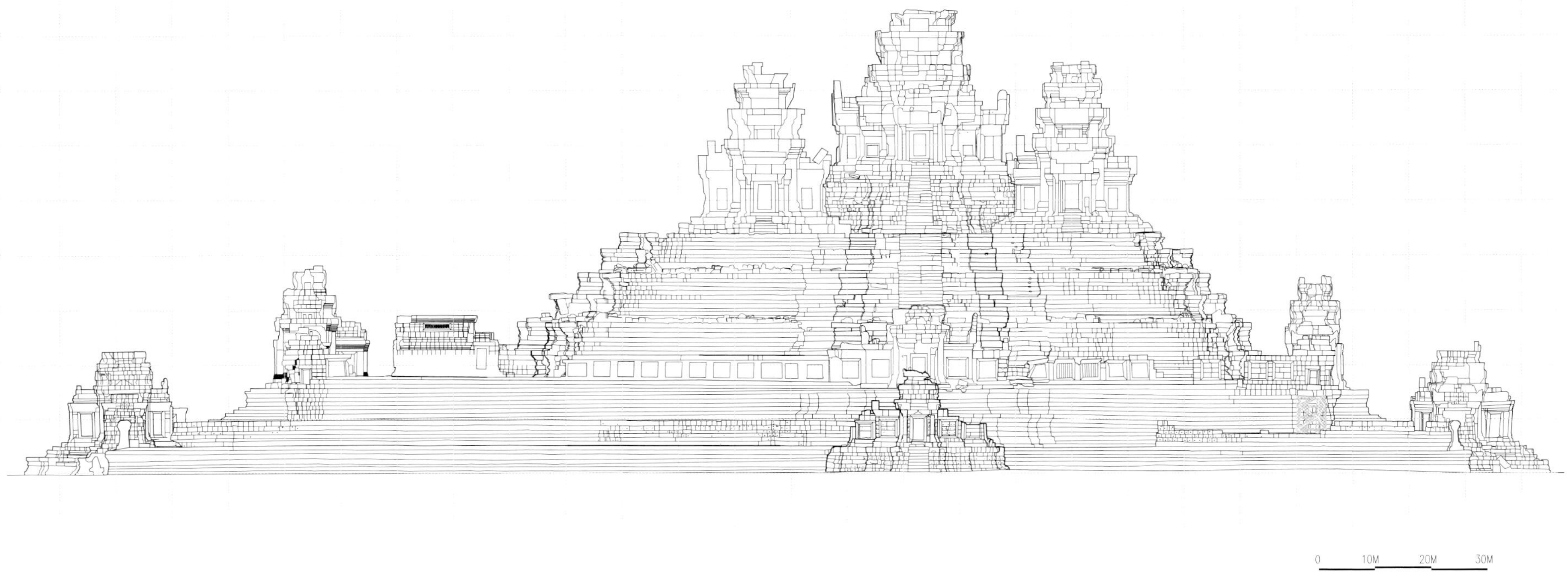

图5　茶胶寺北立面图

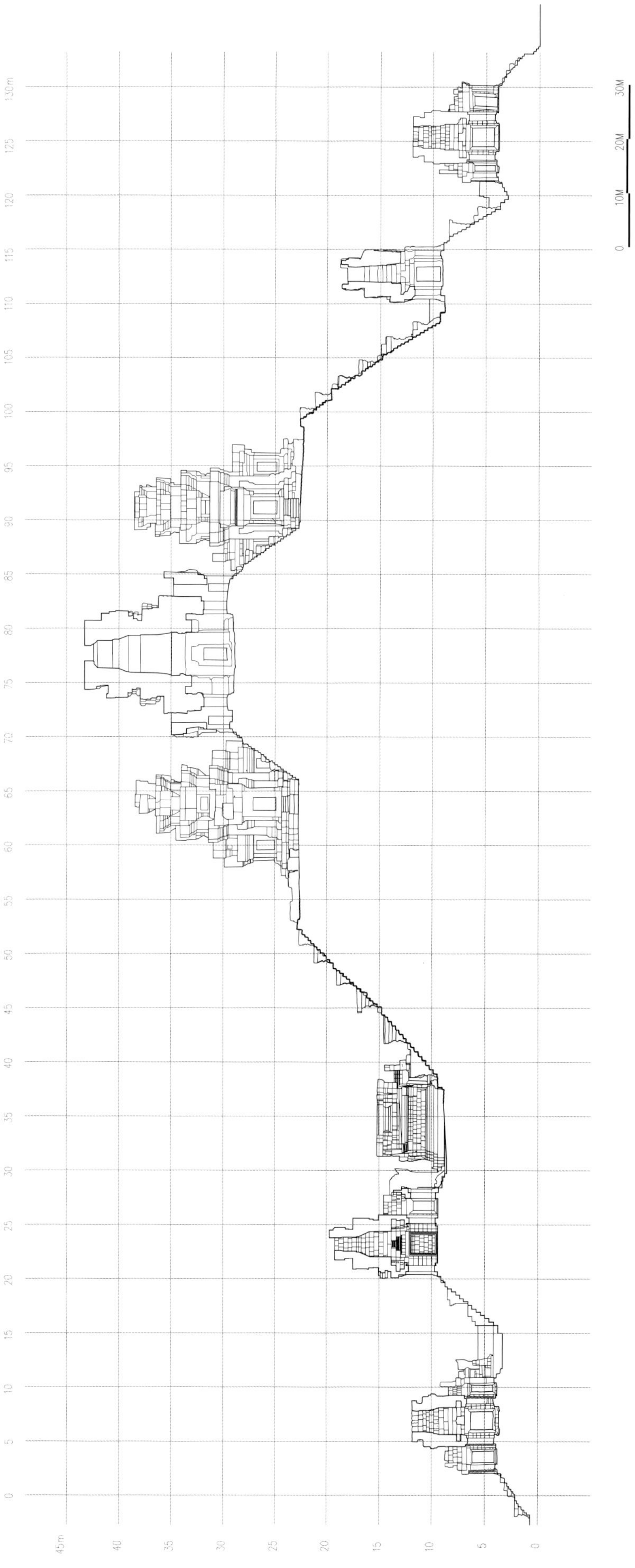

图6 茶胶寺1-1剖面图

0
5
10
15
20
25
30
35
40
45
50
55
60
65
70
75
80
85
90
95
100
105
110m
0
5
10
15
20
25
30
35
40
45m
0
10M
20M
30M

图7 茶胶寺2-2剖面图

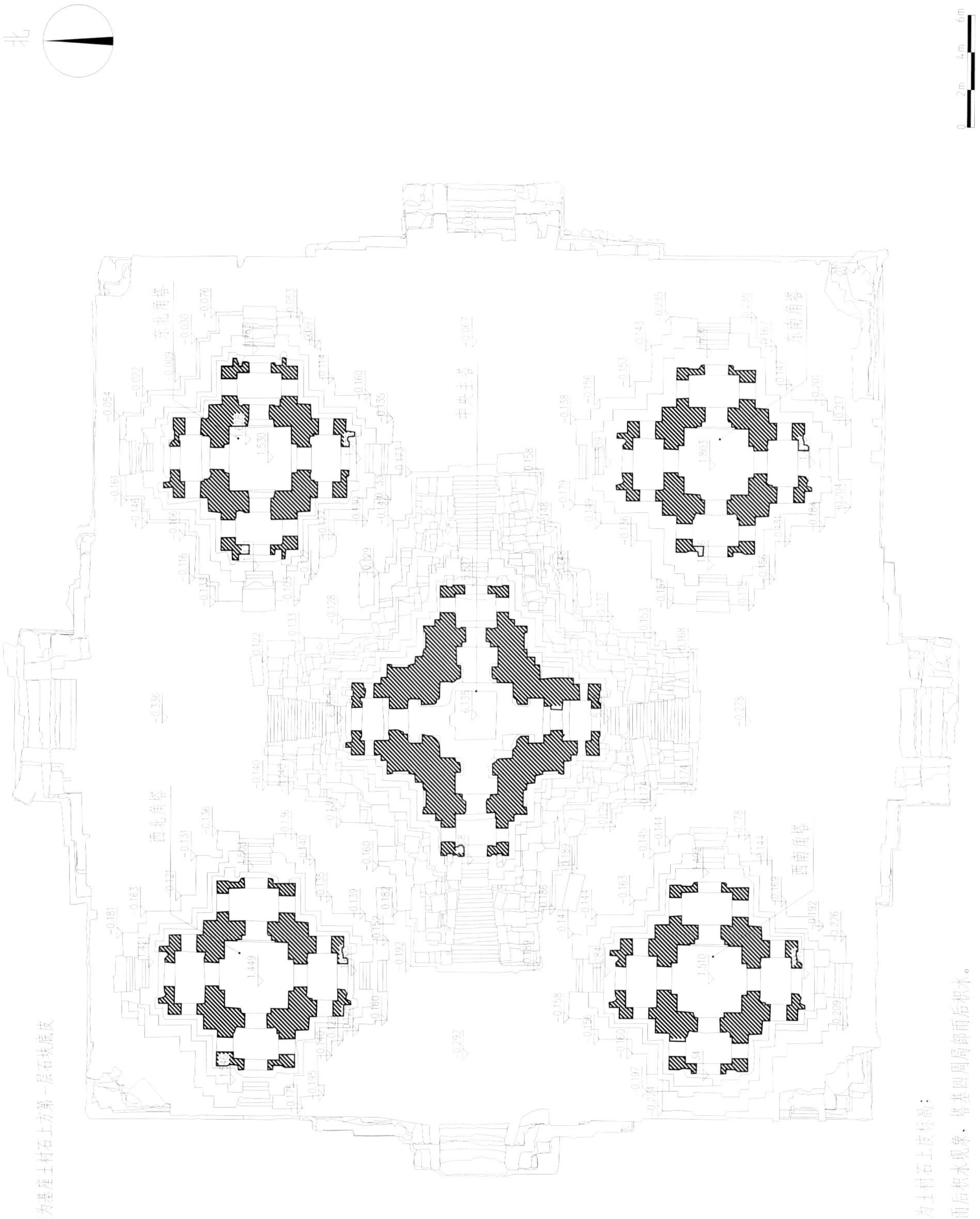

图8　庙山五塔平面现状图

注：标注相对标高测量位置为基座土衬石上方第一层石块底皮

现状说明：

1. 基座转角用标高为土衬石上皮标高；

2. 平台地面存在雨后积水现象，塔基四周局部雨后积水。

图9　庙山五塔平面竣工图

维修说明：

1. 基座转角标高为土衬石上皮标高；

2. 平台积水处沙土垫平；塔基周围积水处沙土垫高，形成散水。

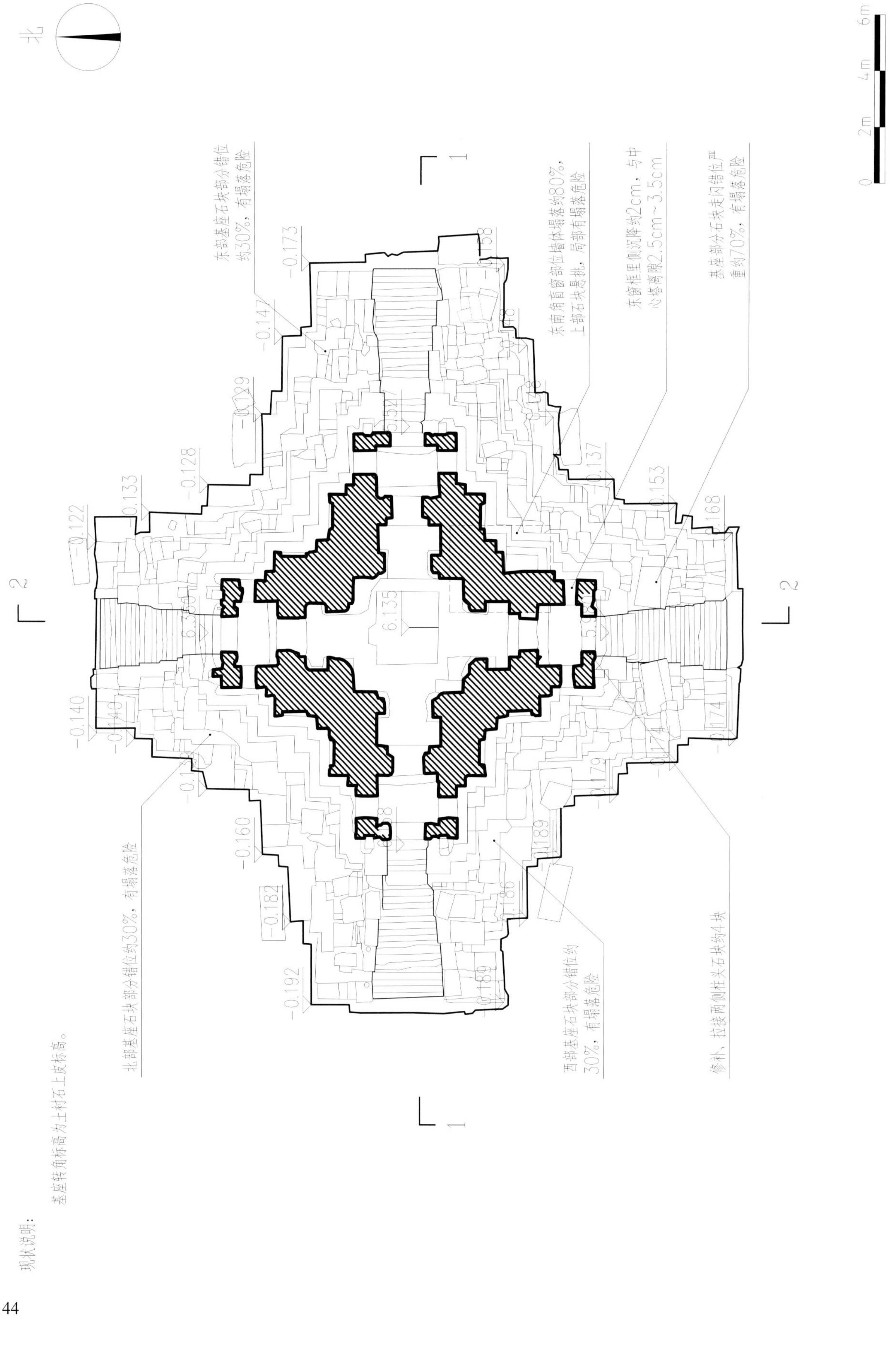
北
0
2m
4m
6m
东部基座石块部分错位约30%，有塌落危险
东南角盲窗部位墙体塌落约80%，上部石块悬挑，局部有塌落危险
东窗框里侧沉降约2cm，与中心塔离隙2.5cm~3.5cm
基座部分石块闪错位严重约70%，有塌落危险
北部基座石块部分错位约30%，有塌落危险
西部基座石块部分错位约30%，有塌落危险
修补、拉接两侧柱头石块约4块
现状说明：
基座转角标高为土衬石上皮标高。

图10　中央主塔平面现状图

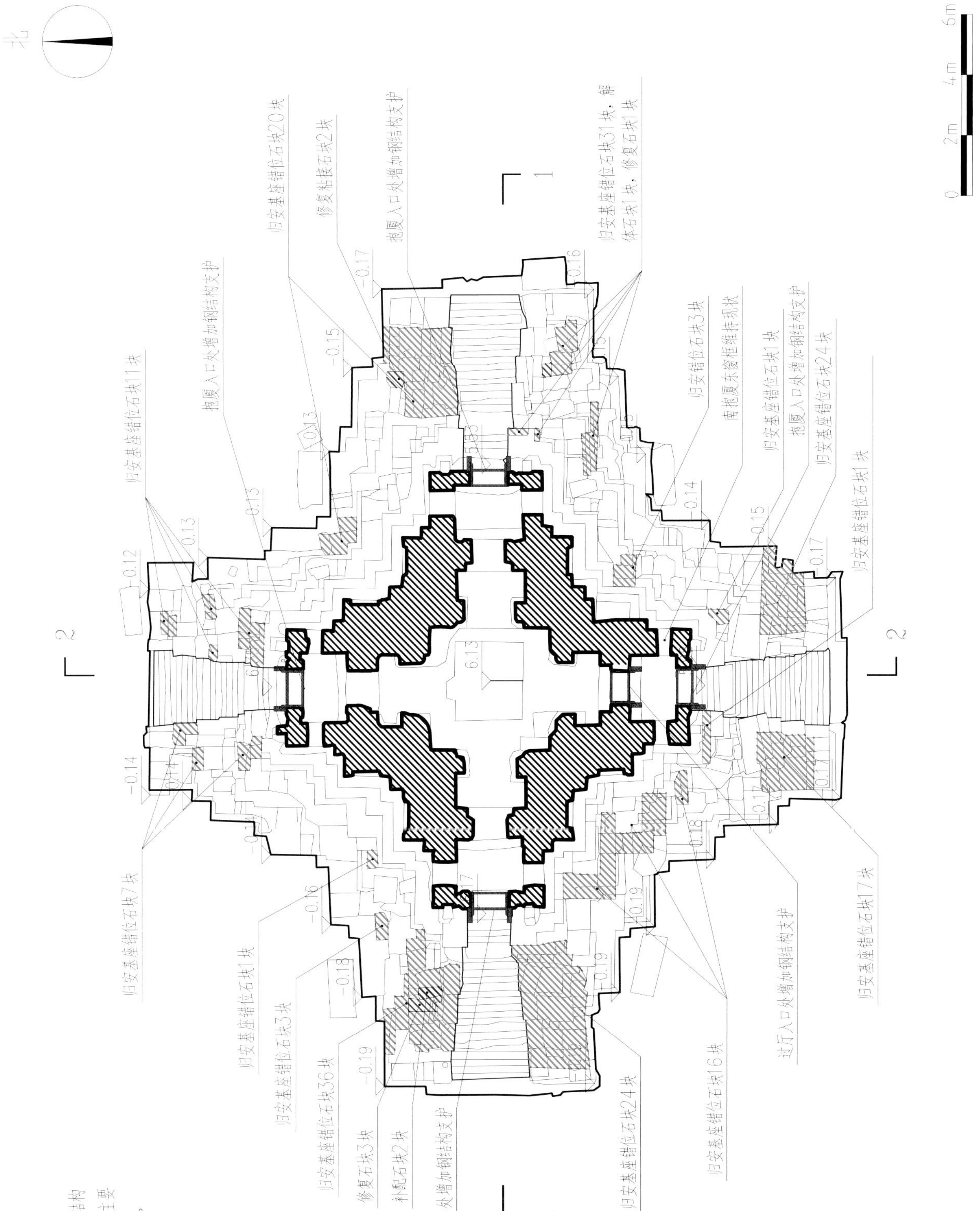

图11　中央主塔平面竣工图

维修说明：
本次工程以保证建筑结构安全为首要目标，排除建筑主要险情以及存在的不安全隐患。

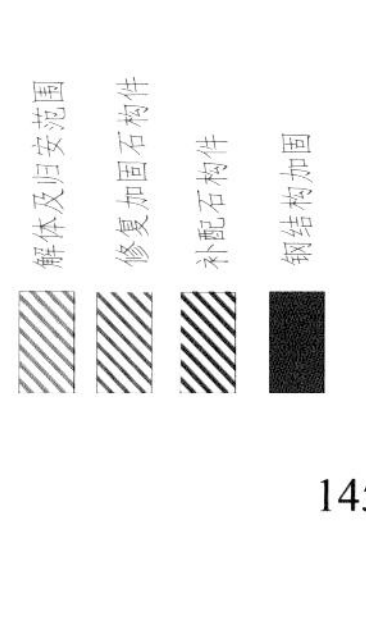

现状说明：

抱厦沉降量为该侧下窗框沉降量。

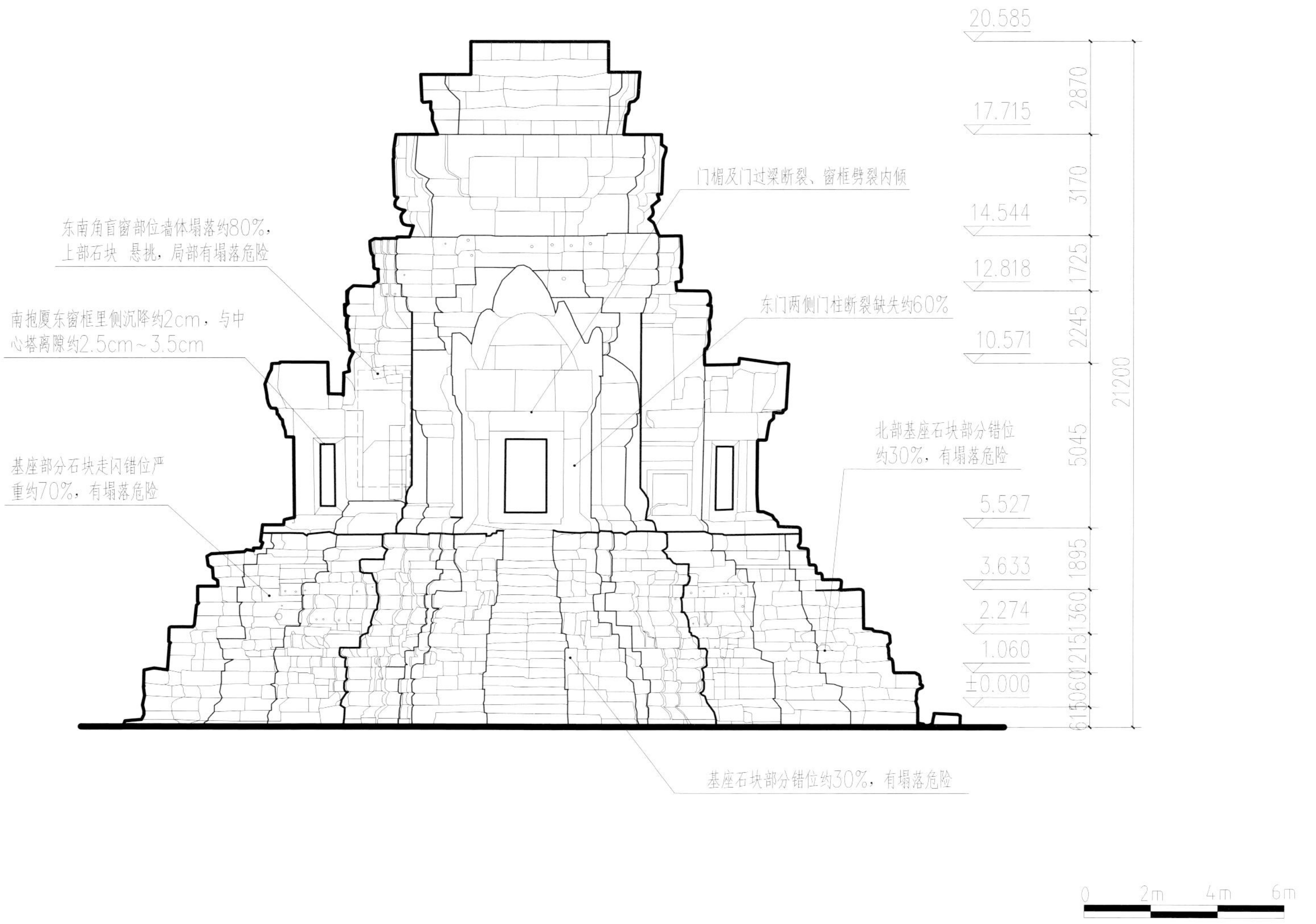

图12 中央主塔东立面现状图

维修说明：

本次工程以保证建筑结构安全为首要目标，排除建筑主要险情以及存在的安全隐患。

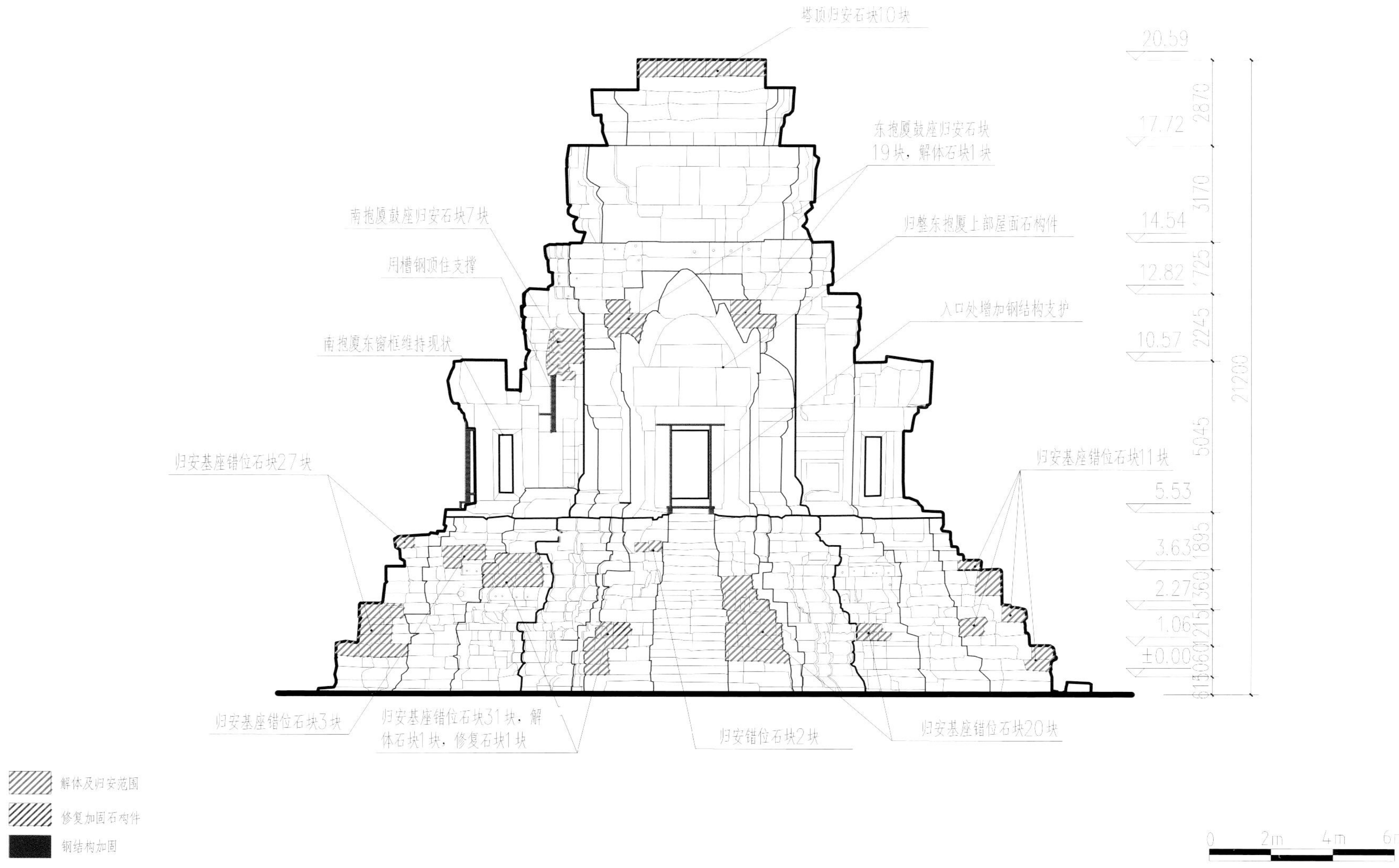

图13　中央主塔东立面竣工图

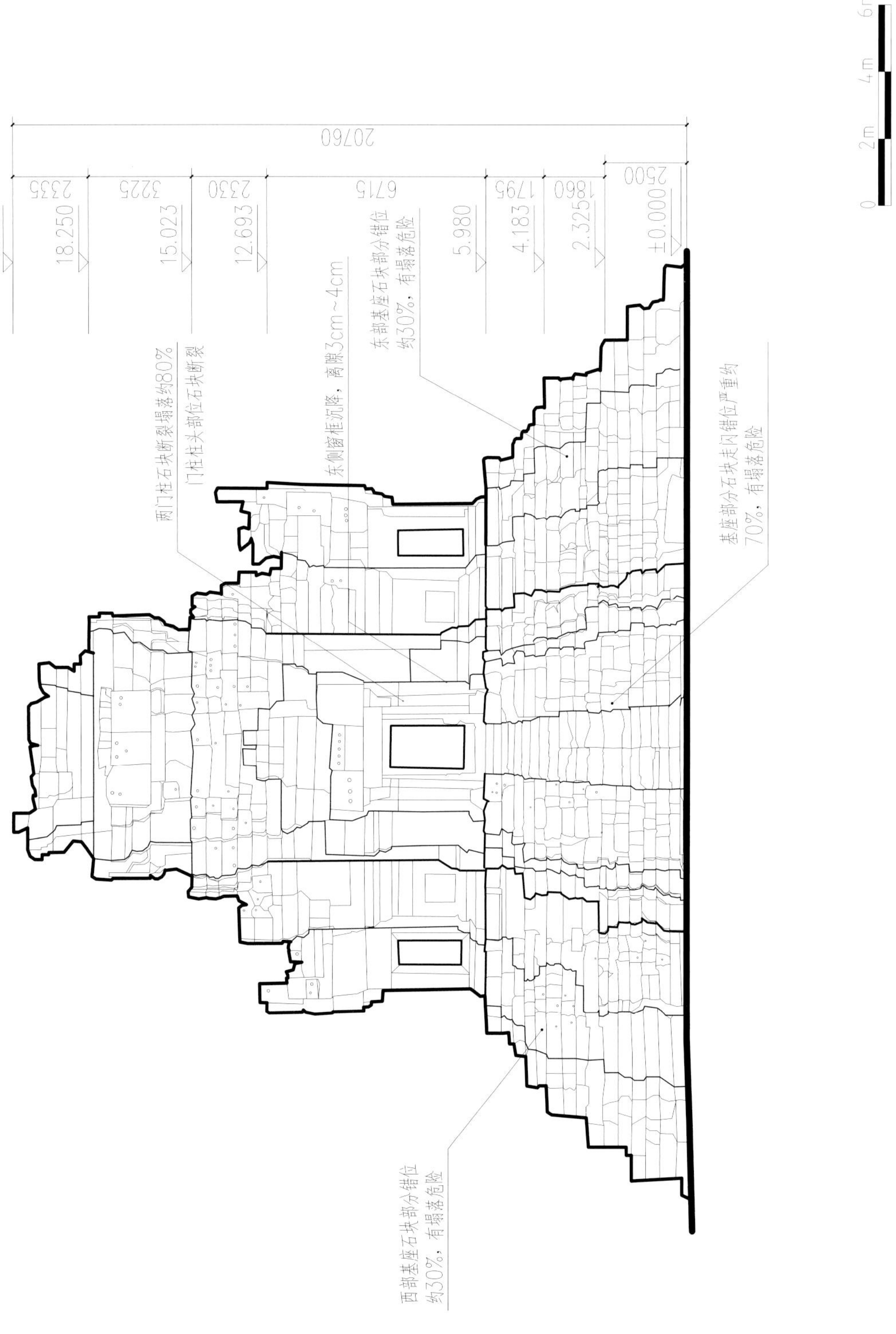

图14　中央主塔南立面现状图

现状说明：

抱厦沉降量为该侧下窗框沉降量。

维修说明：

本次工程以保证建筑结构安全为首要目标，排除建筑主要险情以及存在的安全隐患。

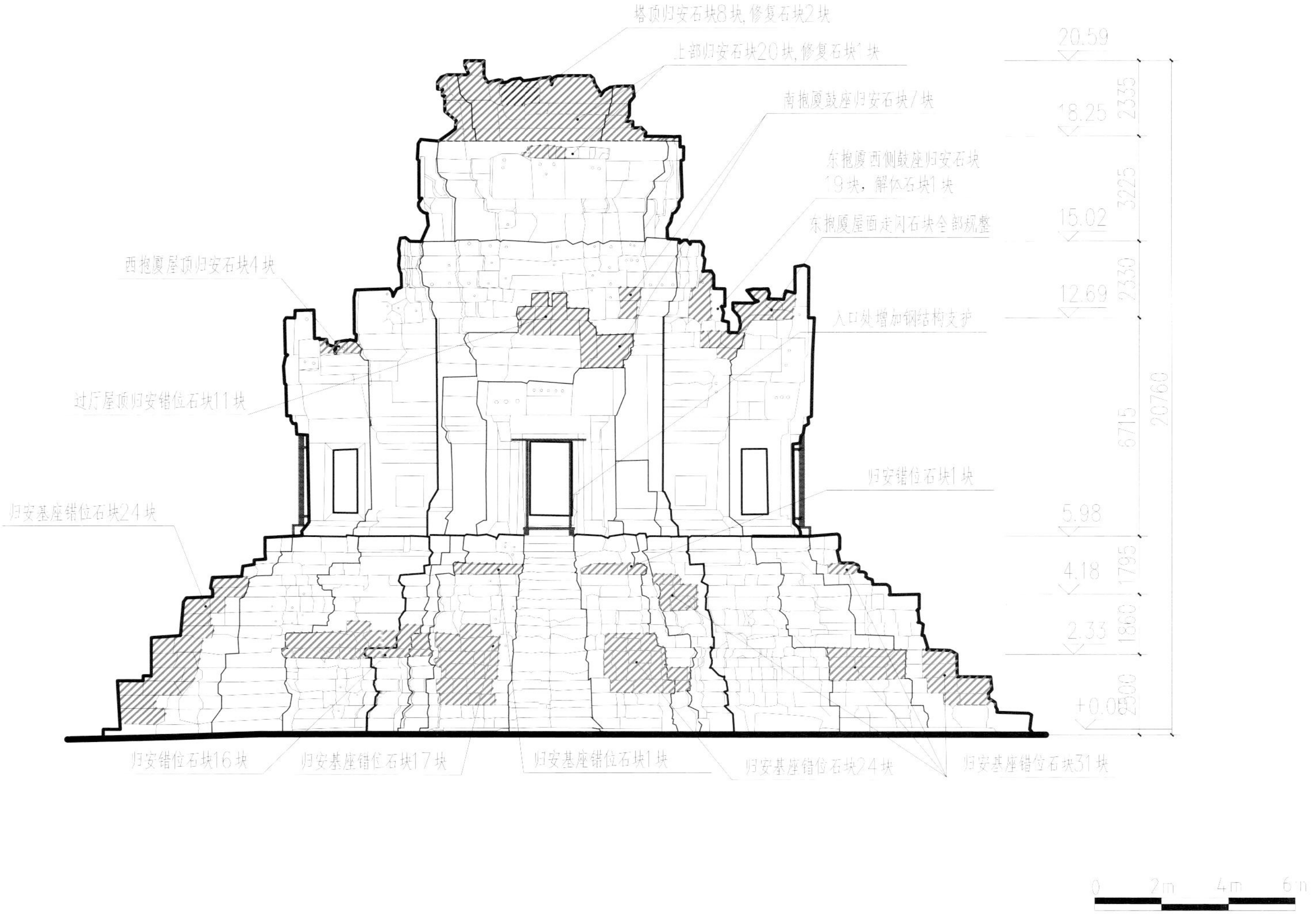

图15　中央主塔南立面竣工图

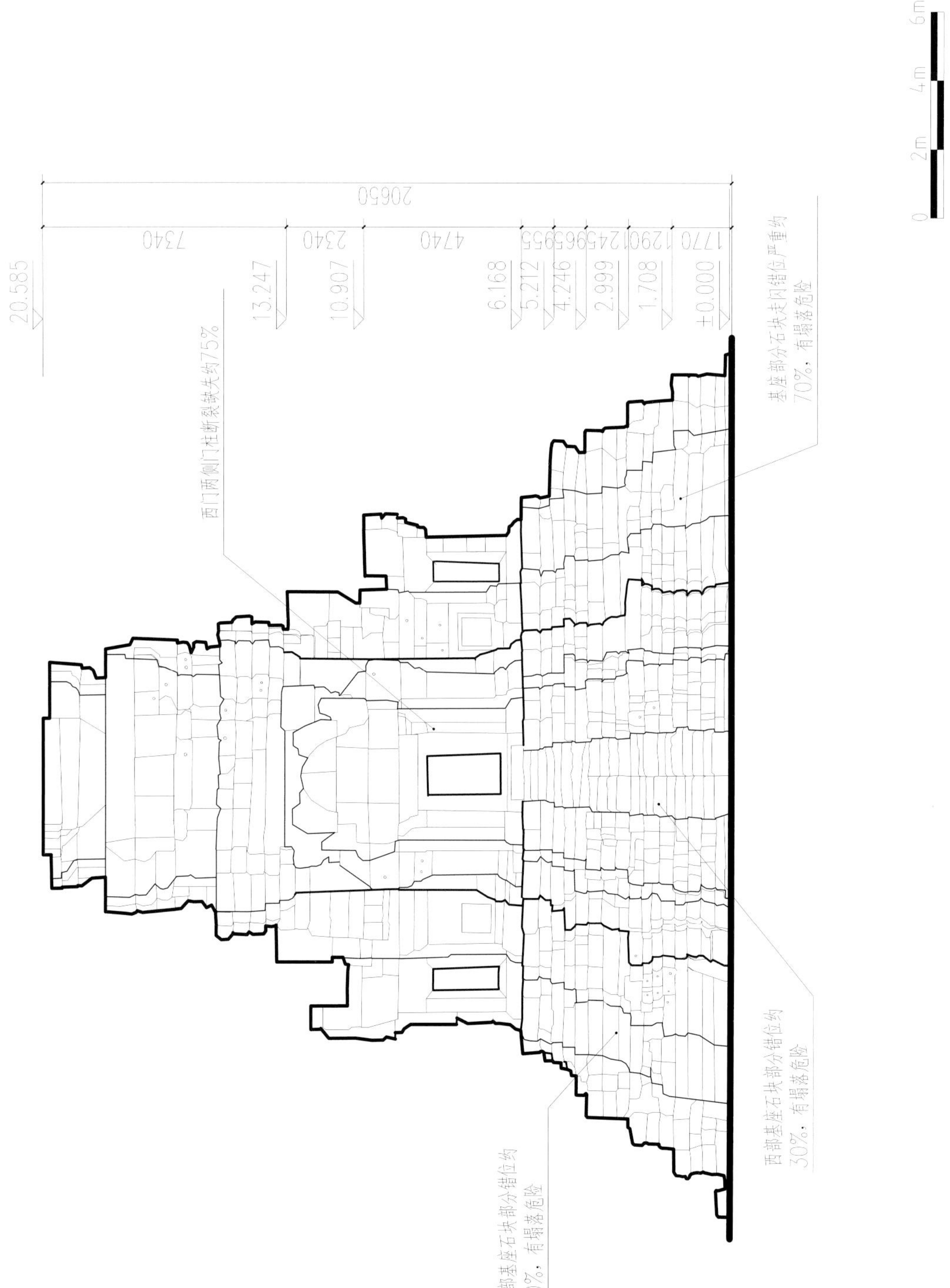

图16　中央主塔西立面现状图

维修说明：

1. 本次工程以保证建筑结构安全为首要目标，排除建筑主要险情以及存在的安全隐患；
2. 修复粘接采用蠕变性好、固化时收缩小、耐候性好、适应性强、使用方便的环氧树脂。

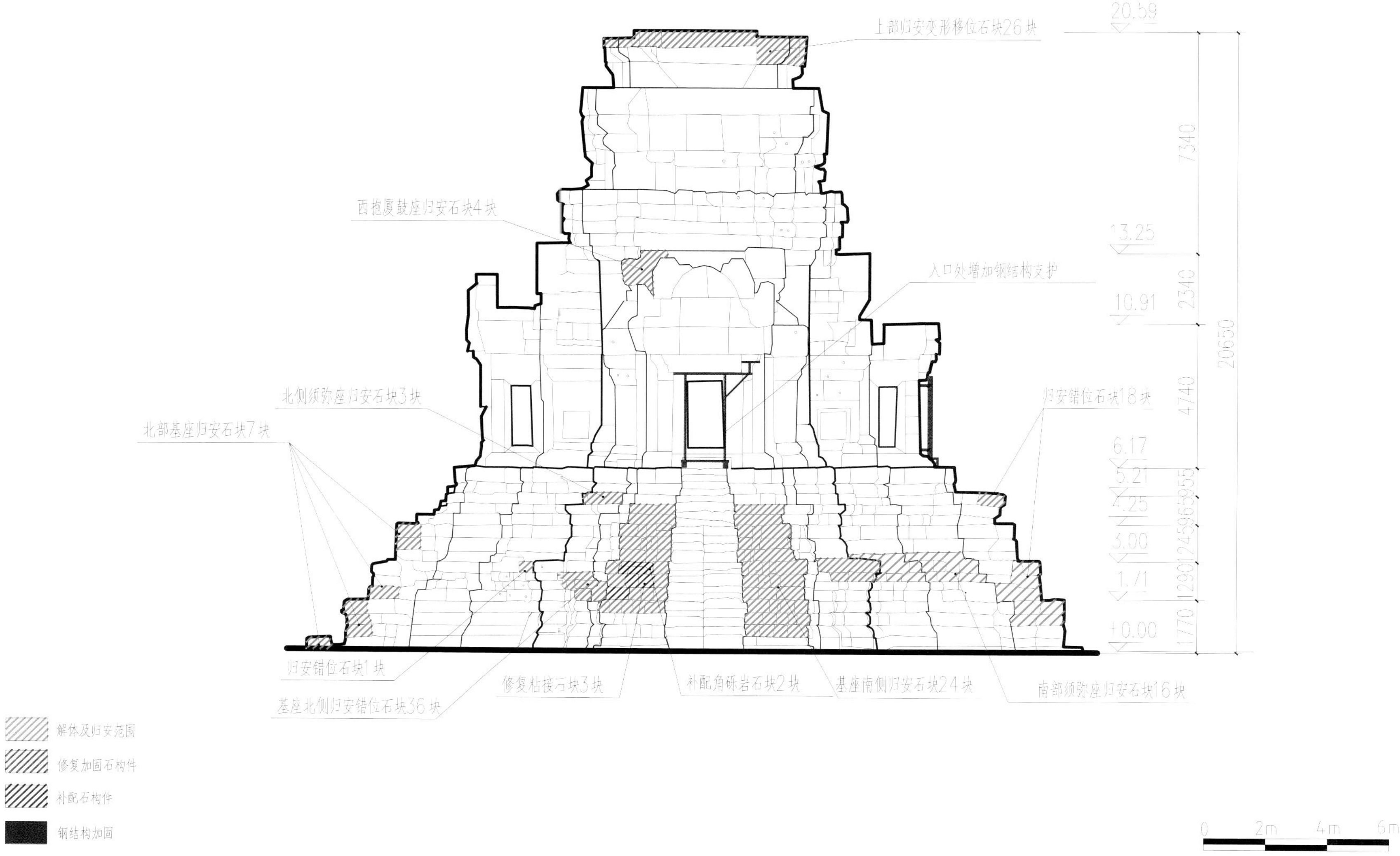

图17　中央主塔西立面竣工图

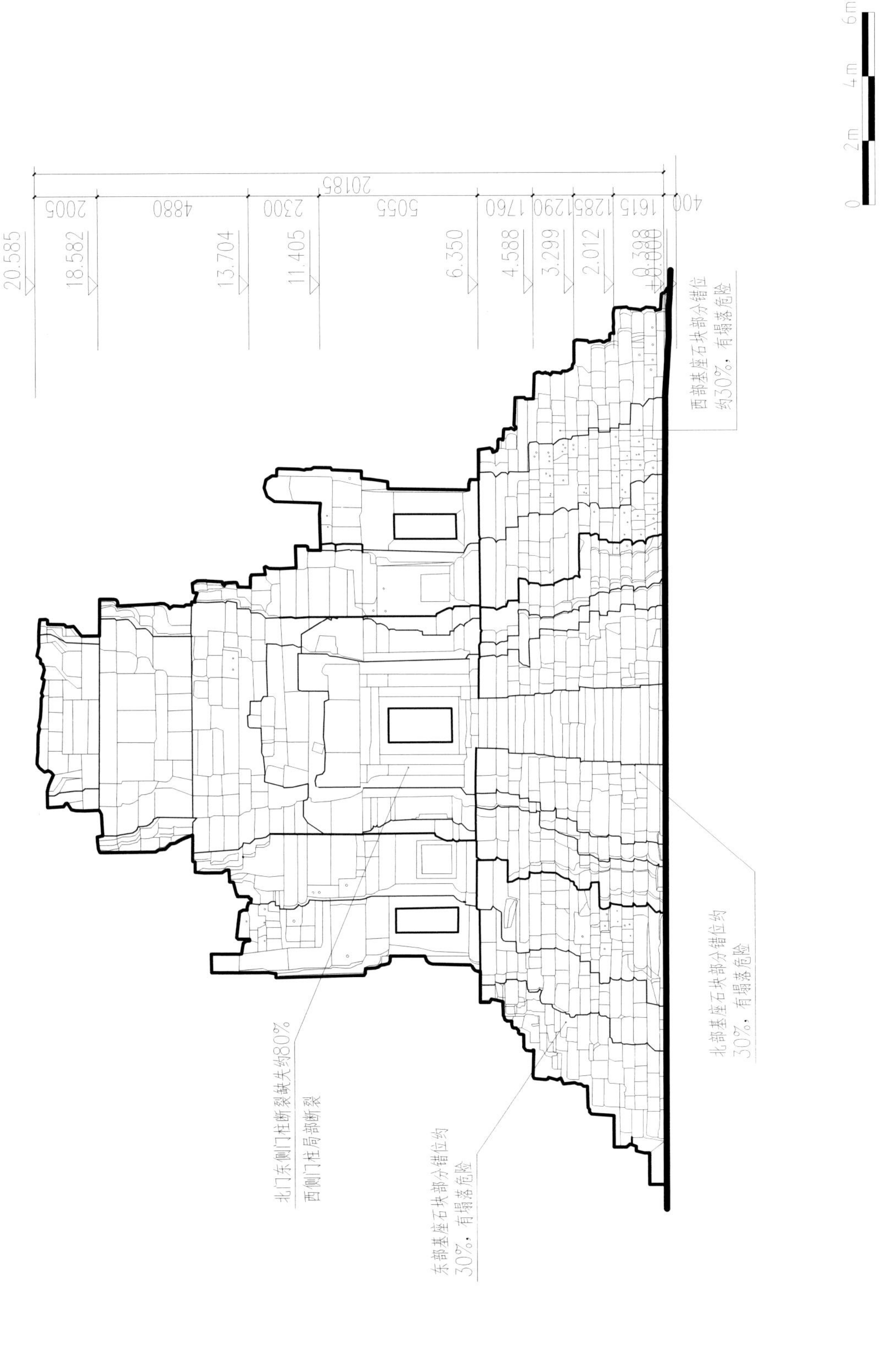

图18 中央主塔北立面现状图

维修说明：

1. 本次工程以保证建筑结构安全为首要目标，排除建筑主要险情以及存在的安全隐患；

2. 修复粘接采用蠕变性好、固化时收缩小、耐候性好、适应性强、使用方便的环氧树脂。

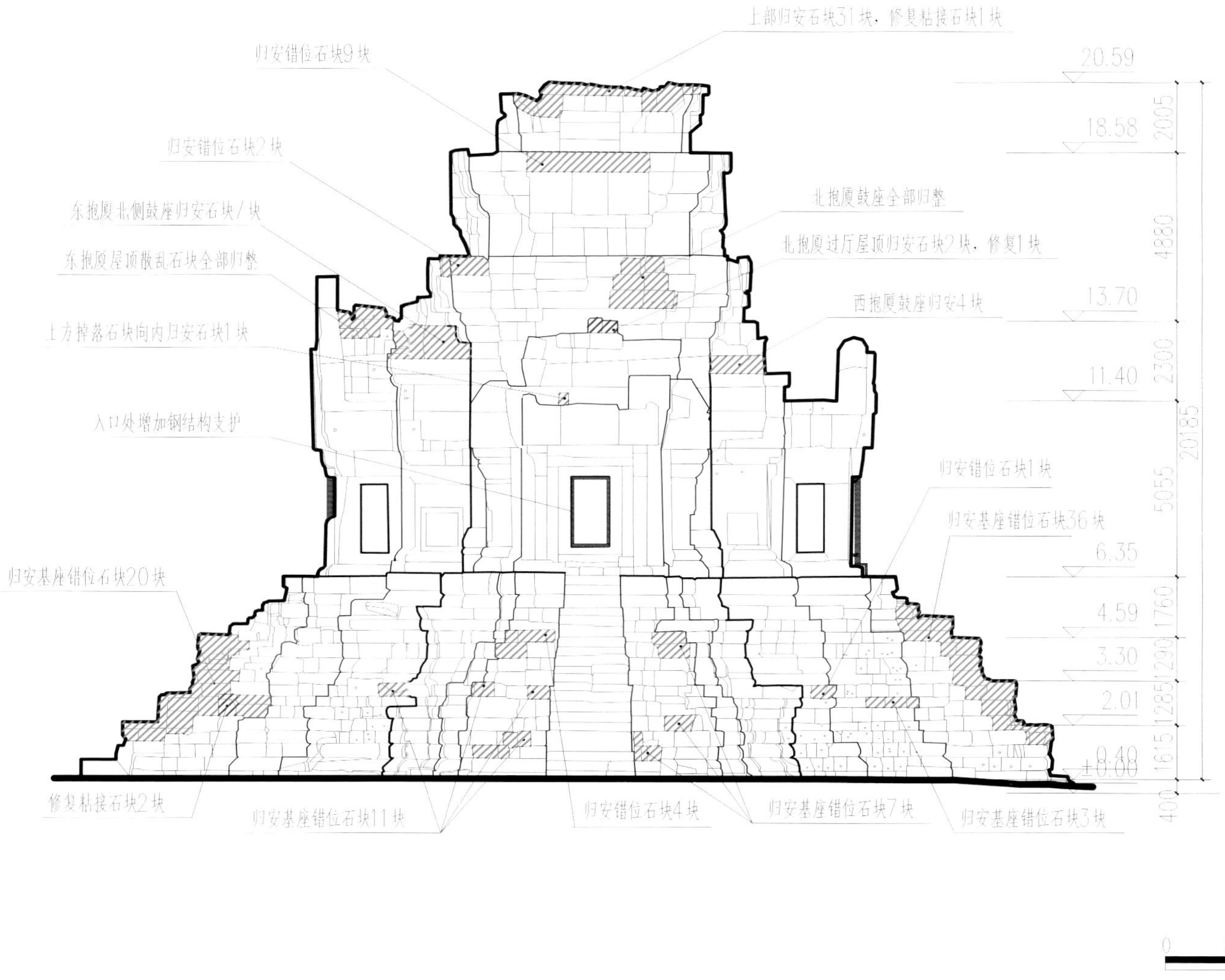

图19　中央主塔北立面竣工图

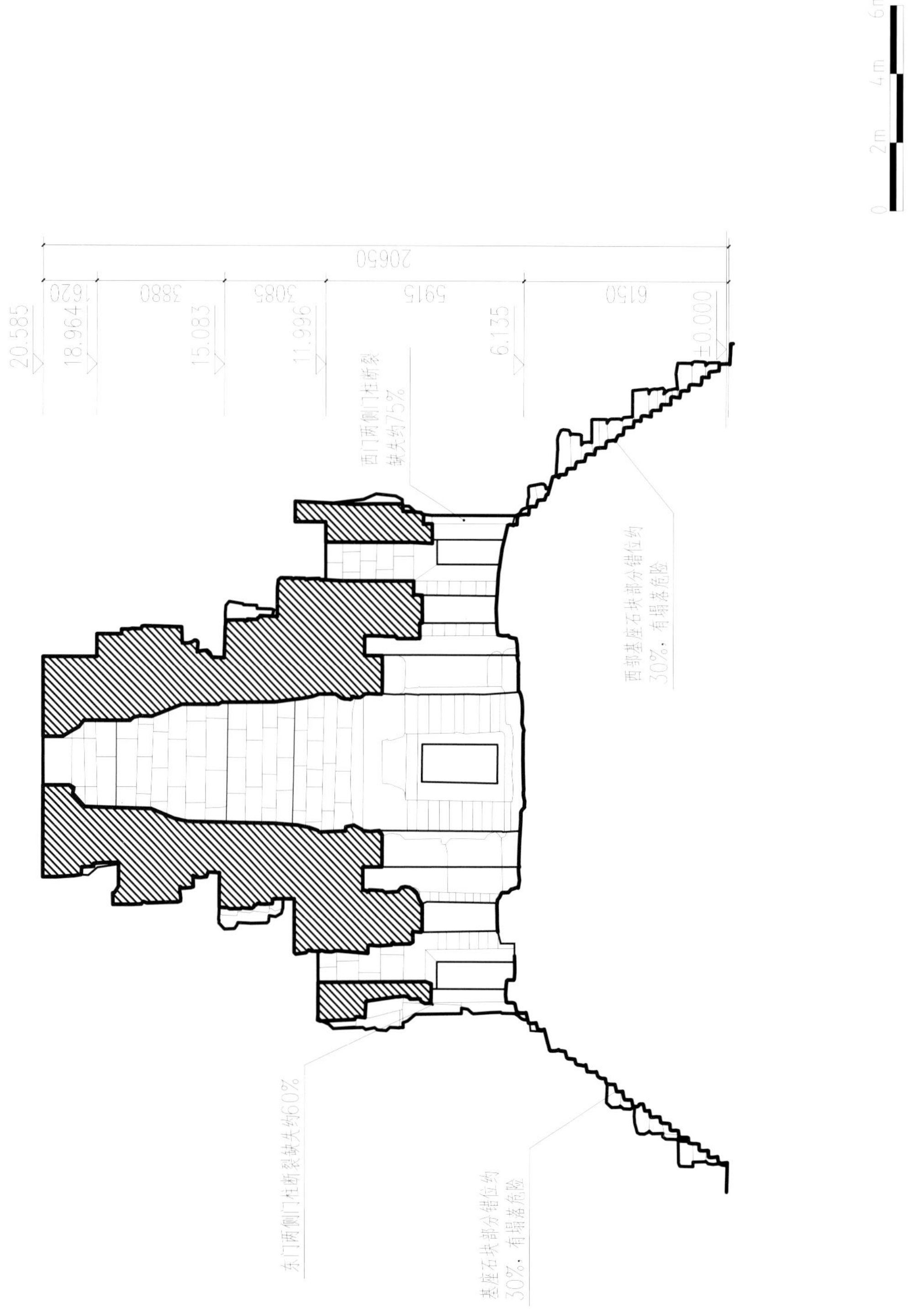

图20 中央主塔1-1剖面现状图

维修说明：

本次工程以保证建筑结构安全为首要目标，排除建筑主要险情以及存在的安全隐患。

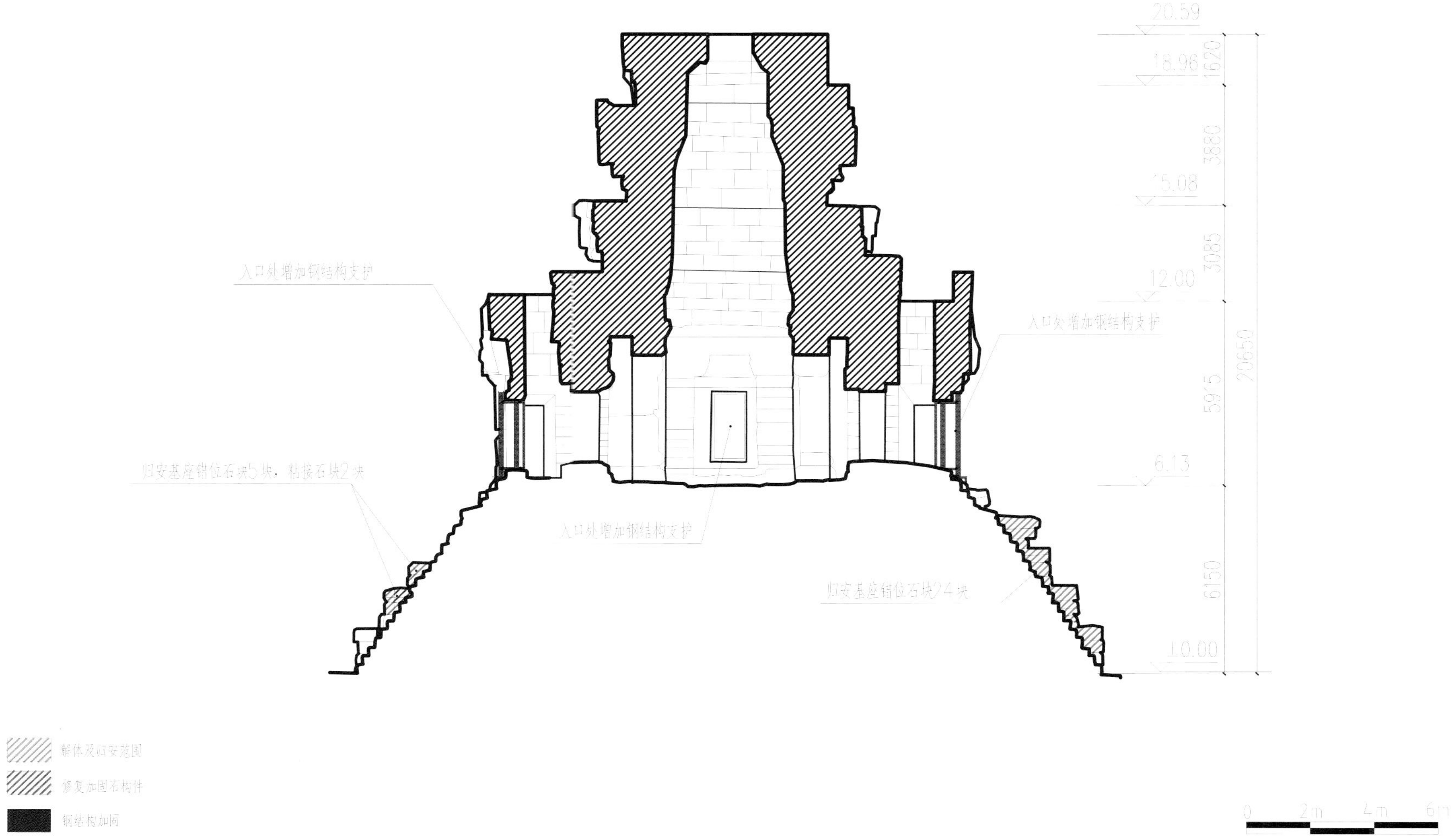

图21　中央主塔1-1剖面竣工图

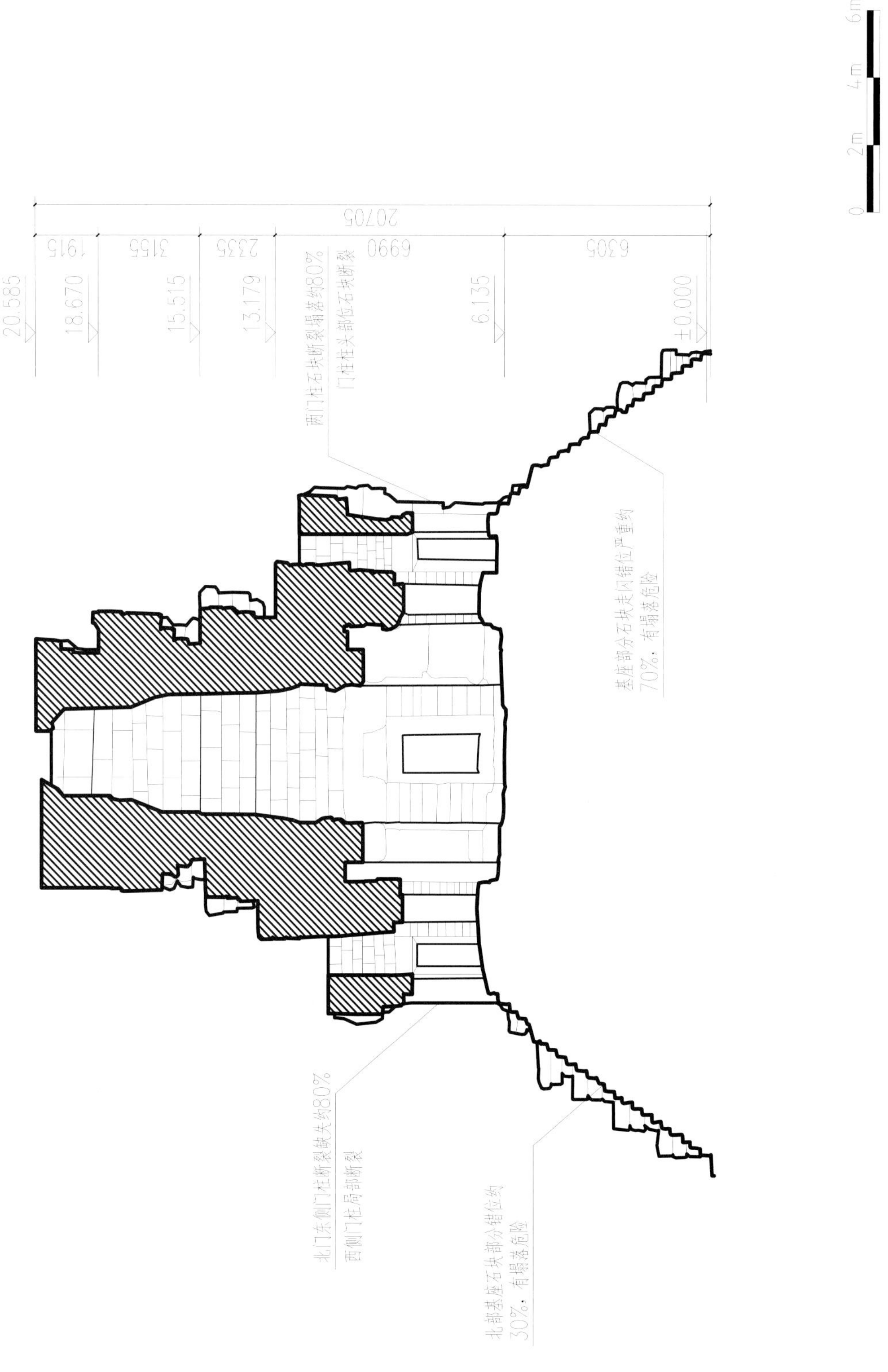
0
2m
4m
6m
20705
1915
3155
2335
6990
6305
20.585
18.670
15.515
13.179
6.135
±0.000
两门柱石块断裂塌落约80%
门柱柱头部位石块断裂
基座部分石块走闪错位严重约
70%，有塌落危险
北门东侧门柱断裂缺失约80%
西侧门柱局部断裂
北部基座石块部分错位约
30%，有塌落危险

图22　中央主塔2-2剖面现状图

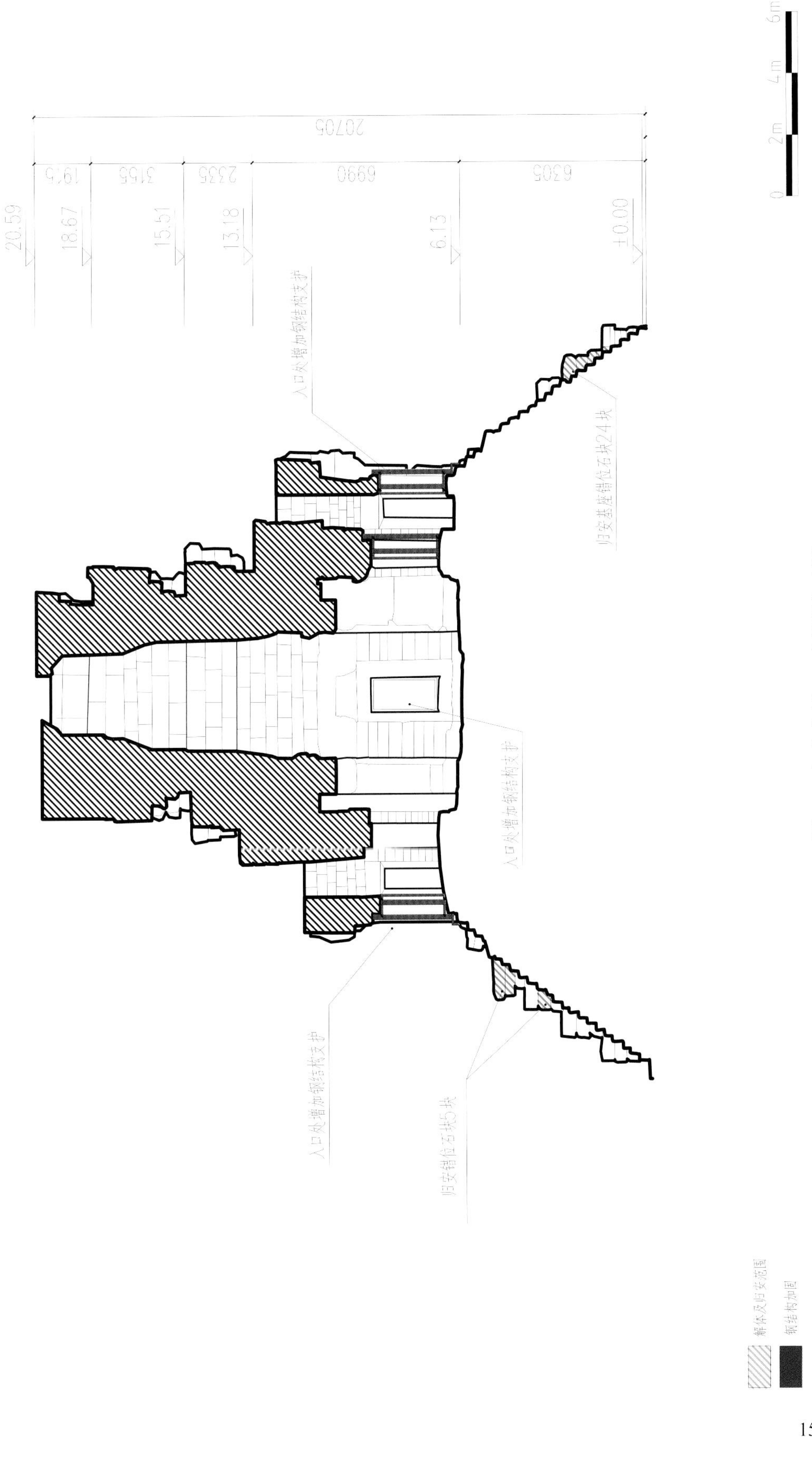

图23 中央主塔2-2剖面竣工图

维修说明：

本次工程以保证建筑结构安全为首要目标，排除建筑主要险情以及存在的安全隐患。

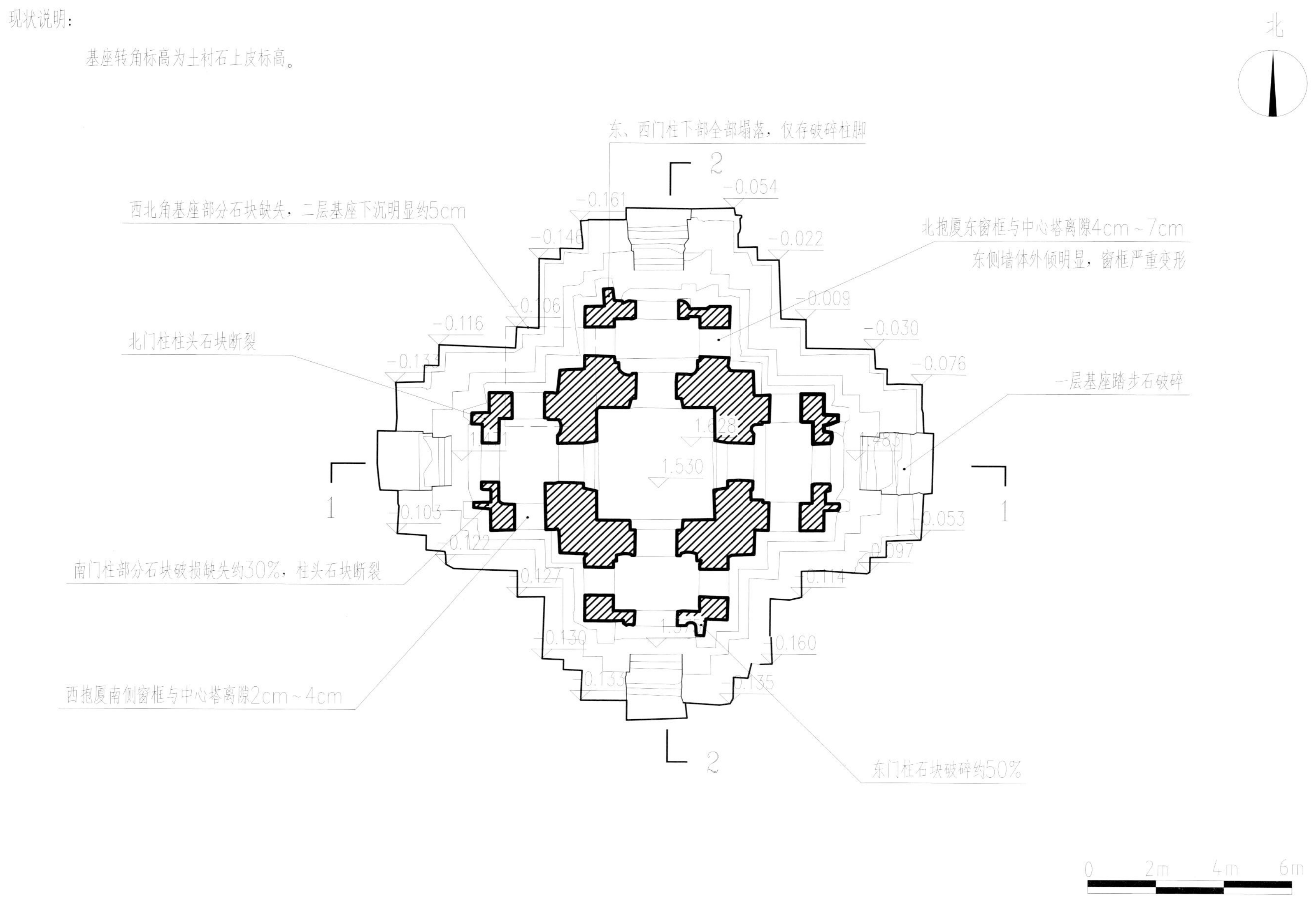
现状说明：
基座转角标高为土衬石上皮标高。
北
东、西门柱下部全部塌落，仅存破碎柱脚
西北角基座部分石块缺失，二层基座下沉明显约5cm
北抱厦东窗框与中心塔离隙4cm~7cm
东侧墙体外倾明显，窗框严重变形
北门柱柱头石块断裂
一层基座踏步石破碎
南门柱部分石块破损缺失约30%，柱头石块断裂
西抱厦南侧窗框与中心塔离隙2cm~4cm
东门柱石块破碎约50%
1
2
-0.054
-0.161
-0.022
-0.146
-0.106
-0.009
-0.116
-0.030
-0.076
1.628
1.530
-0.103
-0.053
-0.122
-0.097
-0.127
-0.114
-0.130
-0.160
-0.135
0
2m
4m
6m

图24 东北角塔平面现状图

维修说明：

本次工程以保证建筑结构安全为首要目标，排除建筑主要险情以及存在的安全隐患。

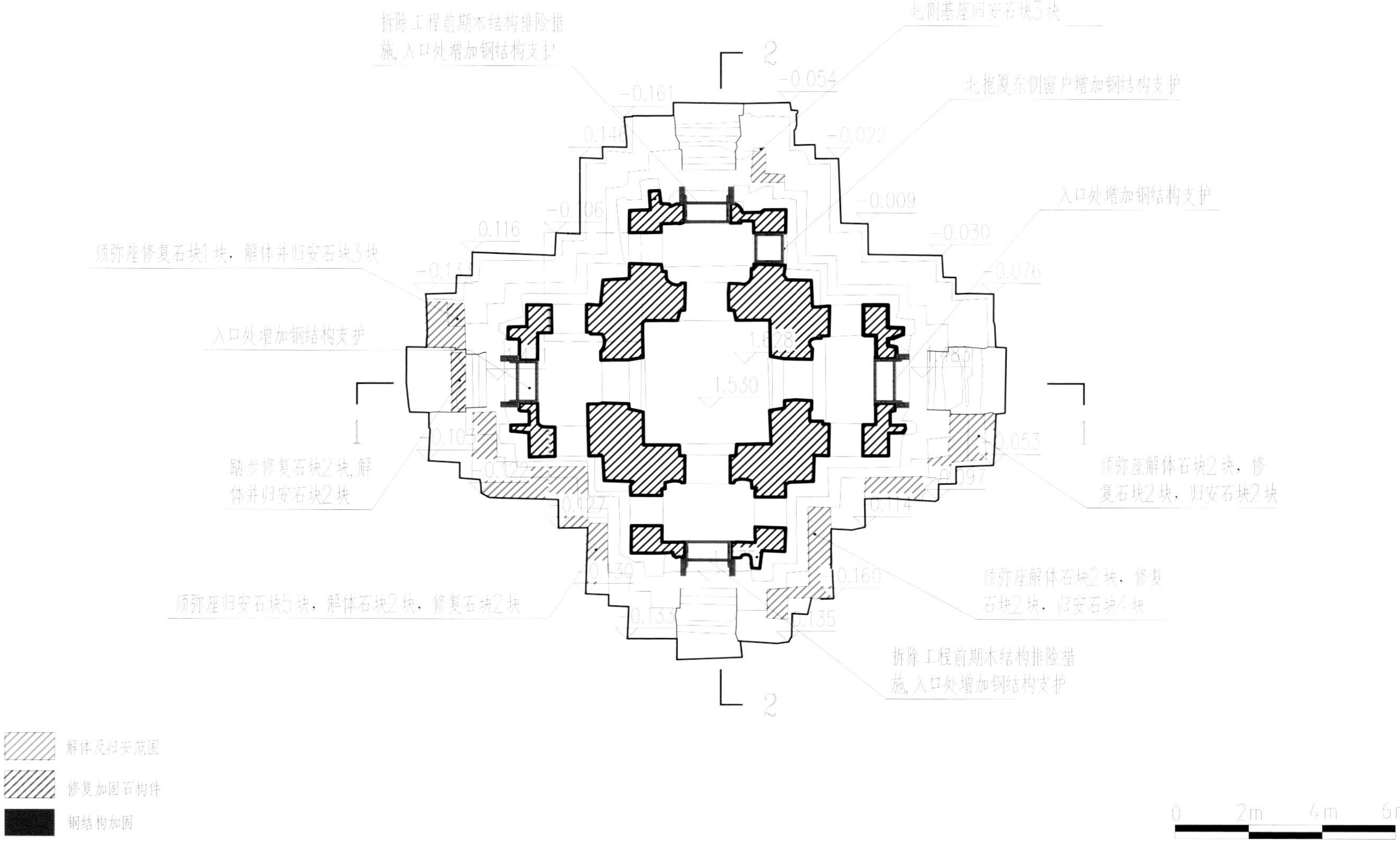

图25 东北角塔平面竣工图

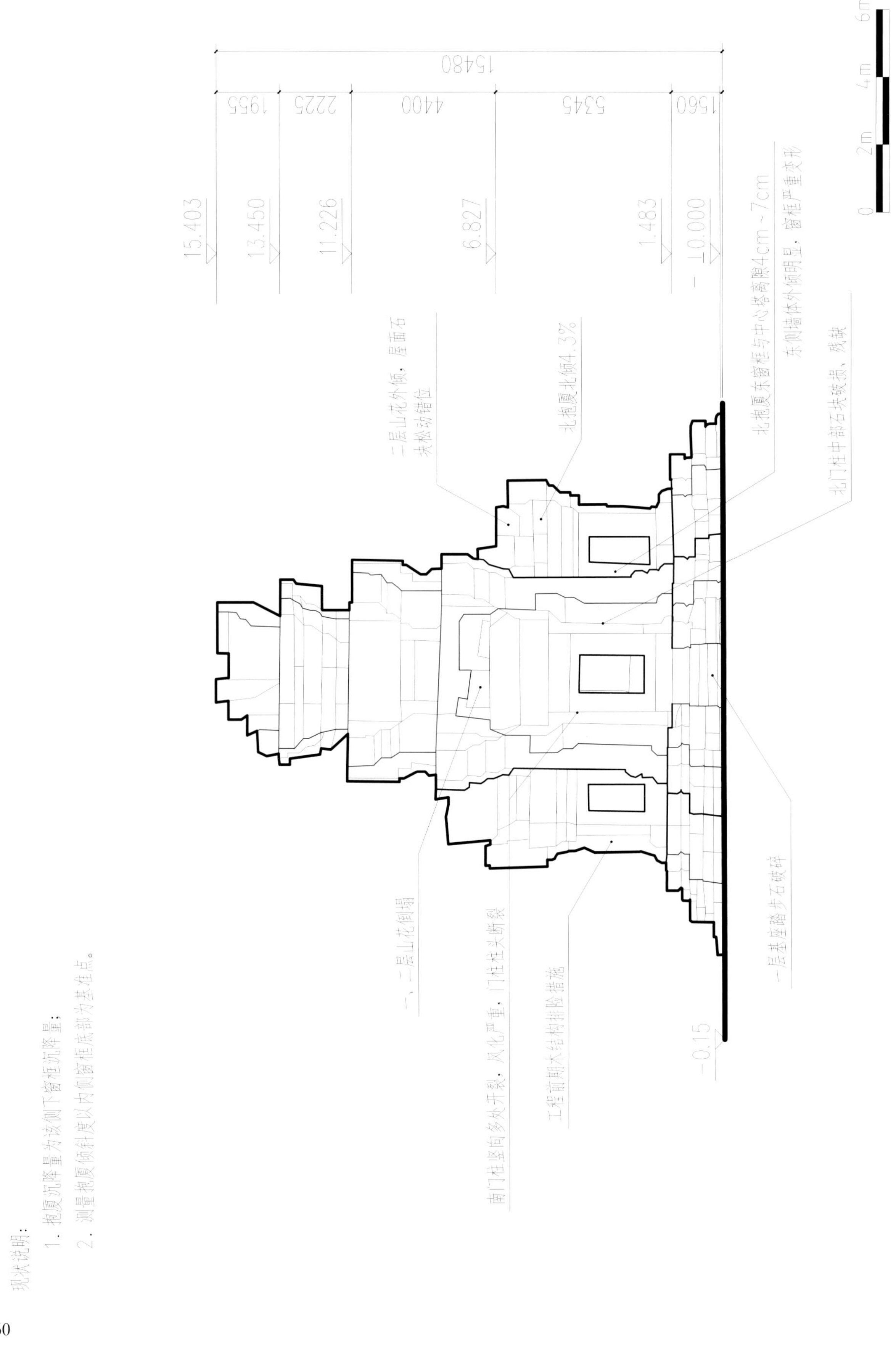
15480
1955
2225
4400
5345
1560
15.403
13.450
11.226
6.827
1.483
±0.000
-0.15
0
2m
4m
6m
二层山花外倾，屋面石块松动错位
北抱厦北倾4.3%
北抱厦东窗框与中心塔离隙4cm~7cm
东侧墙体外倾明显，窗框严重变形
北门柱中部石块破损，残缺
一、二层山花倒塌
南门柱竖向多处开裂，风化严重，门柱柱头断裂
工程前期木结构排险措施
一层基座踏步石破碎
现状说明：
1. 抱厦沉降量为该侧下窗框沉降量；
2. 测量抱厦倾斜度以内侧窗框底部为基准点。

图26 东北角塔东立面现状图

维修说明：

1. 本次工程以保证建筑结构安全为首要目标，排除建筑主要险情以及存在的安全隐患；
2. 修复粘接采用蠕变性好、固化时收缩小、耐候性好、适应性强、使用方便的环氧树脂。

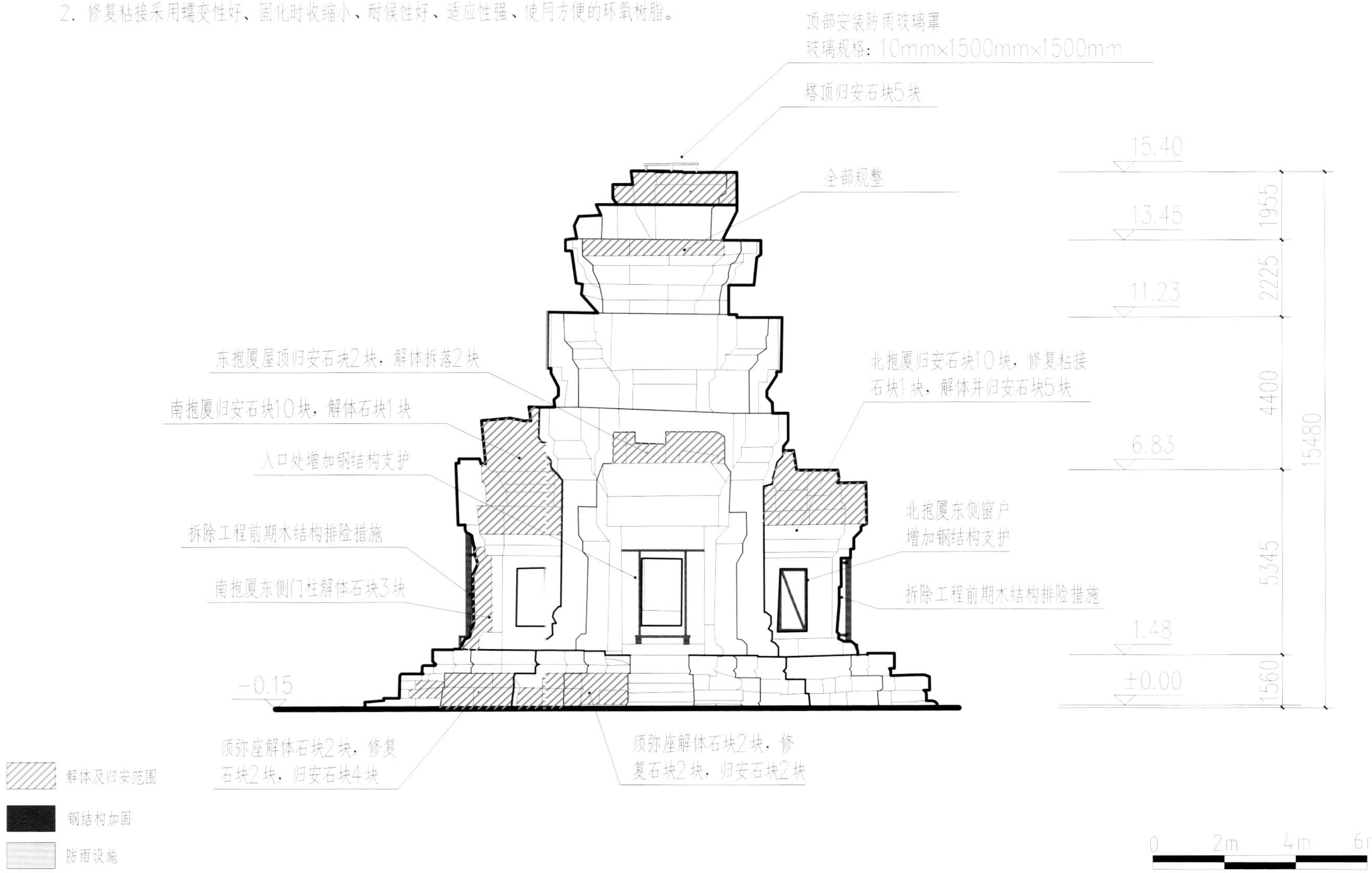

图27 东北角塔东立面竣工图

现状说明：

1. 抱厦沉降量为该侧下窗框沉降量；

2. 测量抱厦倾斜度以内侧窗框底部为基准点。

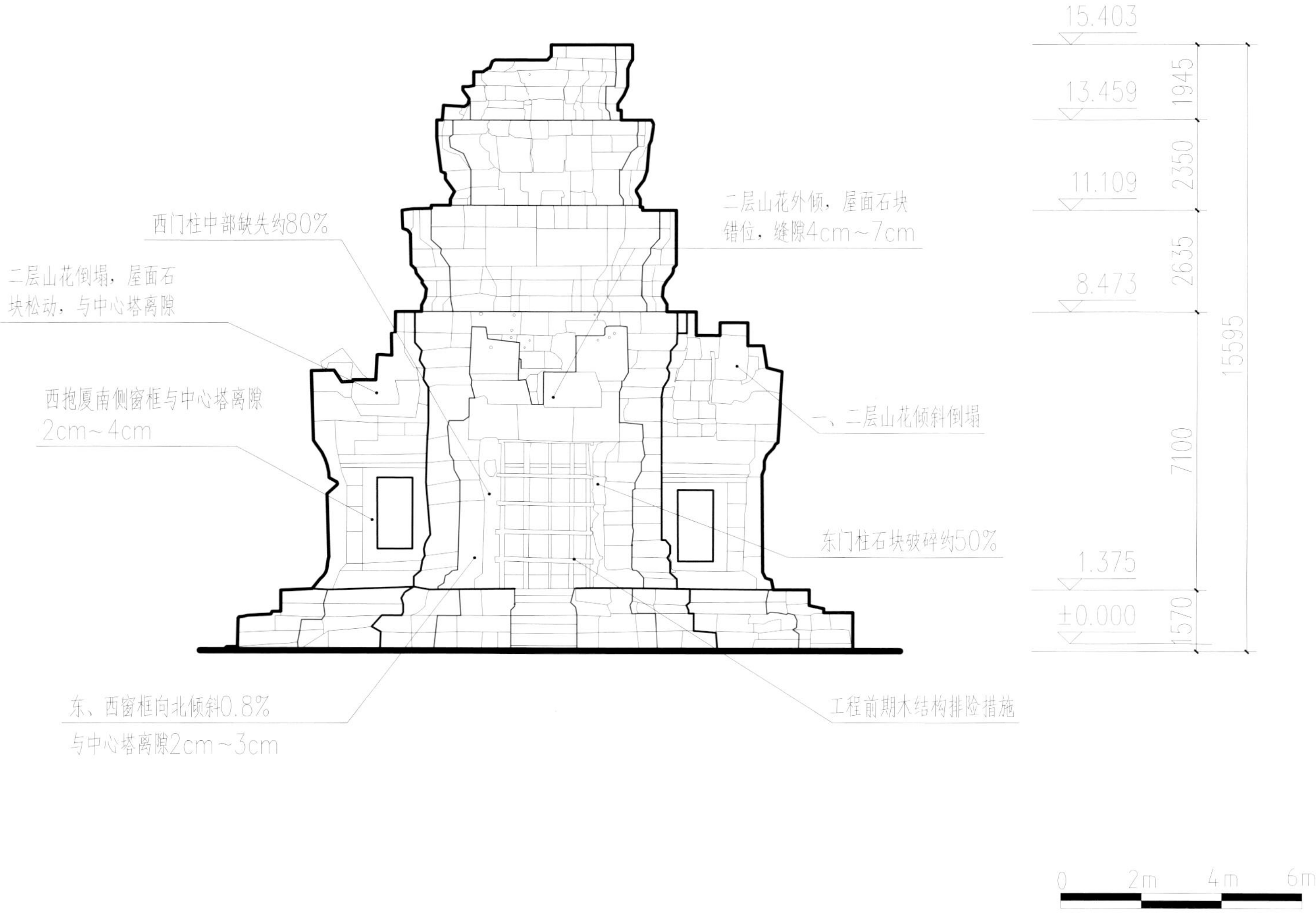

图28　东北角塔南立面现状图

维修说明：

1. 本次工程以保证建筑结构安全为首要目标，排除建筑主要险情以及存在的安全隐患；
2. 石块拉接采用植入Φ16钢筋锚固拉接方式，石块之间采用扒钩拉接；
3. 修复粘接采用蠕变性好、固化时收缩小、耐候性好、适应性强、使用方便的环氧树脂。

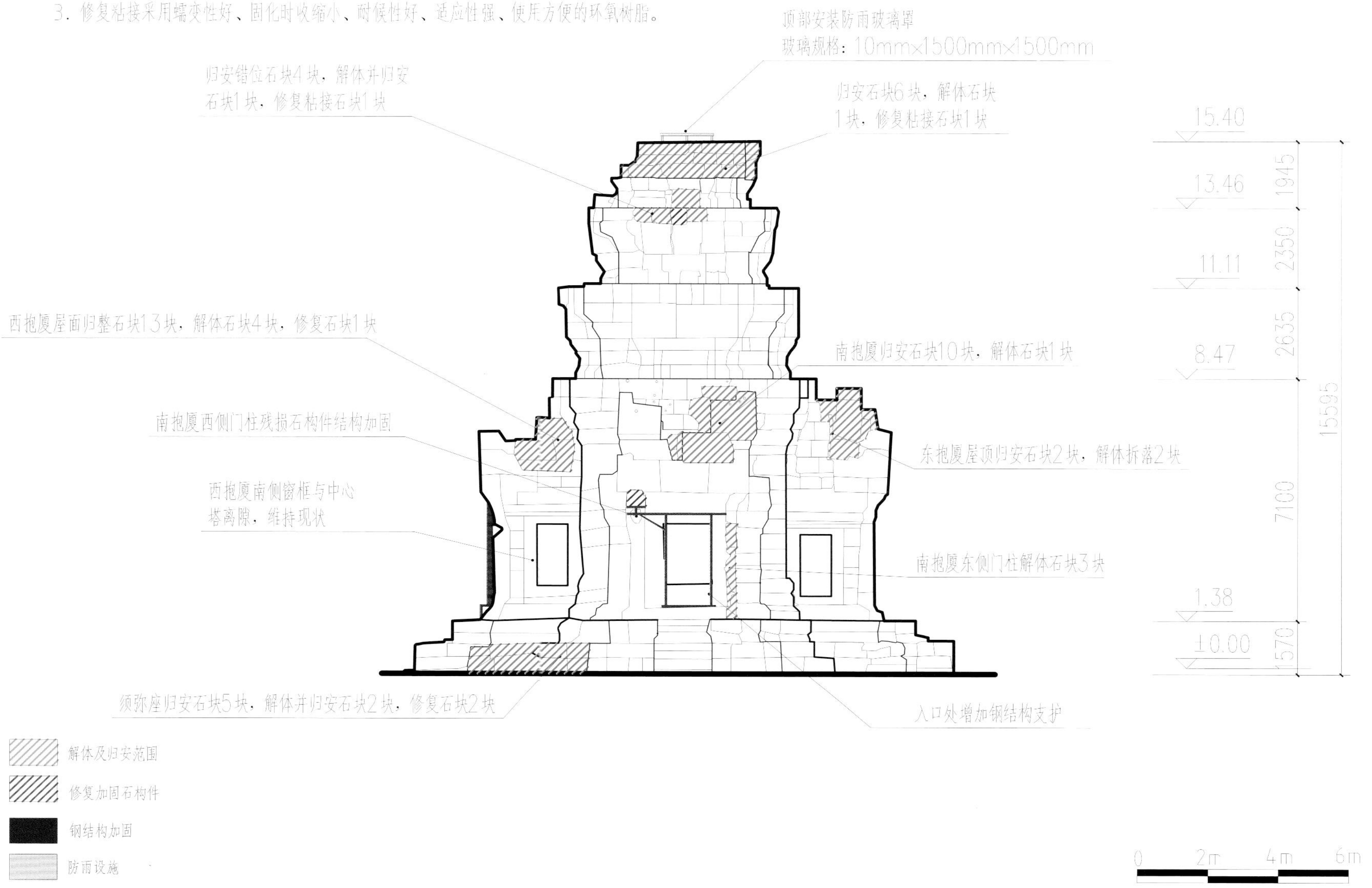

图29　东北角塔南立面竣工图

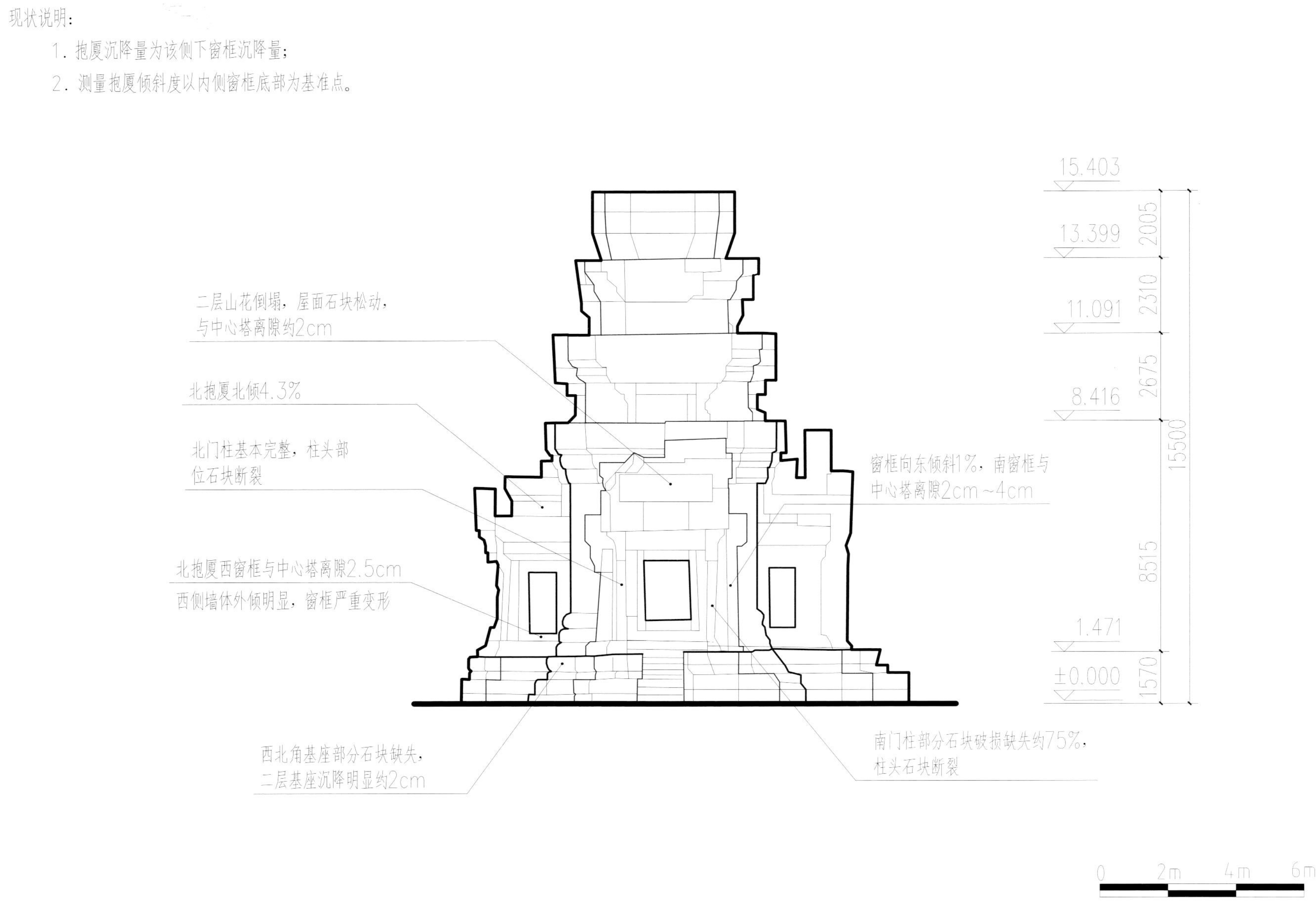
现状说明：
1. 抱厦沉降量为该侧下窗框沉降量；
2. 测量抱厦倾斜度以内侧窗框底部为基准点。
二层山花倒塌，屋面石块松动，
与中心塔离隙约2cm
北抱厦北倾4.3%
北门柱基本完整，柱头部
位石块断裂
北抱厦西窗框与中心塔离隙2.5cm
西侧墙体外倾明显，窗框严重变形
西北角基座部分石块缺失，
二层基座沉降明显约2cm
窗框向东倾斜1%，南窗框与
中心塔离隙2cm~4cm
南门柱部分石块破损缺失约75%，
柱头石块断裂
15.403
13.399
11.091
8.416
1.471
±0.000
2005
2310
2675
8515
1570
15500
0
2m
4m
6m

图30　东北角塔西立面现状图

维修说明：

1. 本次工程以保证建筑结构安全为首要目标，排除建筑主要险情以及存在的安全隐患；

2. 修复粘接采用蠕变性好、固化时收缩小、耐候性好、适应性强、使用方便的环氧树脂。

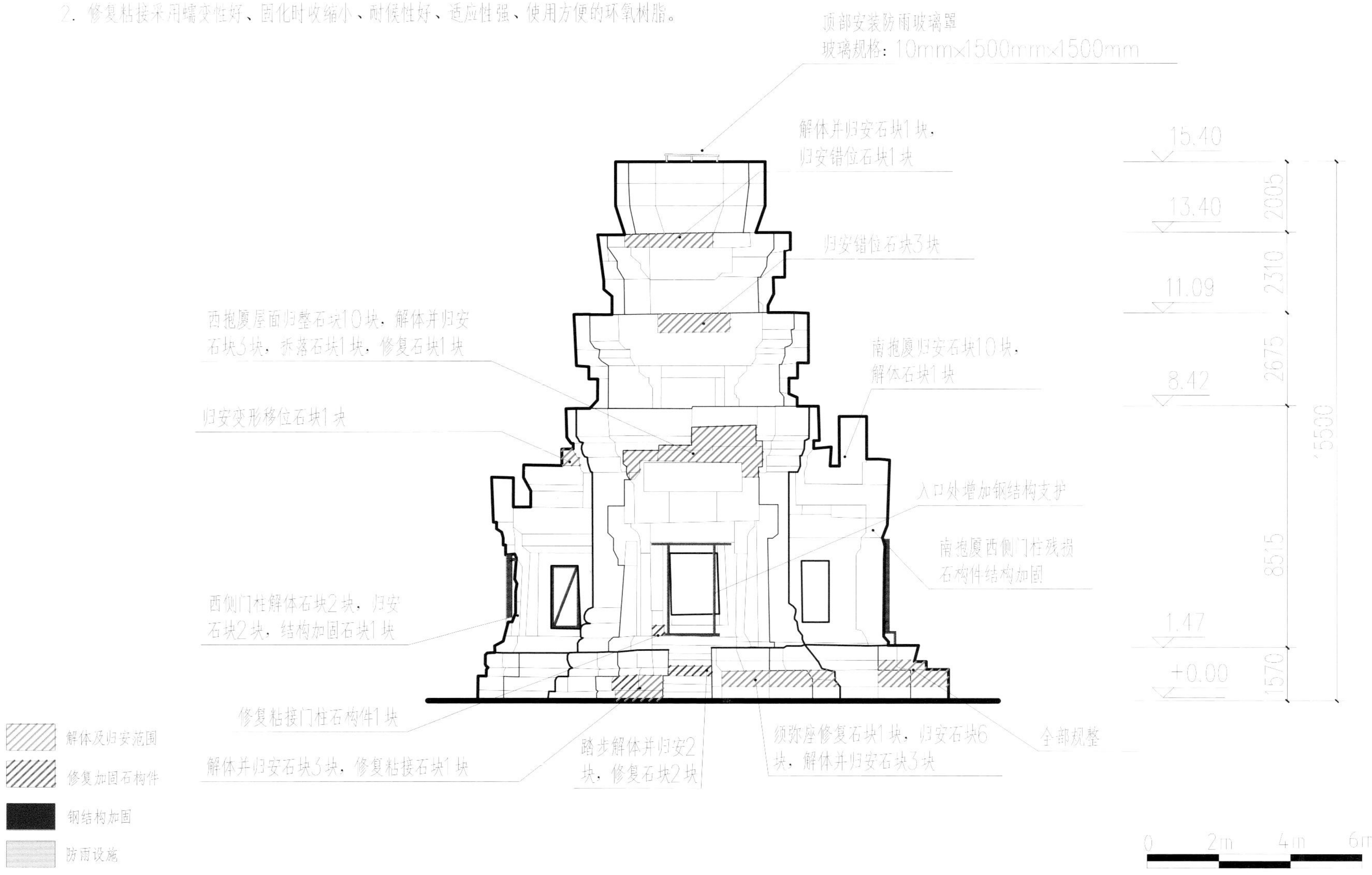

图31　东北角塔西立面竣工图

现状说明：

1. 抱厦沉降量为该侧下窗框沉降量；
2. 测量抱厦倾斜度以内侧窗框底部为基准点。

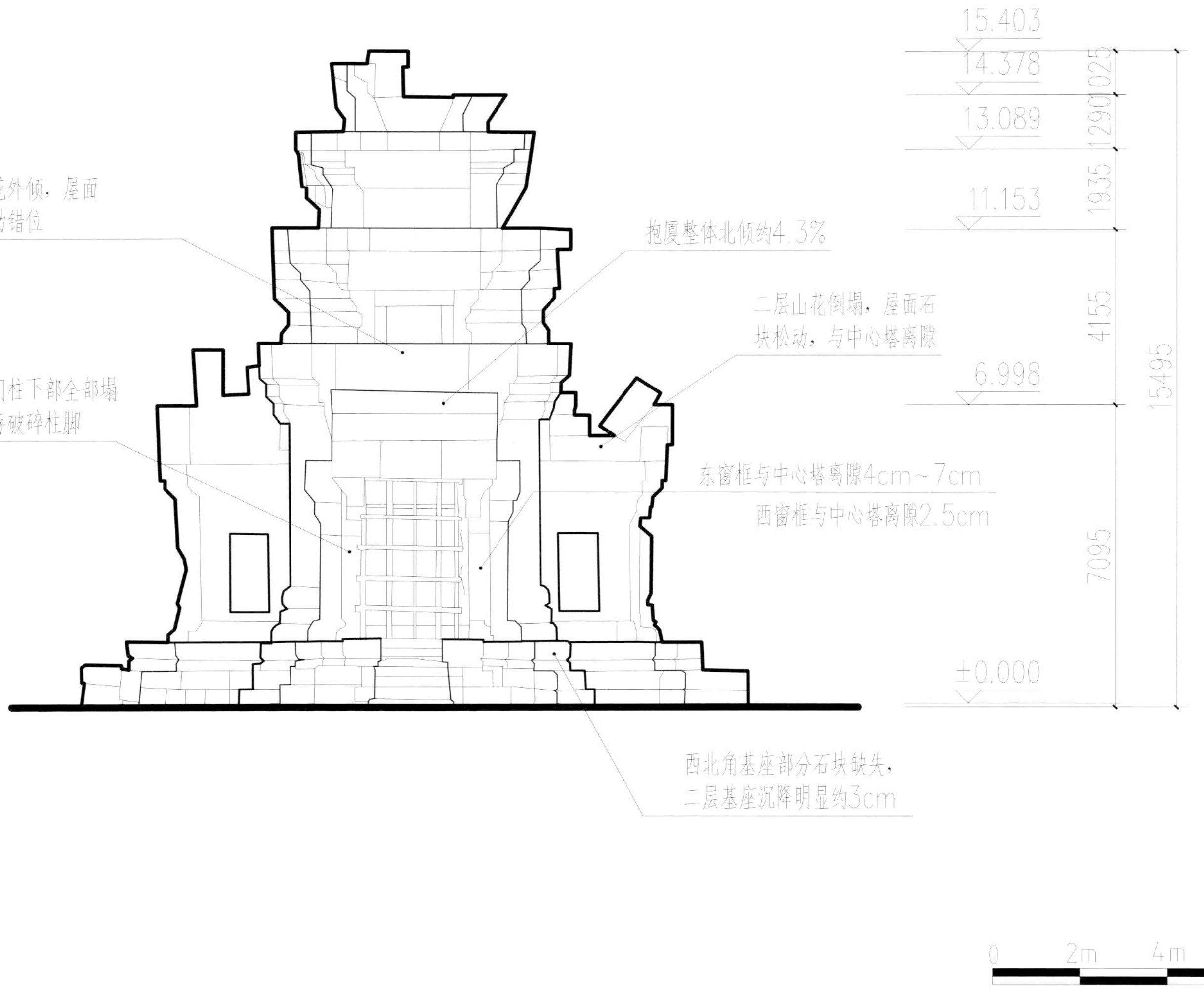
二层山花外倾，屋面石块松动错位
东、西门柱下部全部塌落，仅存破碎柱脚
6m

图32　东北角塔北立面现状图

维修说明：

1. 本次工程以保证建筑结构安全为首要目标，排除建筑主要险情以及存在的安全隐患；

2. 石块拉接采用植入Φ16钢筋锚固拉接方式，石块之间采用扒钩拉接。

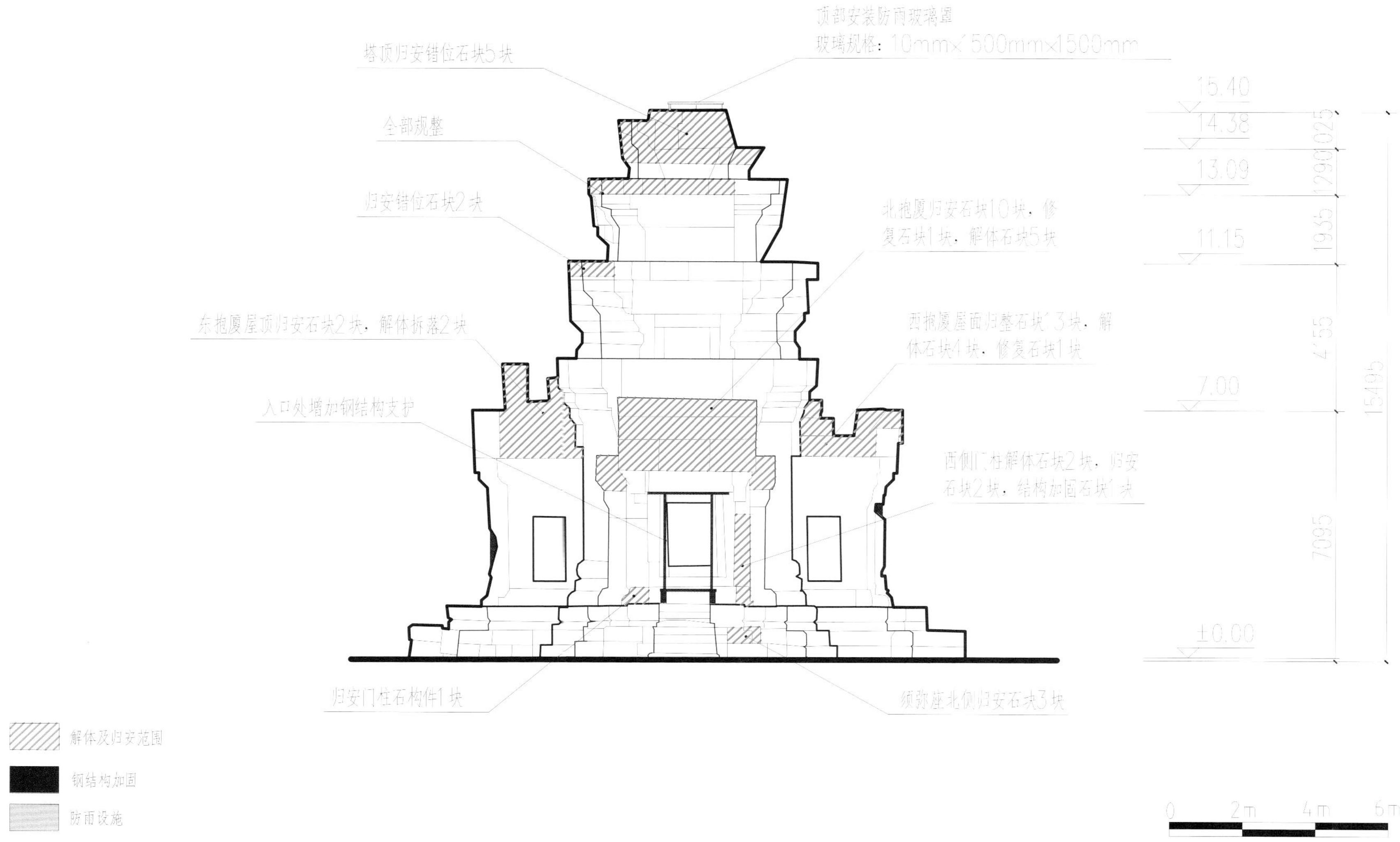

图33　东北角塔北立面竣工图

现状说明：

1．抱厦沉降量为该侧下窗框沉降量；

2．测量抱厦倾斜度以内侧窗框底部为基准点。

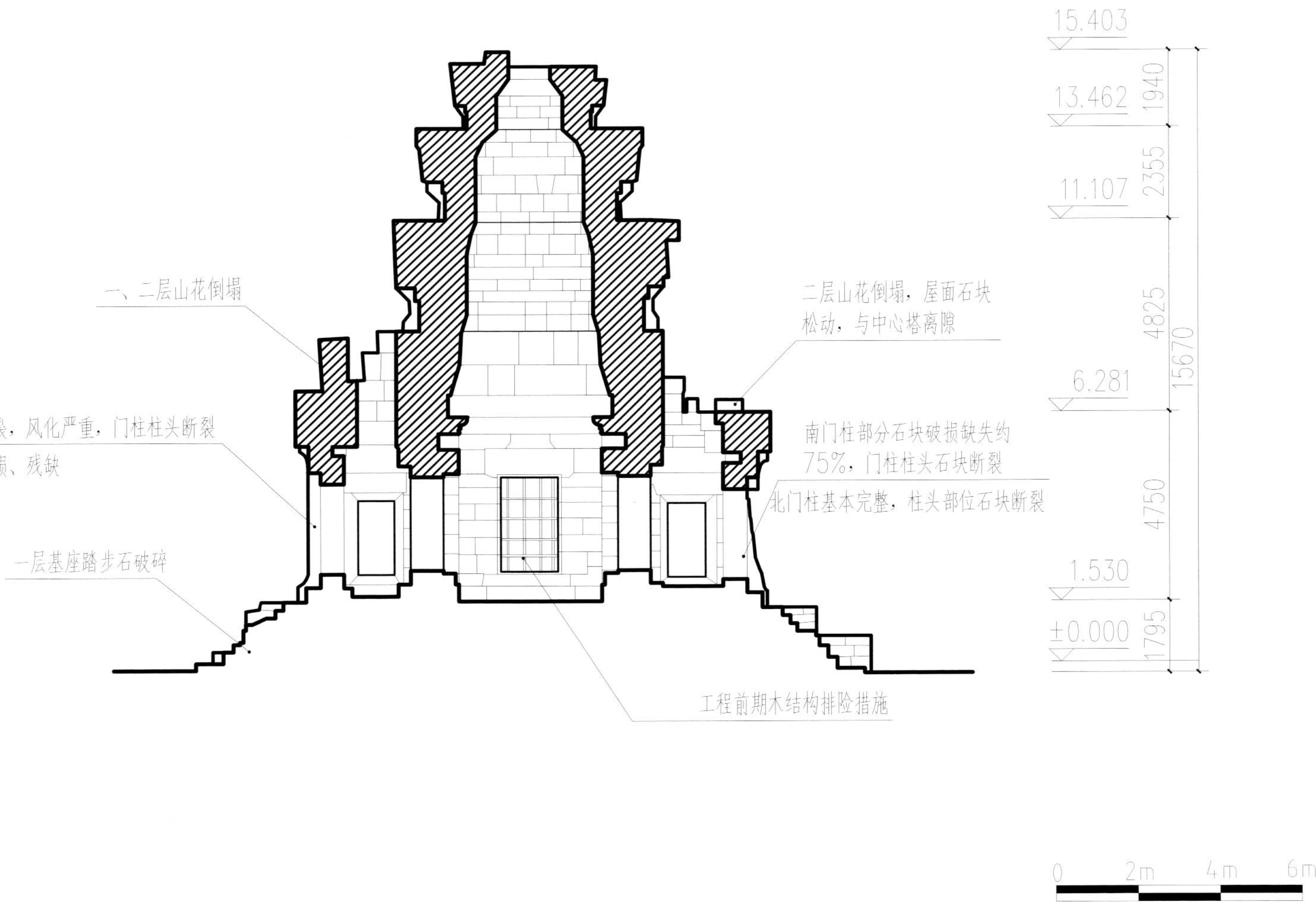
南门柱竖向多处开裂，风化严重，门柱柱头断裂
北门柱中部石块破损、残缺

图34　东北角塔1-1剖面现状图

维修说明：

本次工程以保证建筑结构安全为首要目标，排除建筑主要险情以及存在的安全隐患。

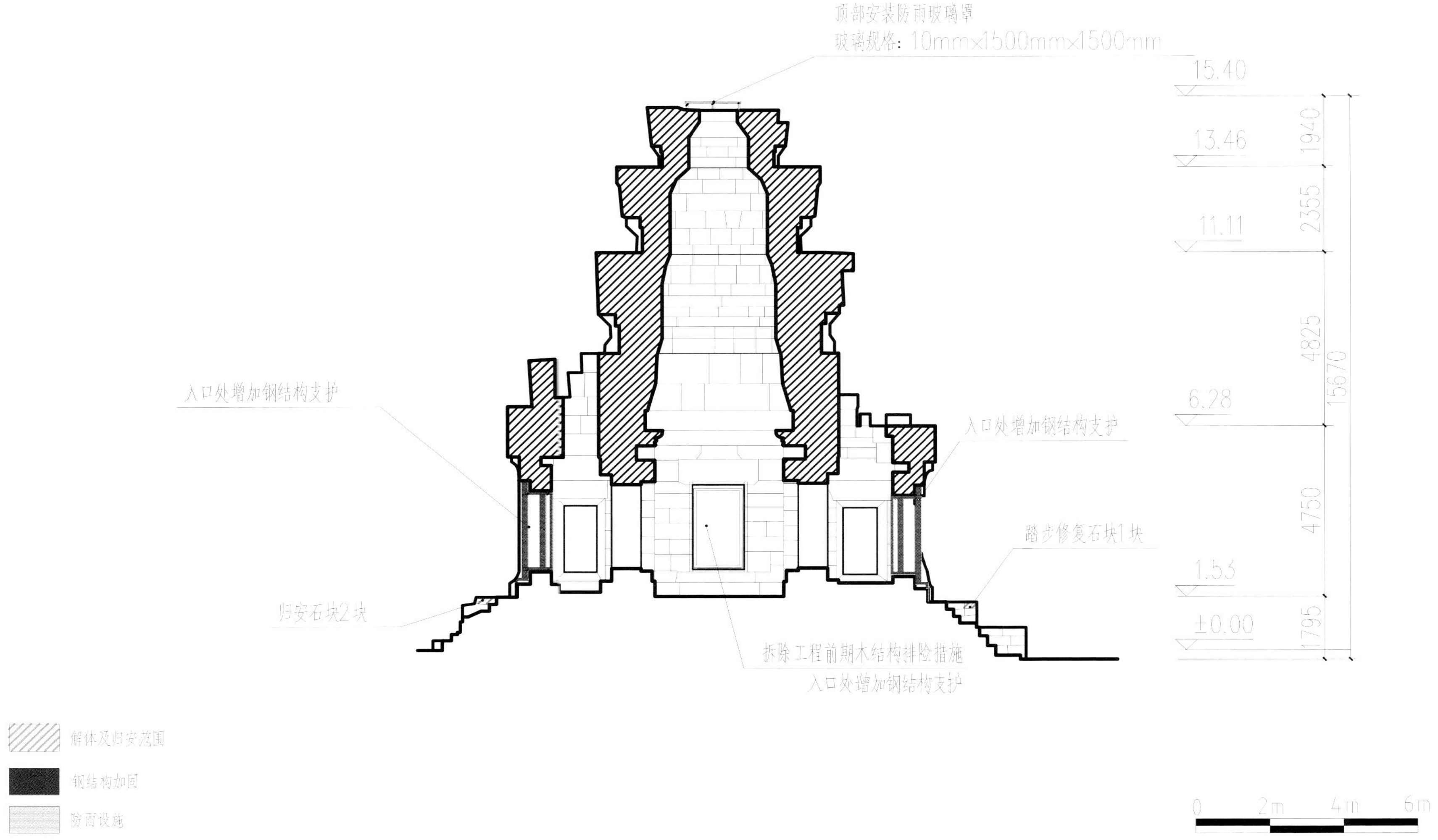

图35　东北角塔1-1剖面竣工图

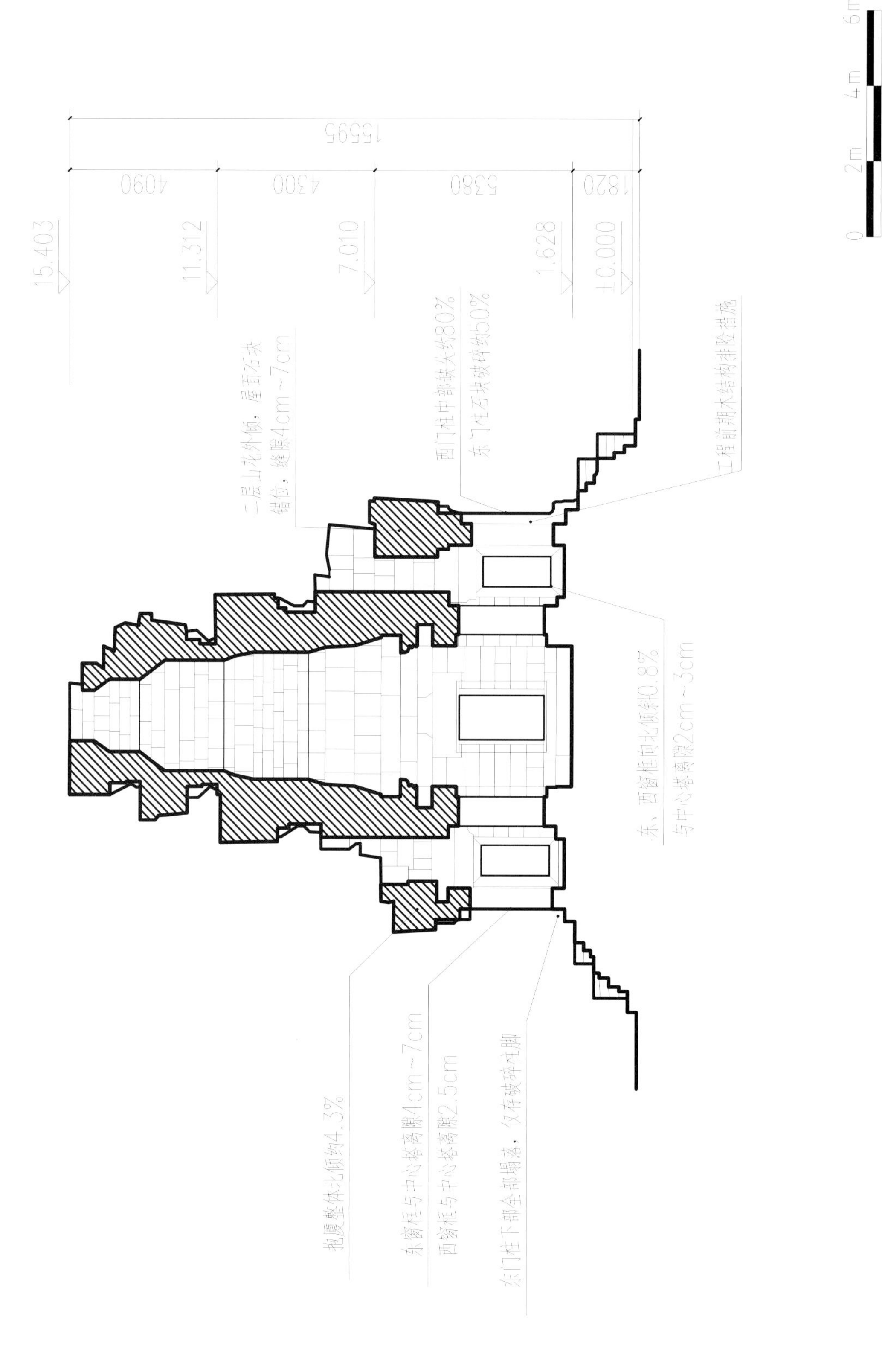

图36 东北角塔2-2剖面现状图

现状说明：

1. 抱厦沉降量为该侧门下窗框沉降量；
2. 测量抱厦倾斜度以内侧窗框底部为基准点。

维修说明：

本次工程以保证建筑结构安全为首要目标，排除建筑主要险情以及存在的安全隐患。

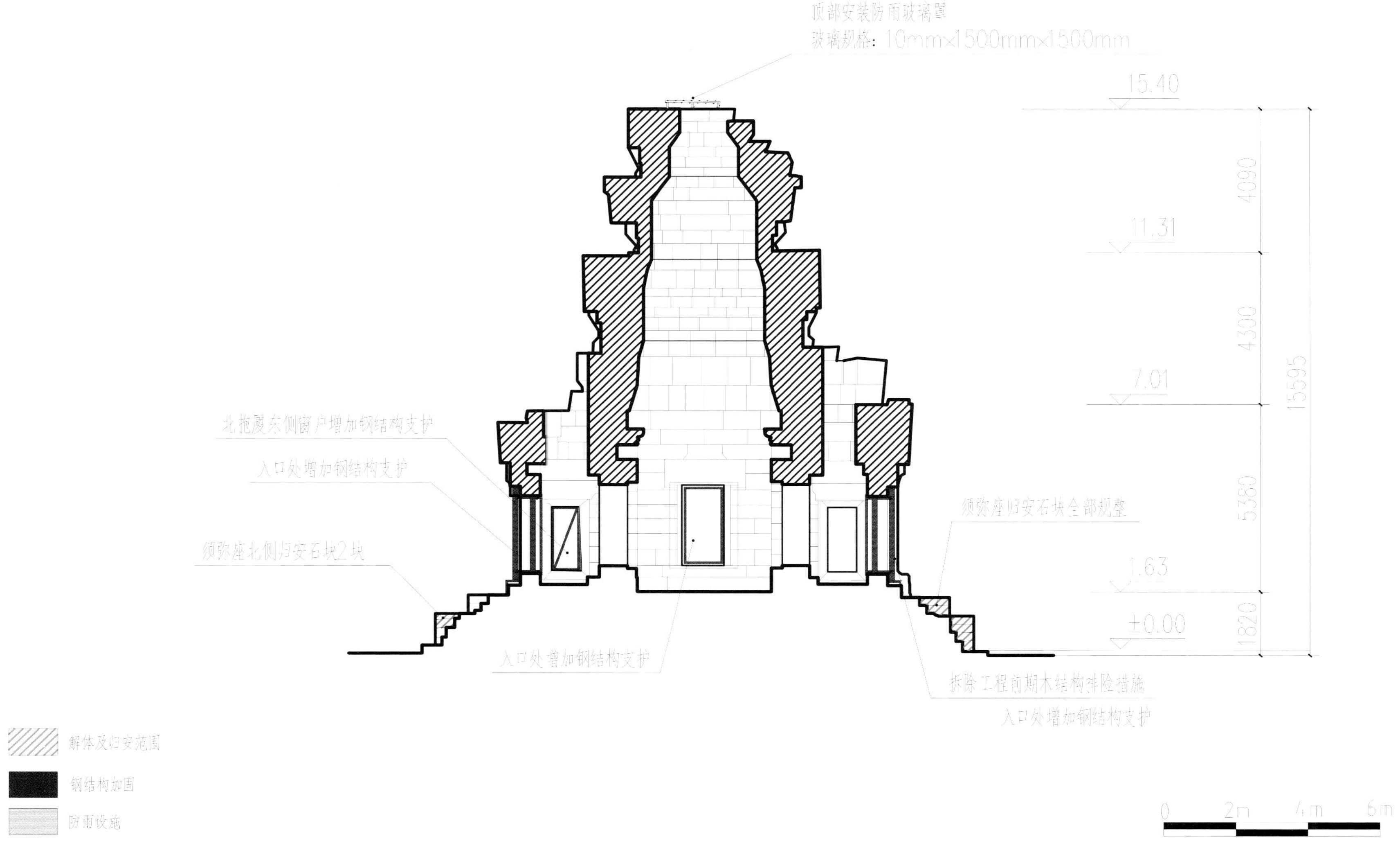

图37　东北角塔2-2剖面竣工图

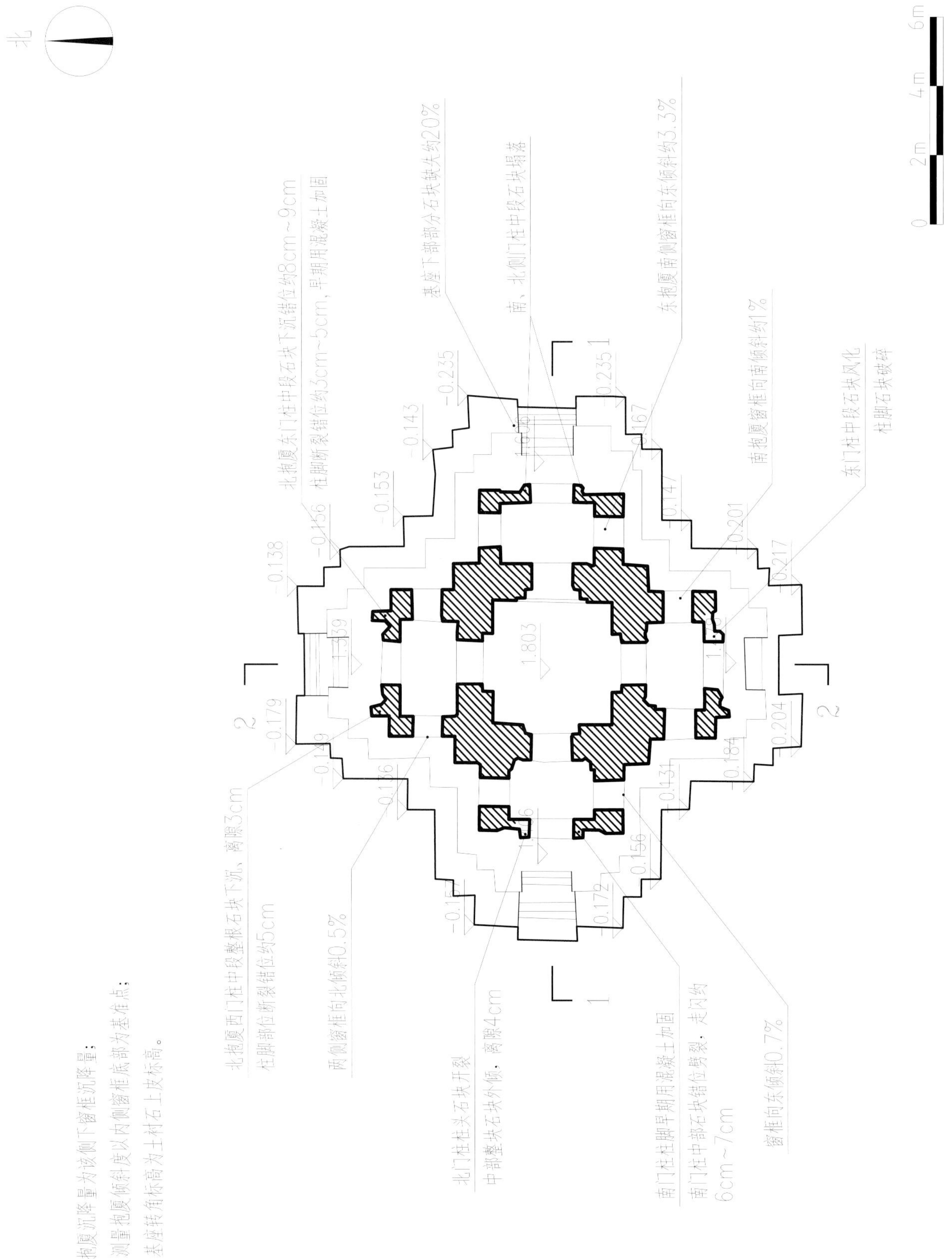
北
0
2m
4m
6m
北抱厦东门柱中段石块下沉错位约8cm~9cm
柱脚断裂错位约3cm~5cm，早期用混凝土加固
基座下部部分石块缺失约20%
南、北侧门柱中段石块塌落
东抱厦南侧窗框向东倾斜约3.3%
南抱厦窗框向南倾斜约1%
东门柱中段石块风化
柱脚石块破碎
-0.138
-0.156
-0.153
-0.143
-0.235
-0.235
-0.167
-0.147
-0.201
-0.217
-0.179
-0.149
-0.136
-0.131
-0.184
-0.204
-0.156
-0.172
1.803
1
2
北抱厦西门柱中段整根石块下沉，离隙3cm
柱脚部位断裂错位约5cm
西侧窗框向北倾斜0.5%
北门柱柱头石块开裂
中部整块石块外倾，离隙4cm
西门柱柱脚早期用混凝土加固
西门柱中部石块错位断裂，走闪约6cm~7cm
窗框向东倾斜0.7%
现状说明：
1. 抱厦沉降量为该侧下窗框沉降量；
2. 测量抱厦倾斜度以内侧窗框底部为基准点；
3. 基座转角标高为土衬石上皮标高。

图38　东南角塔平面现状图

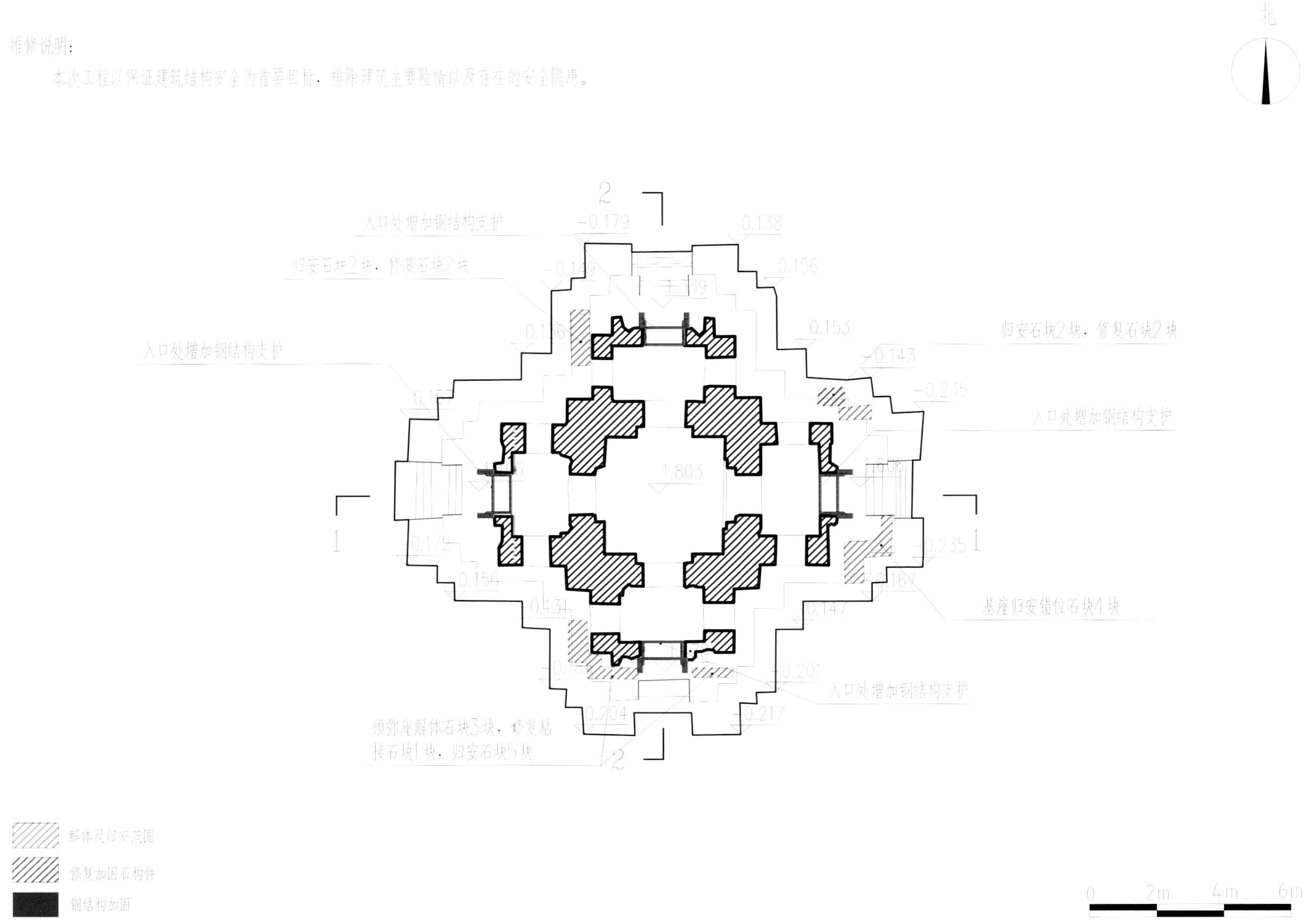

图39　东南角塔平面竣工图

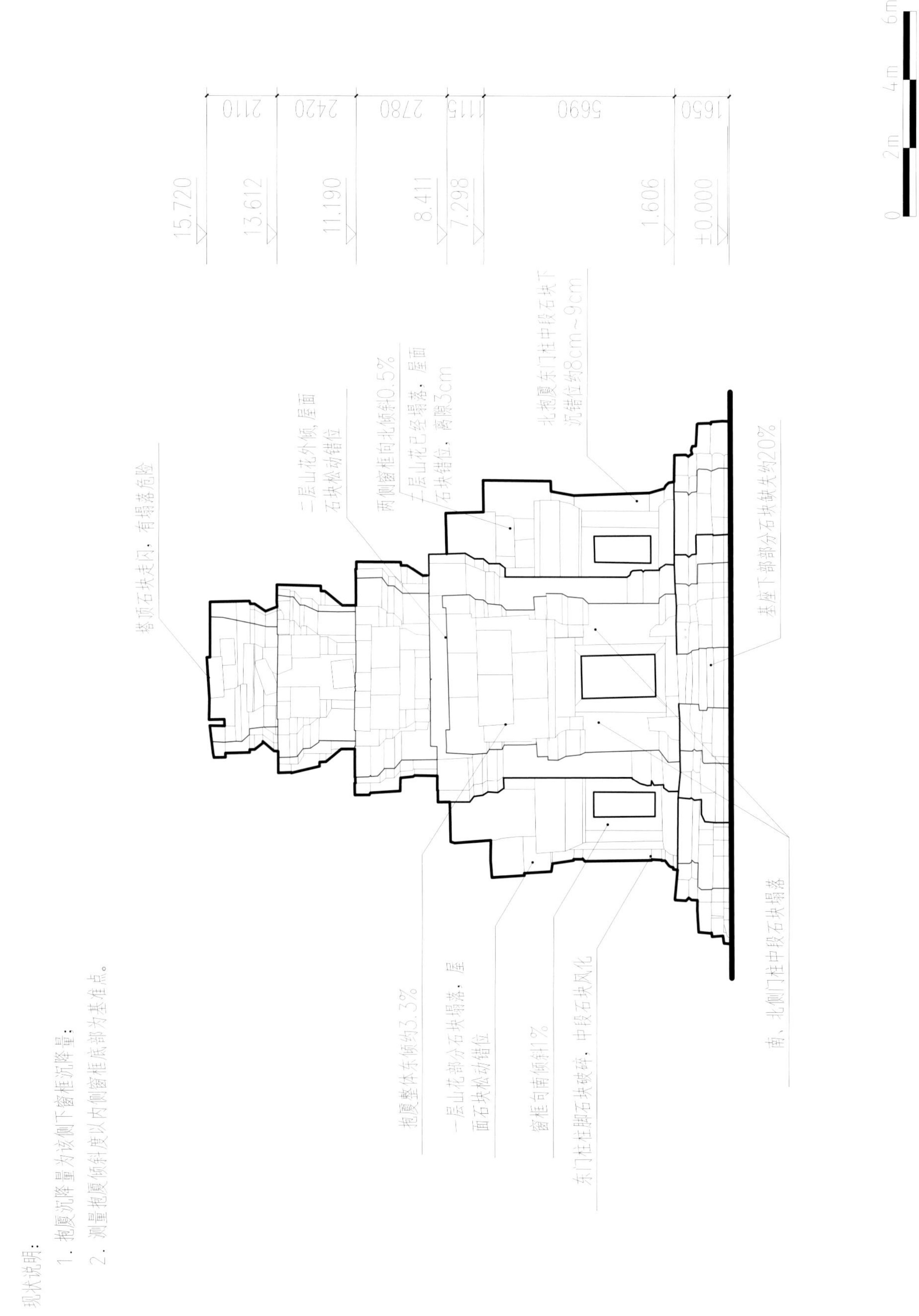

15.720
13.612
11.190
8.411
7.298
1.606
±0.000
2110
2420
2780
1115
5690
1650
0
2m
4m
6m
塔顶石块走闪，有塌落危险
二层山花外倾，屋面石块松动错位
两侧窗框向北倾斜0.5%
二层山花已经塌落，屋面石块错位，离隙3cm
北抱厦东门柱中段石块下沉错位约8cm~9cm
基座下部部分石块缺失约20%
南、北侧门柱中段石块塌落
东门柱柱脚石块破碎，中段石块风化
窗框向南倾斜1%
一层山花部分石块塌落，屋面石块松动错位
抱厦整体东倾约3.3%
现状说明：
1．抱厦沉降量为该侧下窗框沉降量；
2．测量抱厦倾斜度以内侧窗框底部为基准点。

图40 东南角塔东立面现状图

维修说明：

本次工程以保证建筑结构安全为首要目标，排除建筑主要险情以及存在的安全隐患。

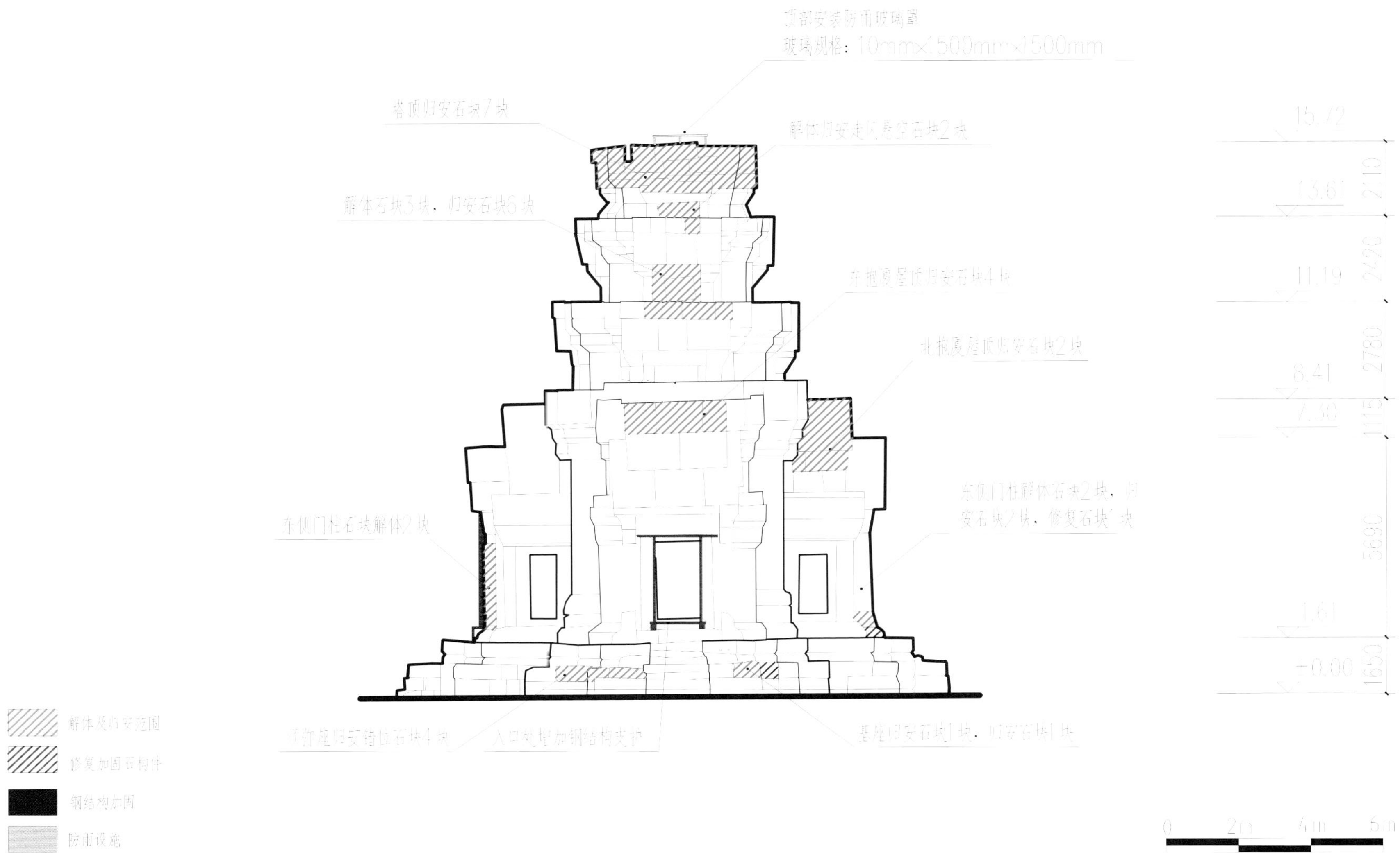

图41　东南角塔东立面竣工图

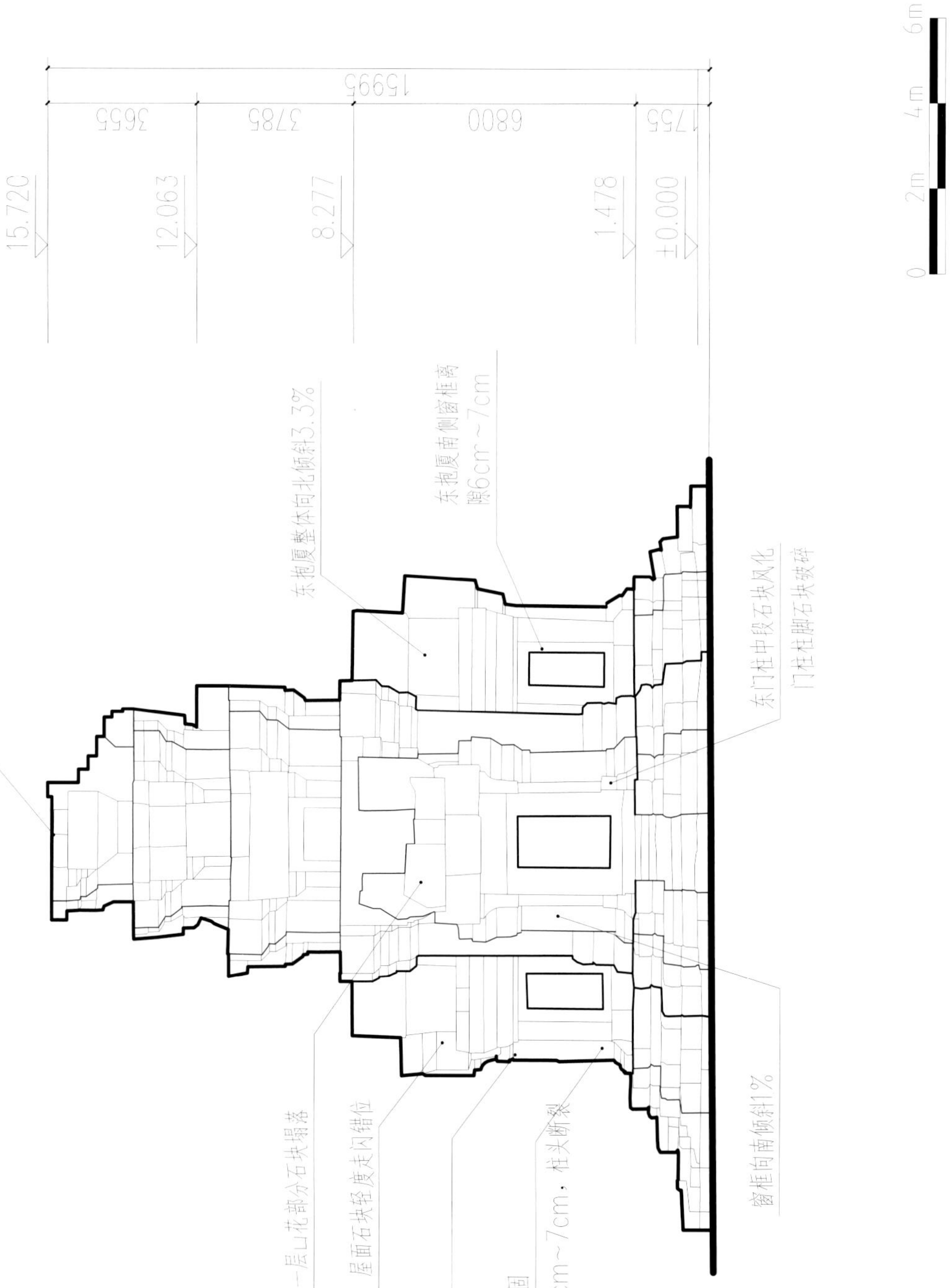

图42　东南角塔南立面现状图

现状说明：

1. 抱厦沉降量为该侧下窗框沉降量；
2. 测量抱厦倾斜度以内侧窗框底部为基准点。

维修说明：

1. 本次工程以保证建筑结构安全为首要目标，排除建筑主要险情以及存在的安全隐患；
2. 石块拉接采用植入Φ16钢筋锚固拉接方式，石块之间采用扒锔拉接。

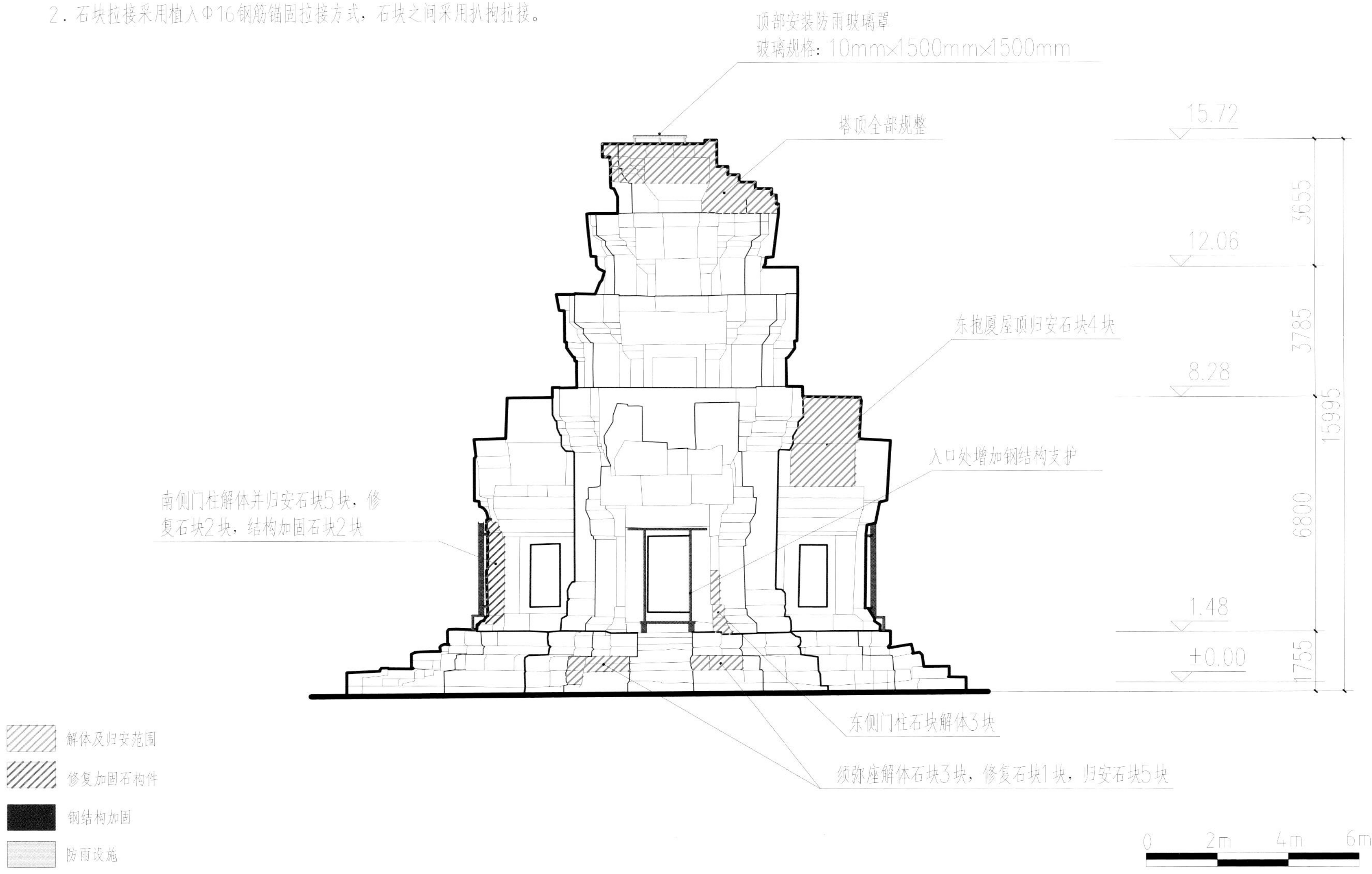

图43　东南角塔南立面竣工图

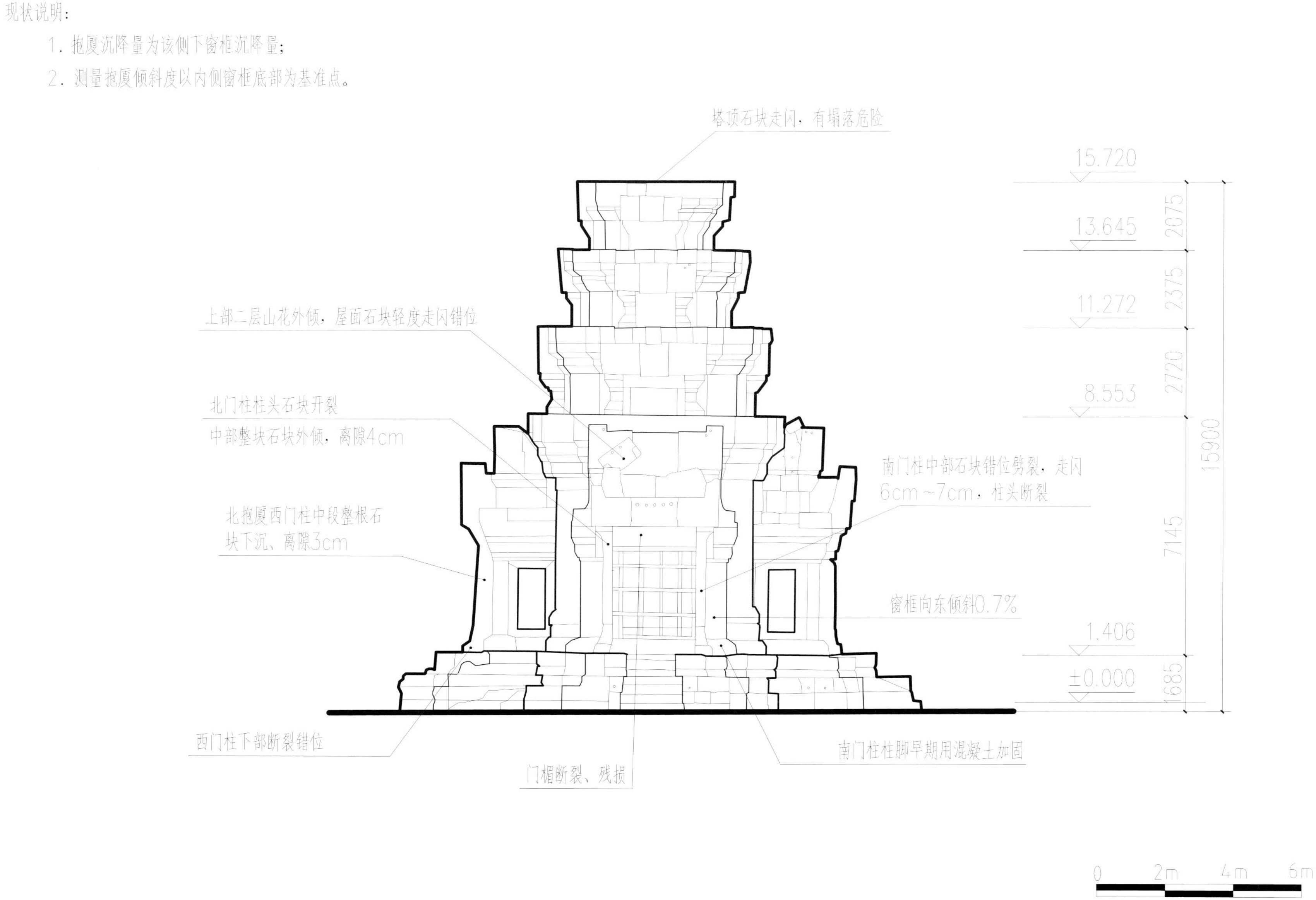
现状说明：
1. 抱厦沉降量为该侧下窗框沉降量；
2. 测量抱厦倾斜度以内侧窗框底部为基准点。
塔顶石块走闪，有塌落危险
上部二层山花外倾，屋面石块轻度走闪错位
北门柱柱头石块开裂
中部整块石块外倾，离隙4cm
北抱厦西门柱中段整根石
块下沉、离隙3cm
南门柱中部石块错位劈裂，走闪
6cm~7cm，柱头断裂
窗框向东倾斜0.7%
西门柱下部断裂错位
门楣断裂、残损
南门柱柱脚早期用混凝土加固
15.720
13.645
11.272
8.553
1.406
±0.000
2075
2375
2720
7145
1685
15900
0
2m
4m
6m

图44　东南角塔西立面现状图

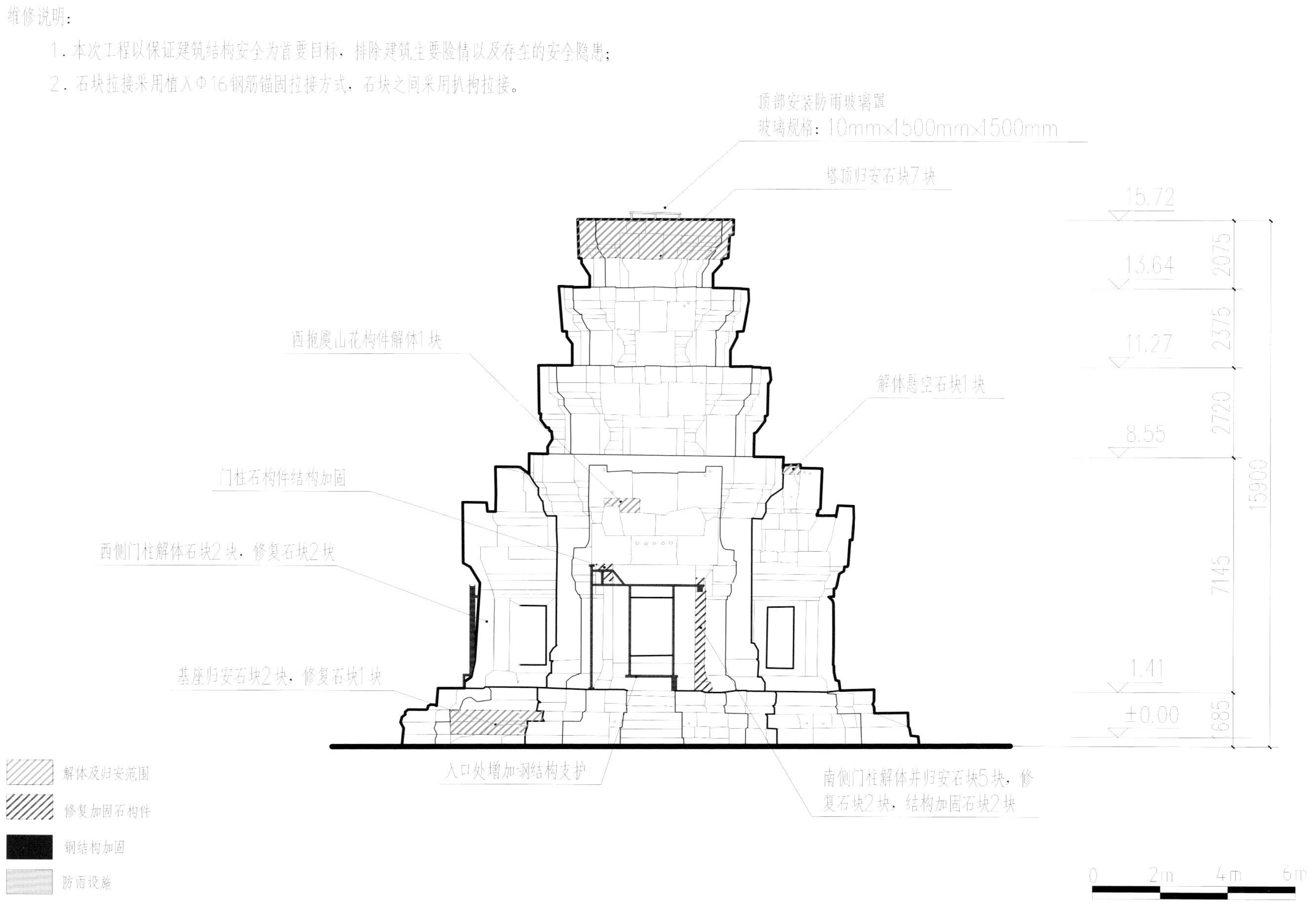

维修说明：
1. 本次工程以保证建筑结构安全为首要目标，排除建筑主要险情以及存在的安全隐患；
2. 石块拉接采用植入Φ16钢筋锚固拉接方式，石块之间采用扒钩拉接。
顶部安装防雨玻璃罩
玻璃规格：10mm×1500mm×1500mm
塔顶归安石块7块
西抱厦山花构件解体1块
解体悬空石块1块
门柱石构件结构加固
西侧门柱解体石块2块，修复石块2块
基座归安石块2块，修复石块1块
入口处增加钢结构支护
南侧门柱解体并归安石块5块，修复石块2块，结构加固石块2块
15.72
13.64
11.27
8.55
1.41
±0.00
2075
2375
2720
7145
685
15900
解体及归安范围
修复加固石构件
钢结构加固
防雨设施
0
2m
4m
6m

图45　东南角塔西立面竣工图

现状说明：

1. 抱厦沉降量为该侧下窗框沉降量；
2. 测量抱厦倾斜度以内侧窗框底部为基准点。

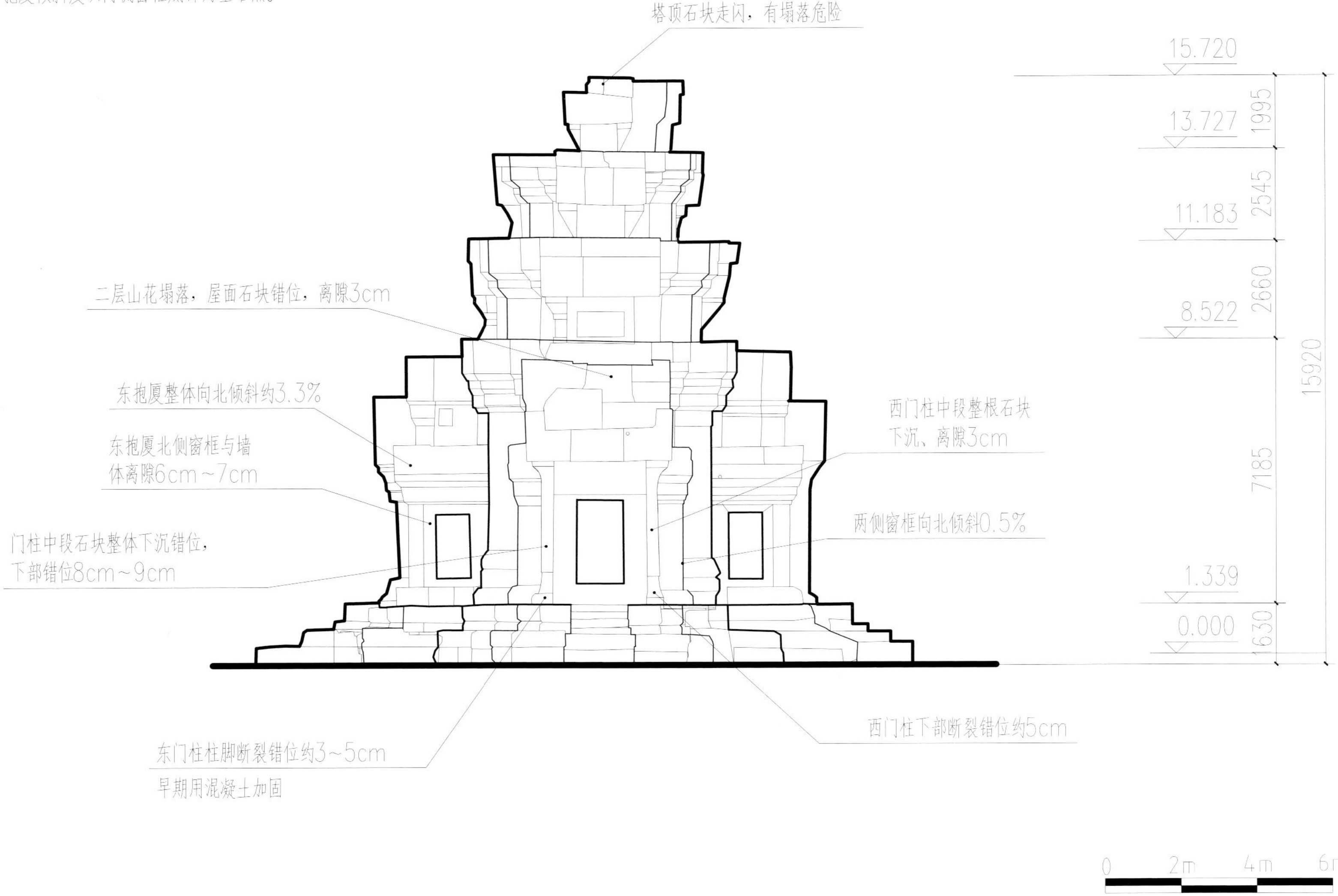

图46　东南角塔北立面现状图

维修说明：

本次工程以保证建筑结构安全为首要目标，排除建筑主要险情以及存在的安全隐患。

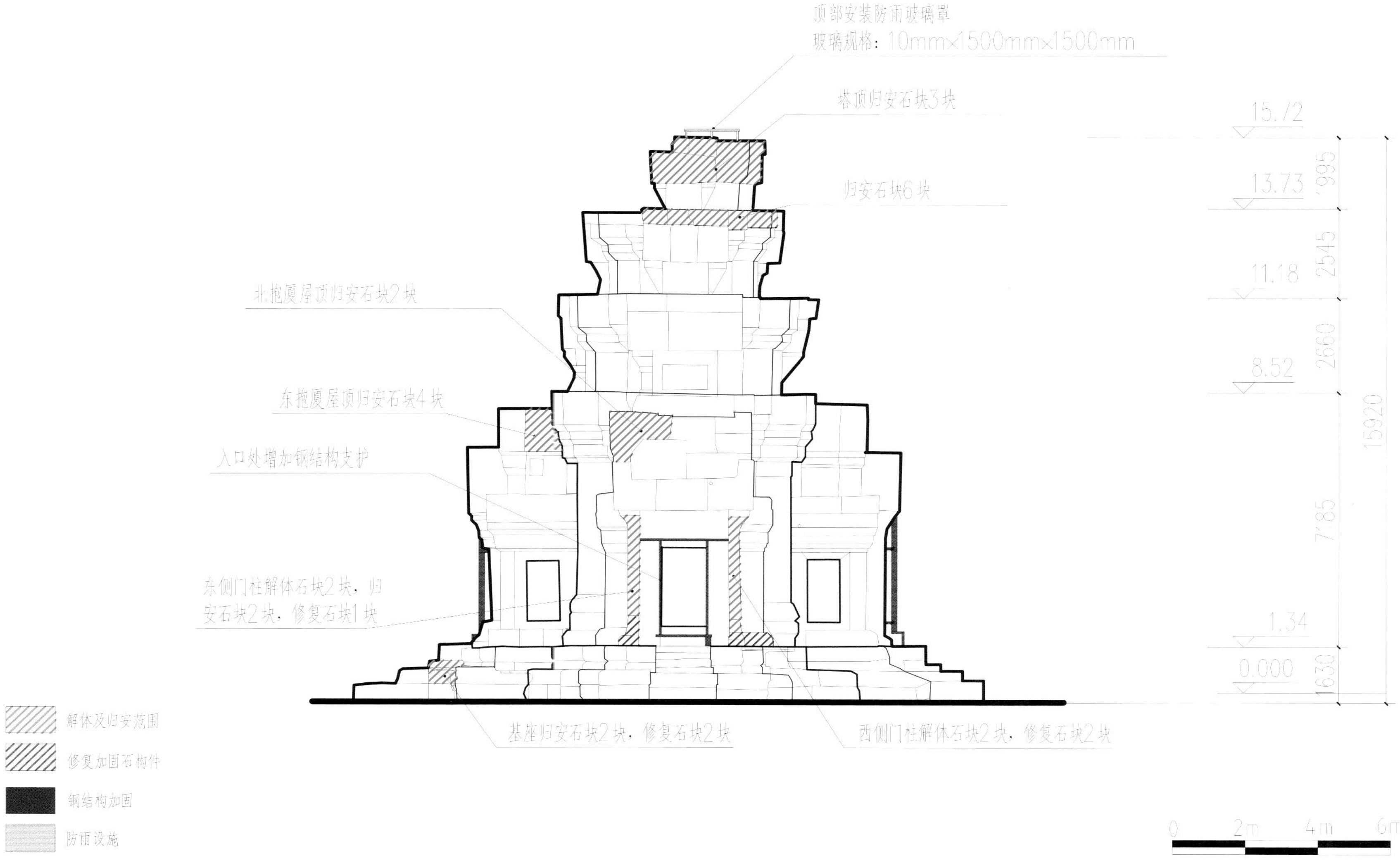

图47　东南角塔北立面竣工图

现状说明：

1. 抱厦沉降量为该侧下窗框沉降量；
2. 测量抱厦倾斜度以内侧窗框底部为基准点。

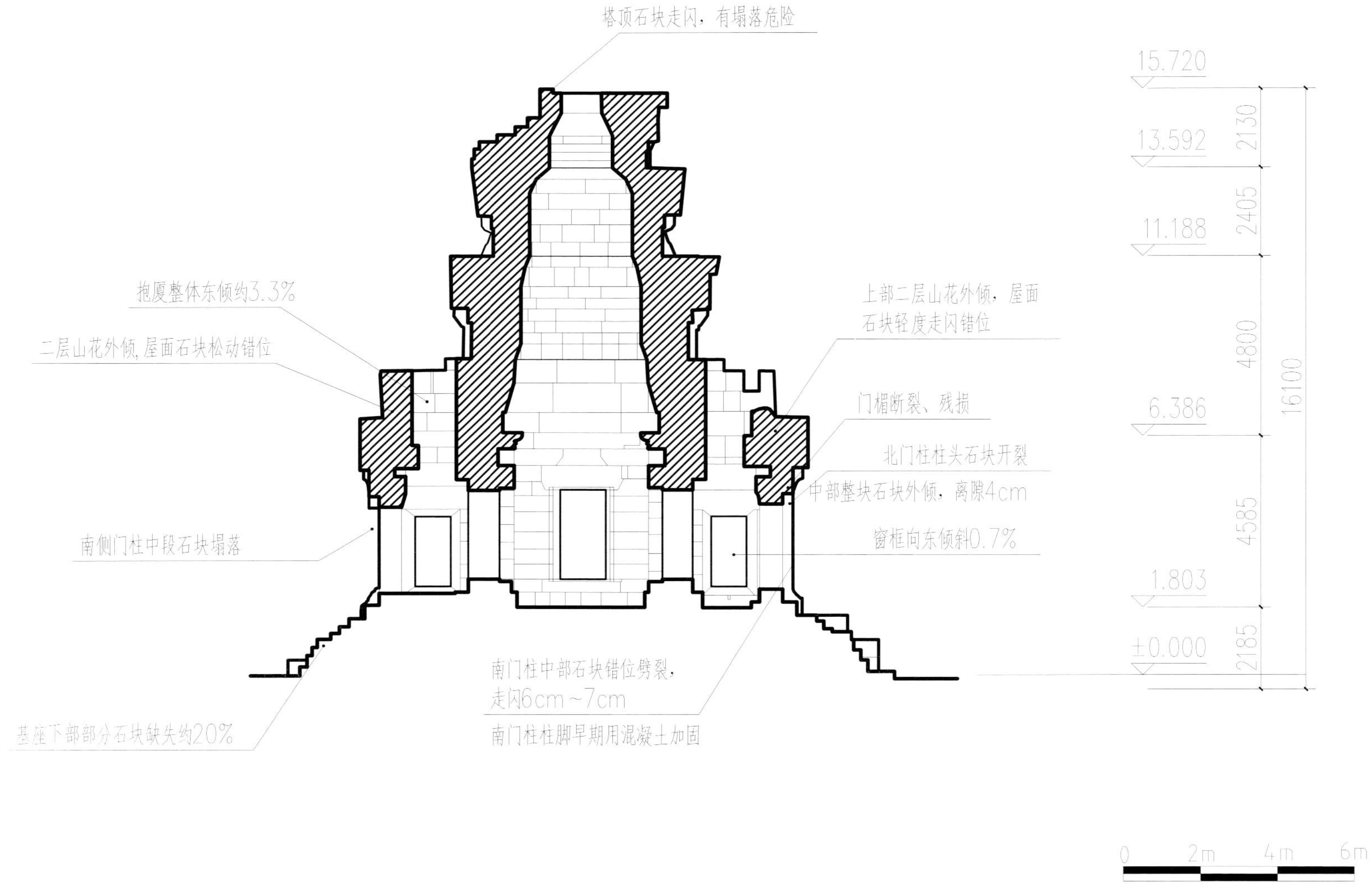

图48 东南角塔1-1剖面现状图

维修说明：

本次工程以保证建筑结构安全为首要目标，排除建筑主要险情以及存在的安全隐患。

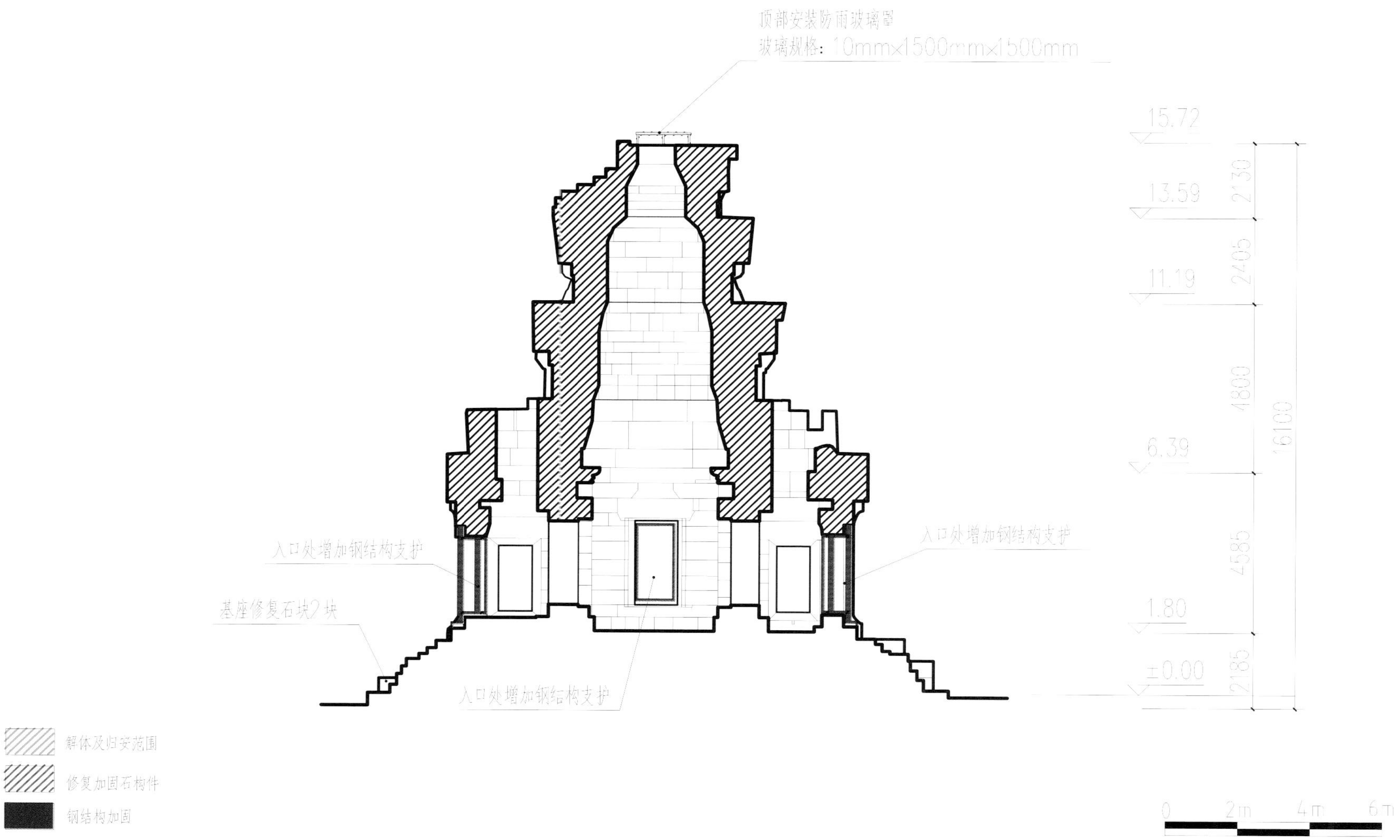

图49　东南角塔1-1剖面竣工图

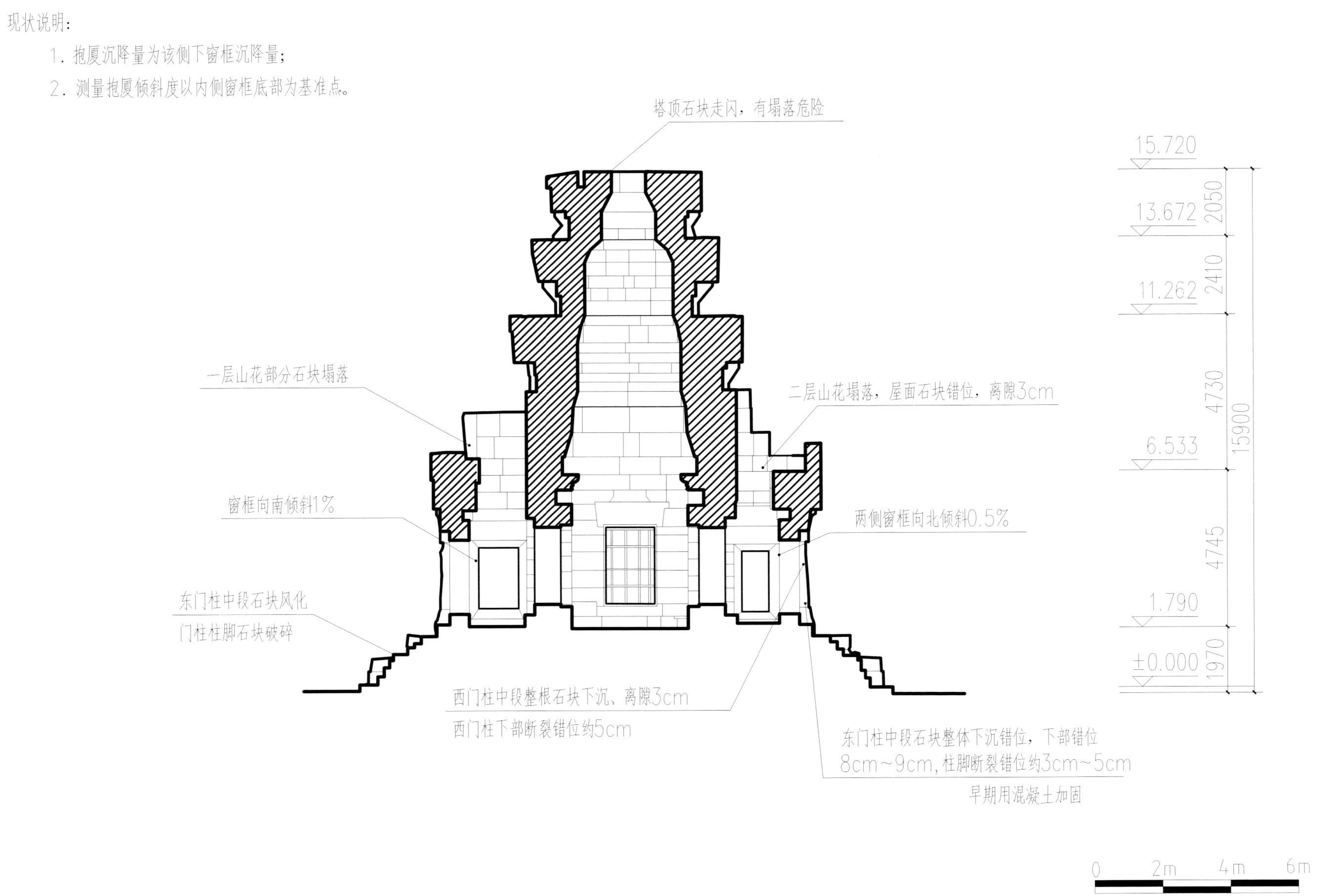
现状说明：
1. 抱厦沉降量为该侧下窗框沉降量；
2. 测量抱厦倾斜度以内侧窗框底部为基准点。
塔顶石块走闪，有塌落危险
一层山花部分石块塌落
二层山花塌落，屋面石块错位，离隙3cm
窗框向南倾斜1%
两侧窗框向北倾斜0.5%
东门柱中段石块风化
门柱柱脚石块破碎
西门柱中段整根石块下沉、离隙3cm
西门柱下部断裂错位约5cm
东门柱中段石块整体下沉错位，下部错位
8cm~9cm，柱脚断裂错位约3cm~5cm
早期用混凝土加固
15.720
13.672
11.262
6.533
1.790
±0.000
2050
2410
4730
4745
1970
15900
0
2m
4m
6m

图50　东南角塔2-2剖面现状图

维修说明：

本次工程以保证建筑结构安全为首要目标，排除建筑主要险情以及存在的安全隐患。

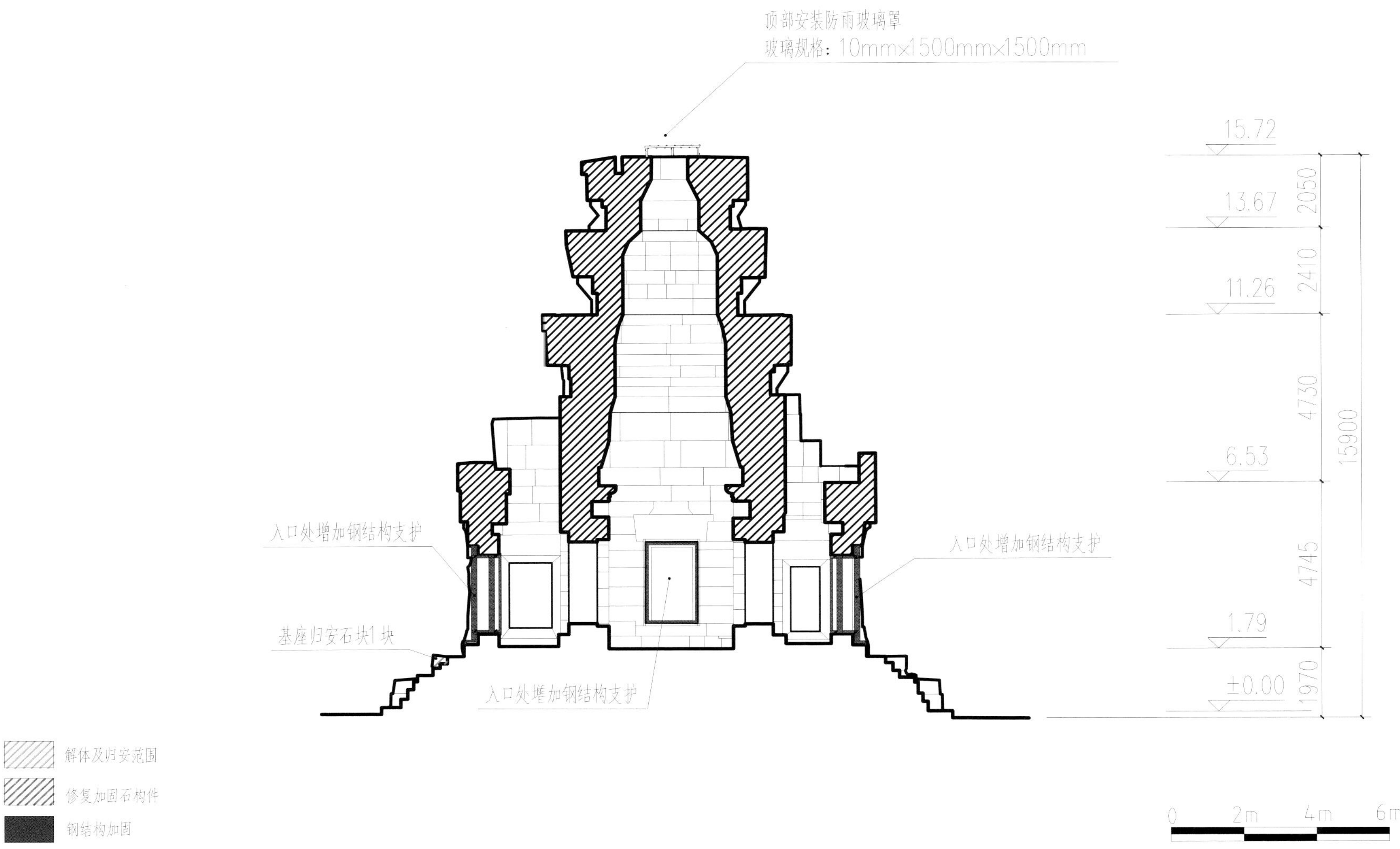

图51　东南角塔2-2剖面竣工图

现状说明：

1. 抱厦沉降量为该侧下窗框沉降量；
2. 测量抱厦倾斜度以内侧窗框底部为基准点；
3. 基座转角标高为土衬石上皮标高。

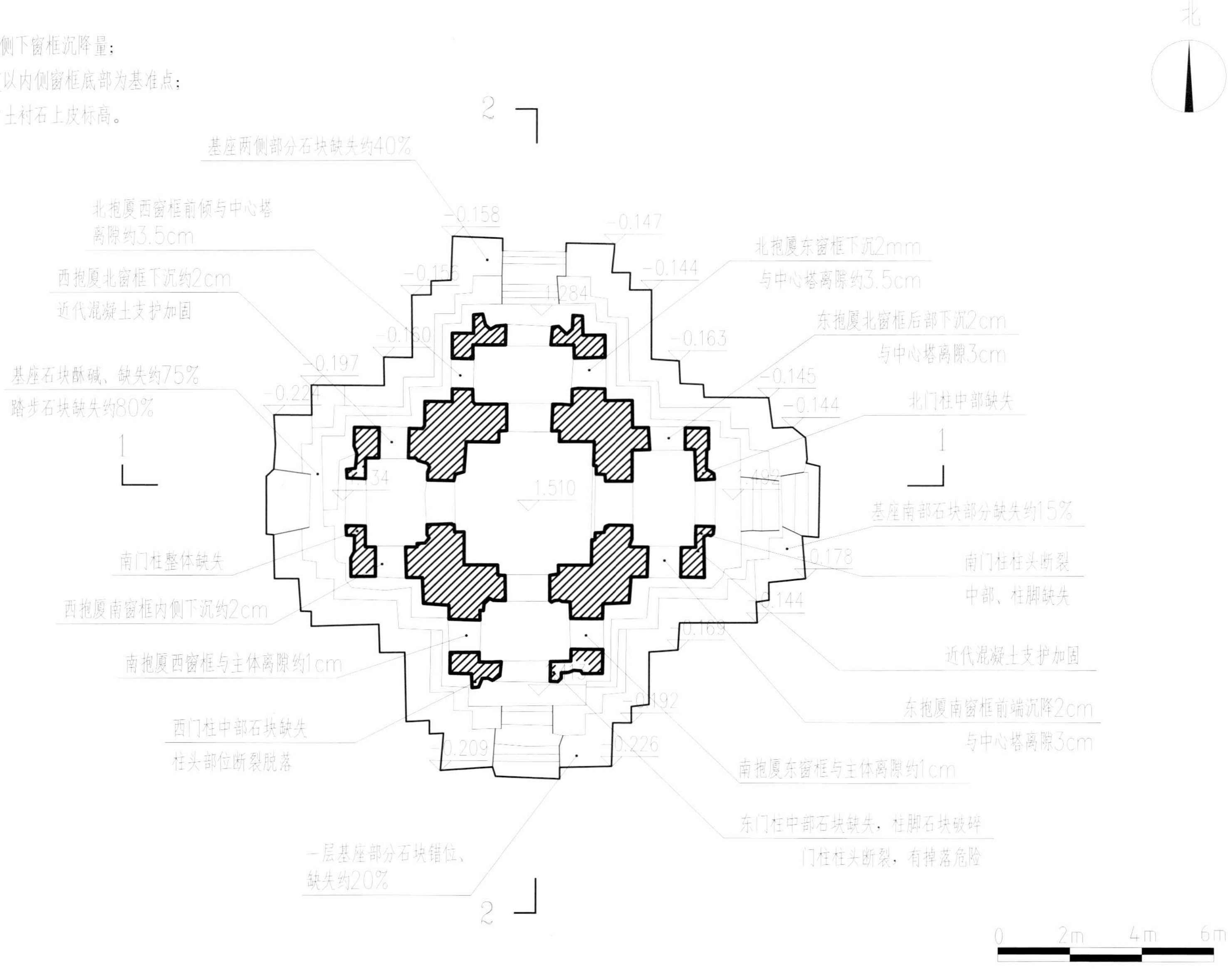

图52　西南角塔平面现状图

维修说明：

本次工程以保证建筑结构安全为首要目标，排除建筑主要险情以及存在的安全隐患。

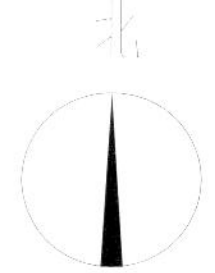

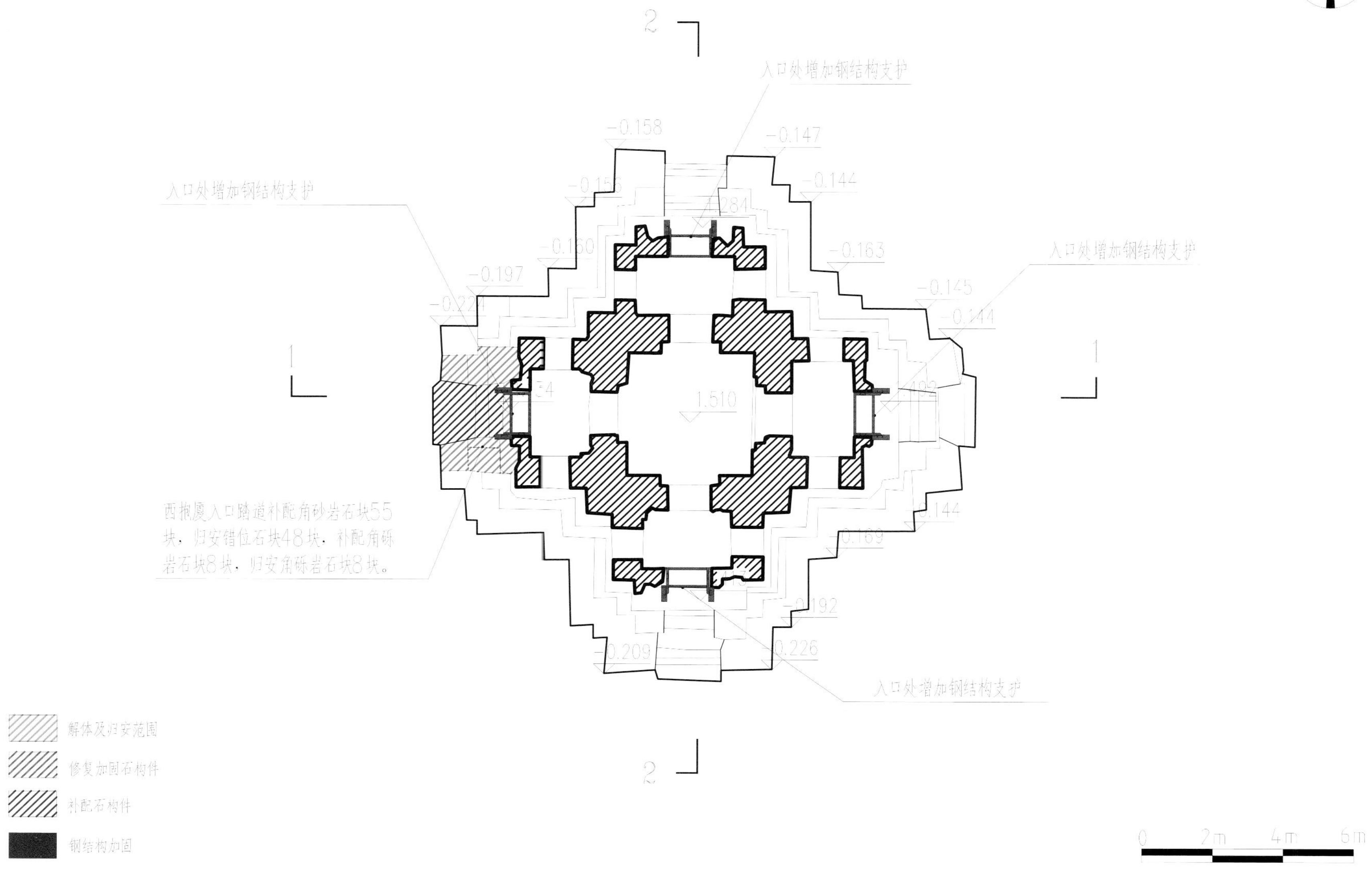

图53　西南角塔平面竣工图

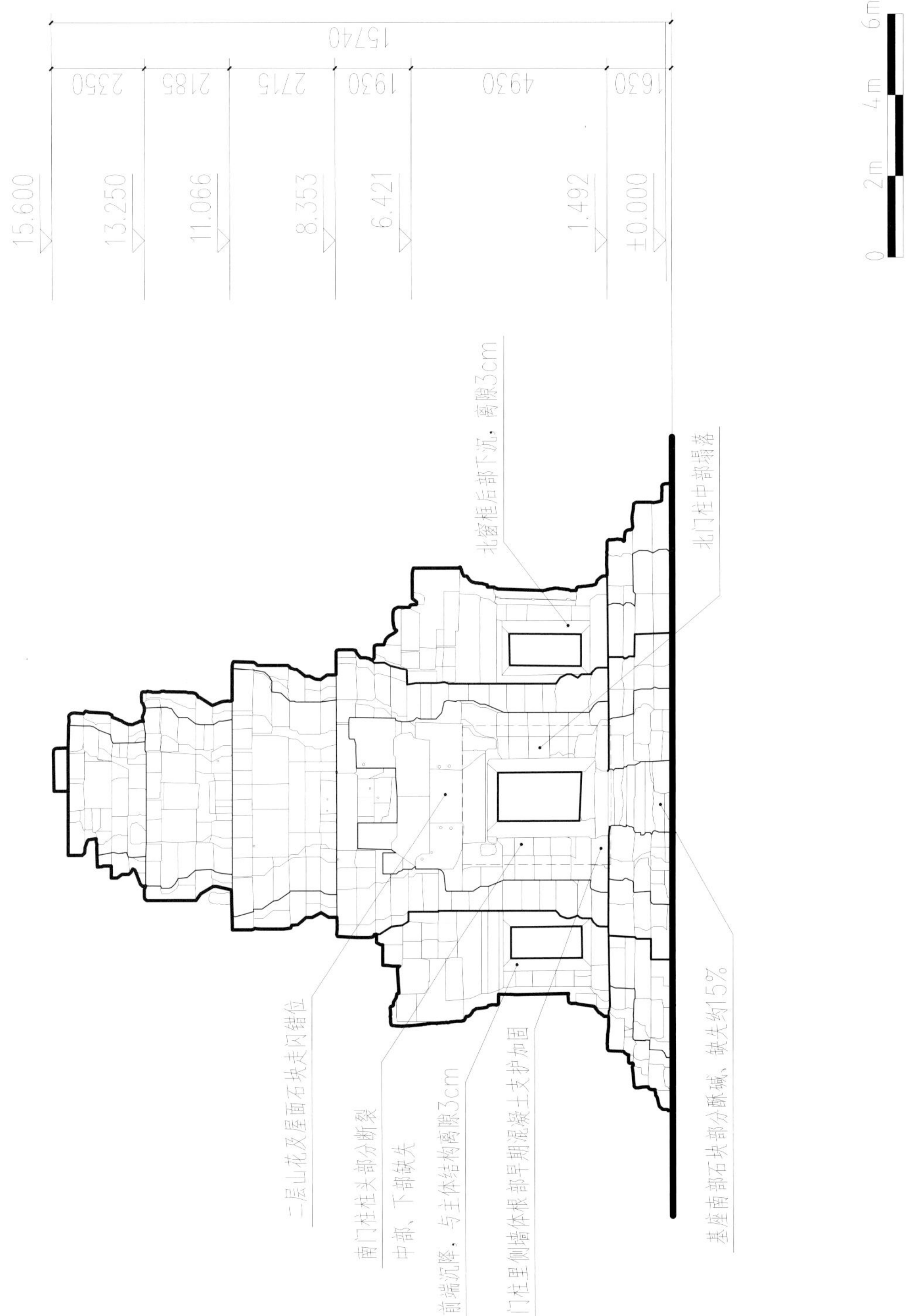

图54　西南角塔东立面现状图

现状说明：

1．抱厦沉降量为该侧下窗框沉降量；

2．测量抱厦倾斜度以内侧窗框底部为基准点。

维修说明：

本次工程以保证建筑结构安全为首要目标，排除建筑主要险情以及存在的安全隐患。

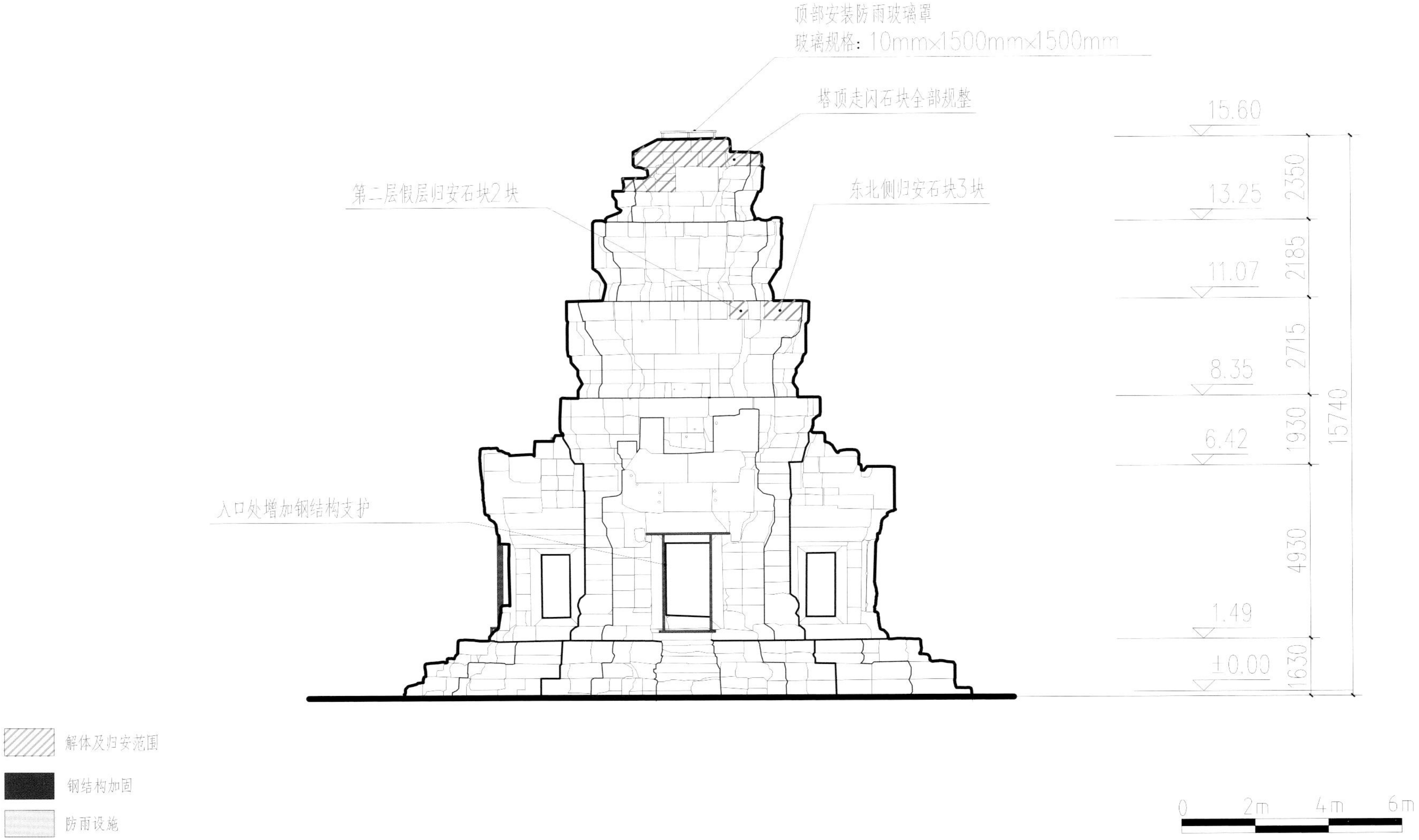

图55　西南角塔东立面竣工图

现状说明：

1. 抱厦沉降量为该侧下窗框沉降量；

2. 测量抱厦倾斜度以内侧窗框底部为基准点。

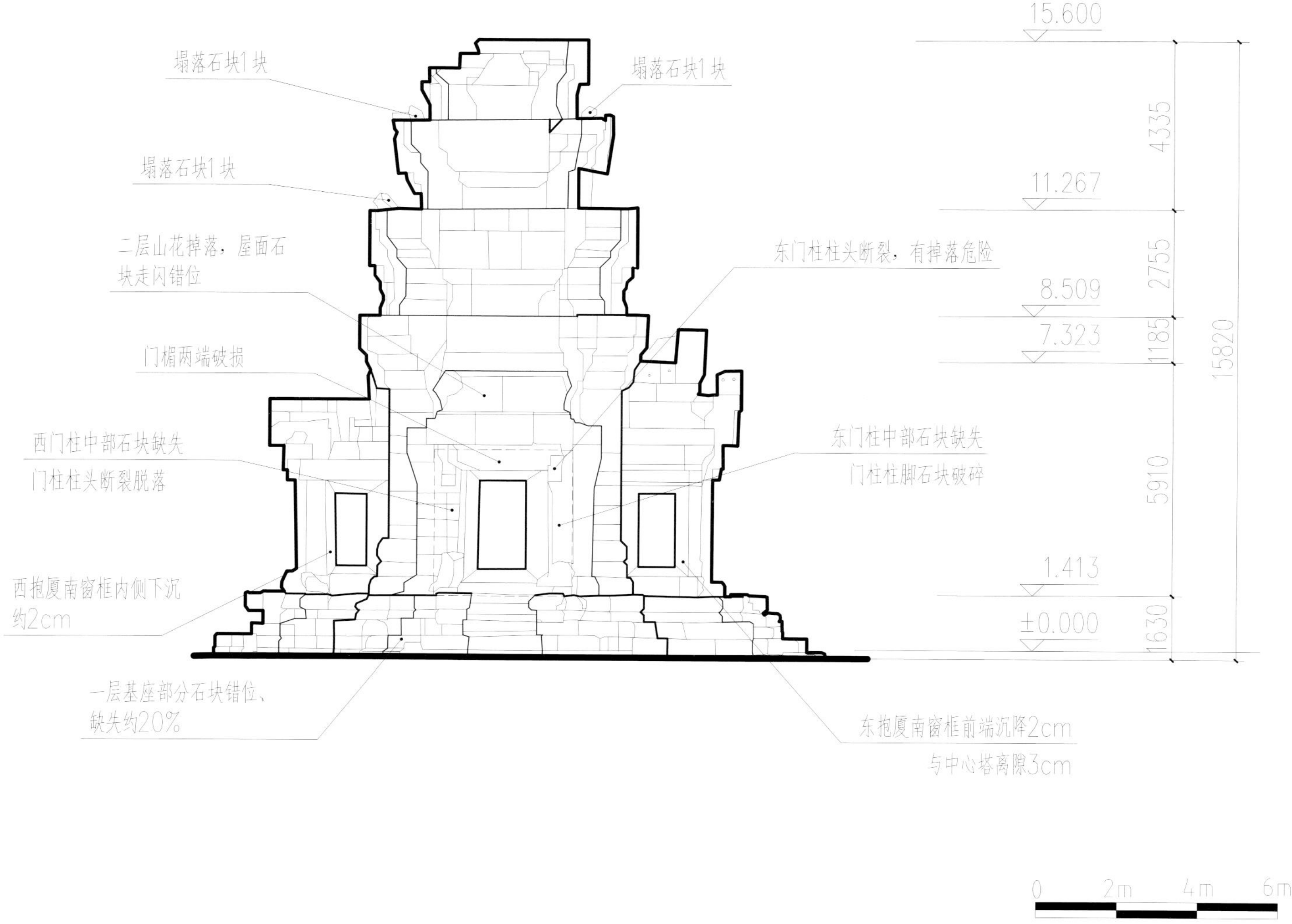

图56　西南角塔南立面现状图

维修说明：

本次工程以保证建筑结构安全为首要目标，排除建筑主要险情以及存在的安全隐患。

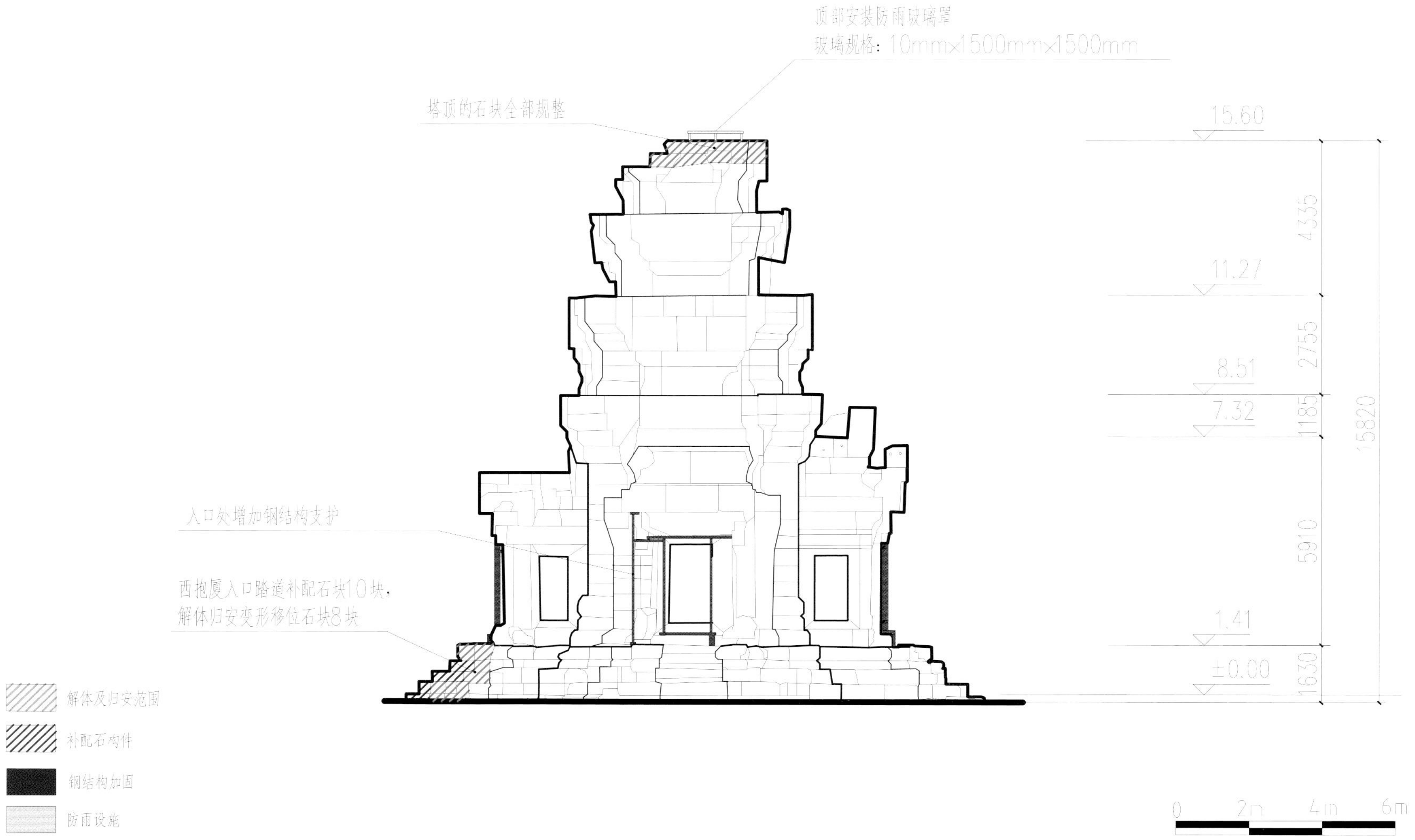

图57　西南角塔南立面竣工图

现状说明：

1. 抱厦沉降量为该侧下窗框沉降量；
2. 测量抱厦倾斜度以内侧窗框底部为基准点。

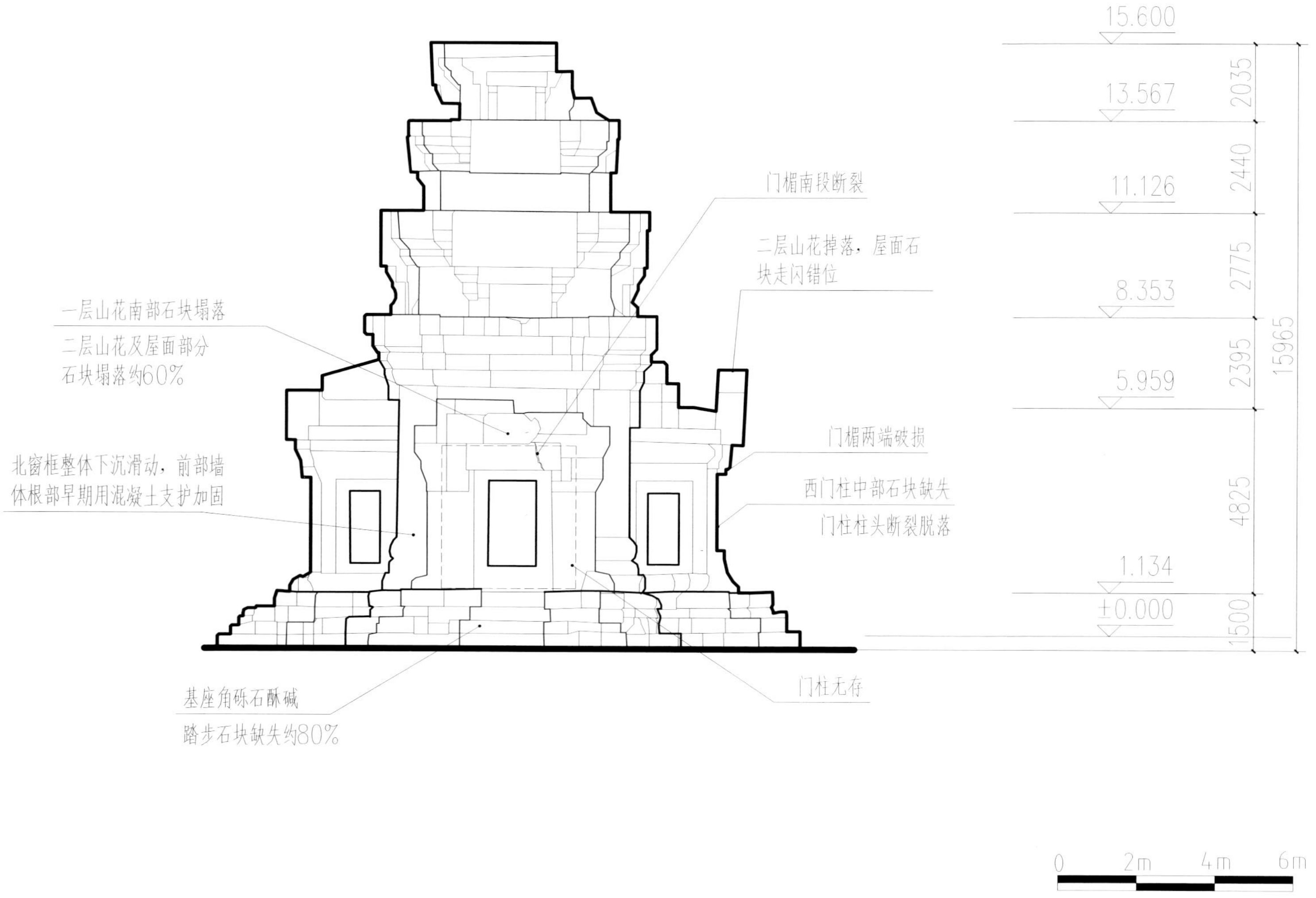

图58　西南角塔西立面现状图

维修说明：

本次工程以保证建筑结构安全为首要目标，排除建筑主要险情以及存在的安全隐患。

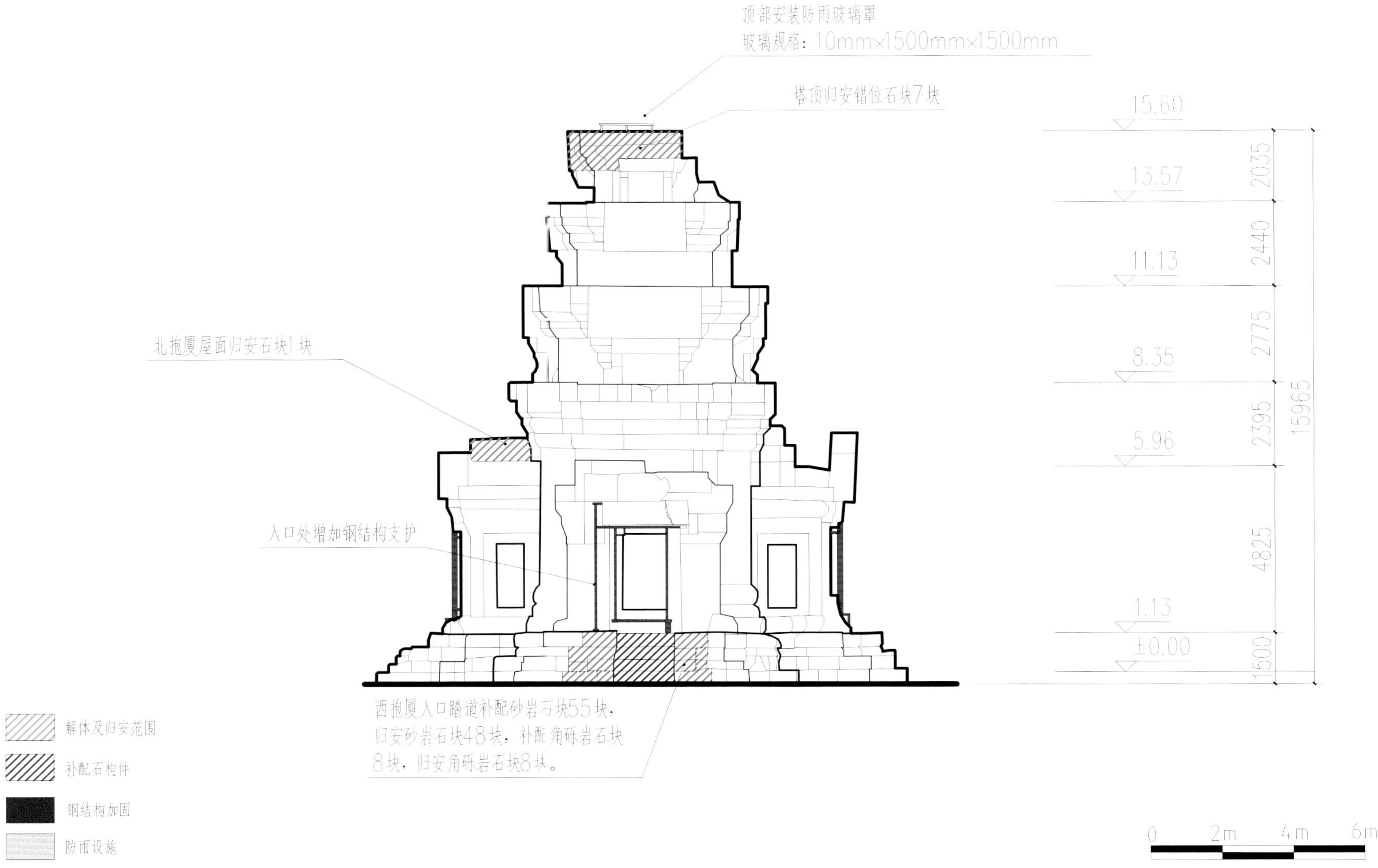

图59　西南角塔西立面竣工图

现状说明：

1. 抱厦沉降量为该侧下窗框沉降量；
2. 测量抱厦倾斜度以内侧窗框底部为基准点。

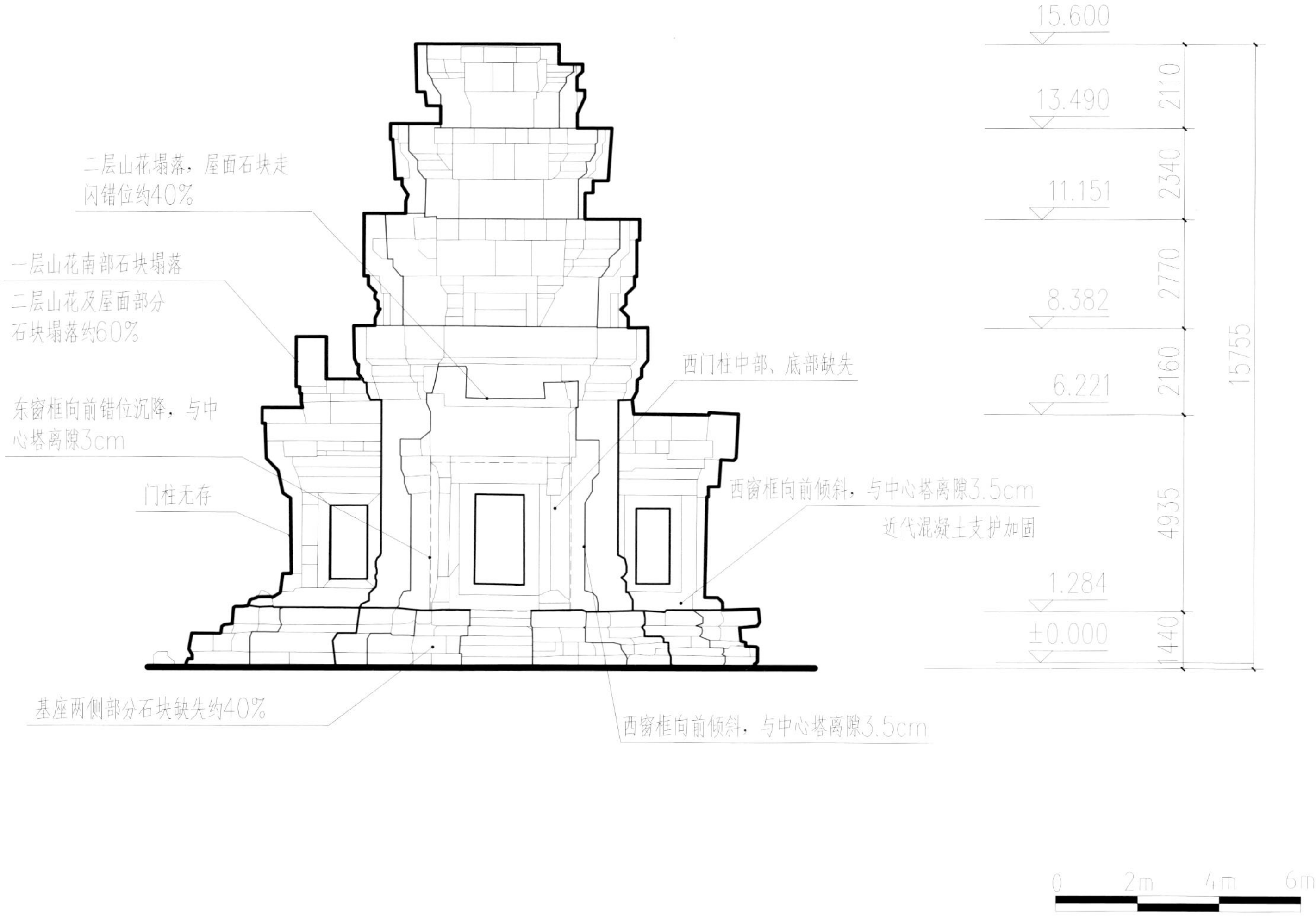

图60 西南角塔北立面现状图

维修说明：

本次工程以保证建筑结构安全为首要目标，排除建筑主要险情以及存在的安全隐患。

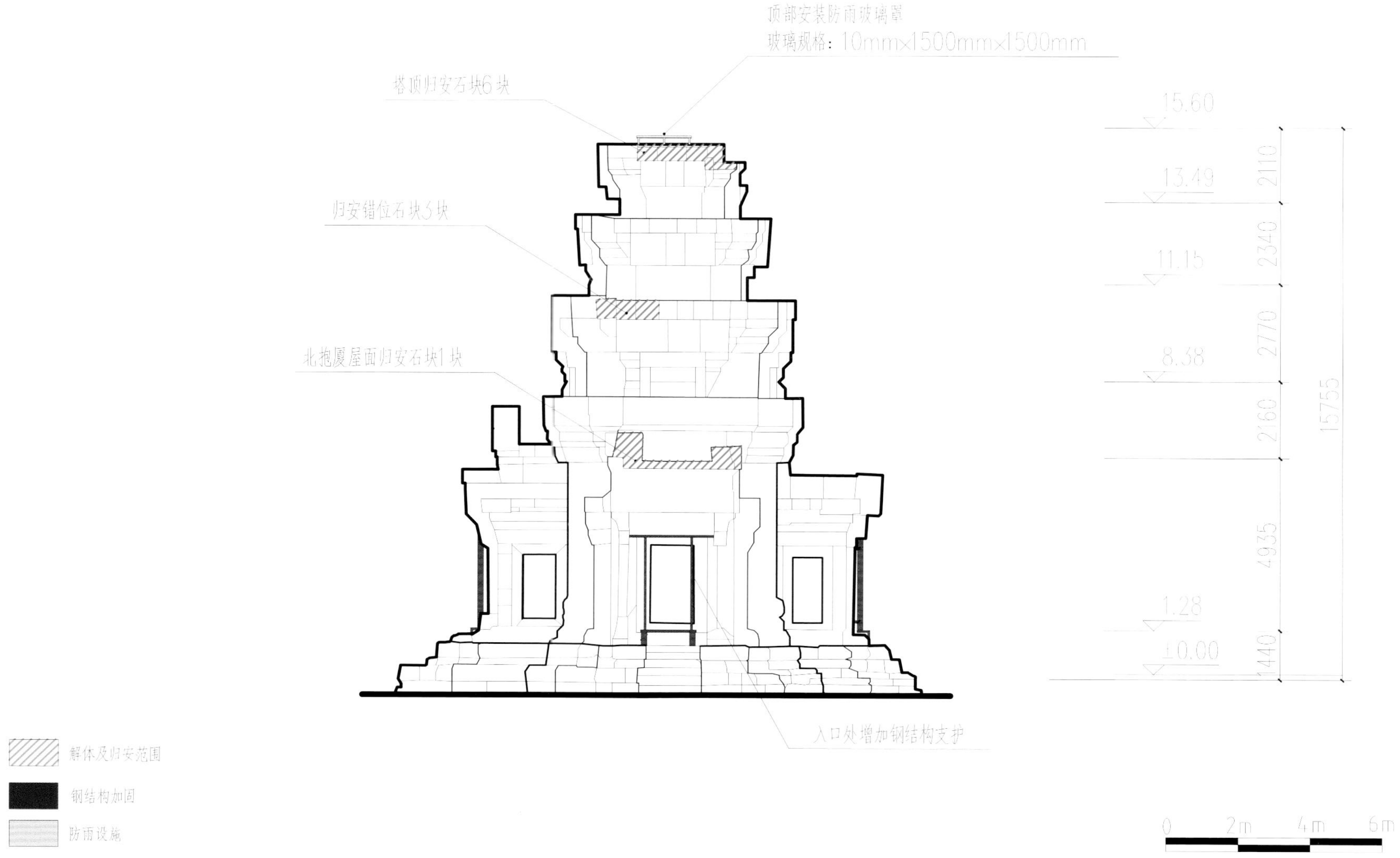

图61　西南角塔北立面竣工图

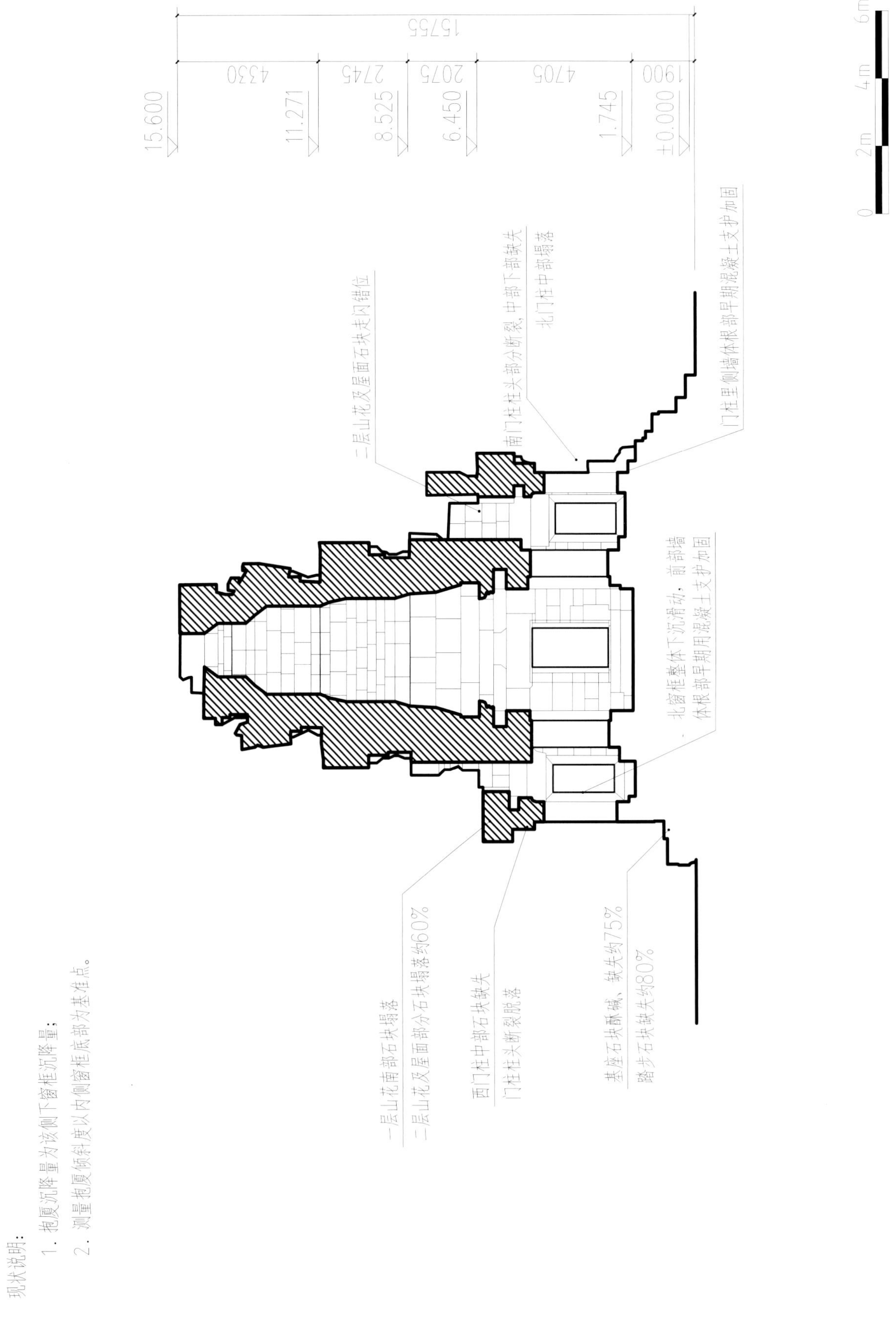
15755
4330
2745
2075
4705
1900
15.600
11.271
8.525
6.450
1.745
±0.000
0
2m
4m
6m
二层山花及屋面石块走闪错位
南门柱柱头部分断裂，中部下部缺失
北门柱中部塌落
门柱里侧墙体根部早期混凝土支护加固
北窗框整体下沉滑动，前部墙
体根部早期用混凝土支护加固
二层山花南部石块塌落
二层山花及屋面部分石块塌落约60%
西门柱中部石块缺失
门柱柱头断裂脱落
基座石块酥碱、缺失约75%
踏步石块缺失约80%
现状说明：
1. 抱厦沉降量为该侧下窗框沉降量；
2. 测量抱厦倾斜度以内侧窗框底部为基准点。

图62 西南角塔1-1剖面现状图

维修说明：

本次工程以保证建筑结构安全为首要目标，排除建筑主要险情以及存在的安全隐患。

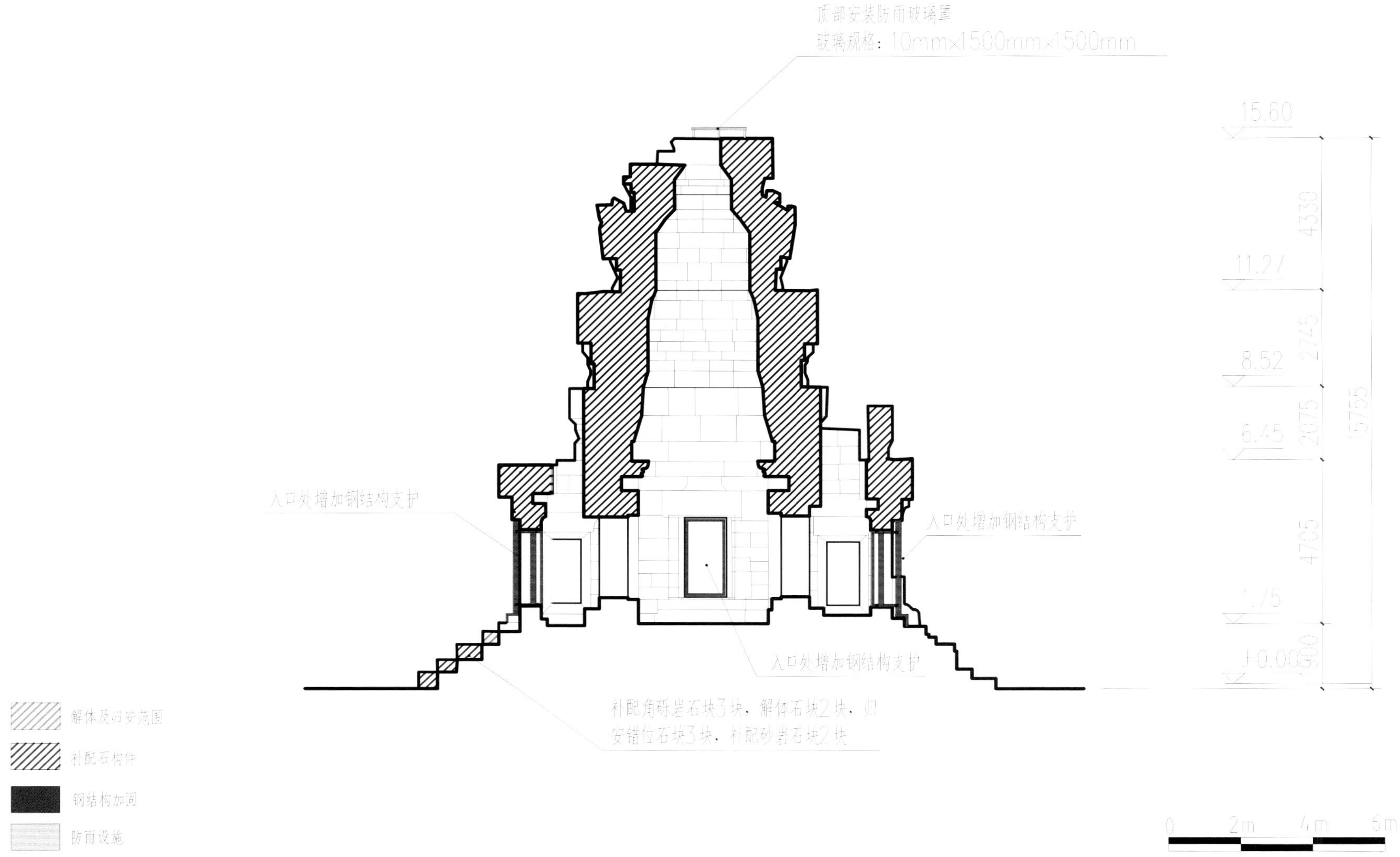

图63　西南角塔1-1剖面竣工图

现状说明：

1. 抱厦沉降量为该侧下窗框沉降量；

2. 测量抱厦倾斜度以内侧窗框底部为基准点。

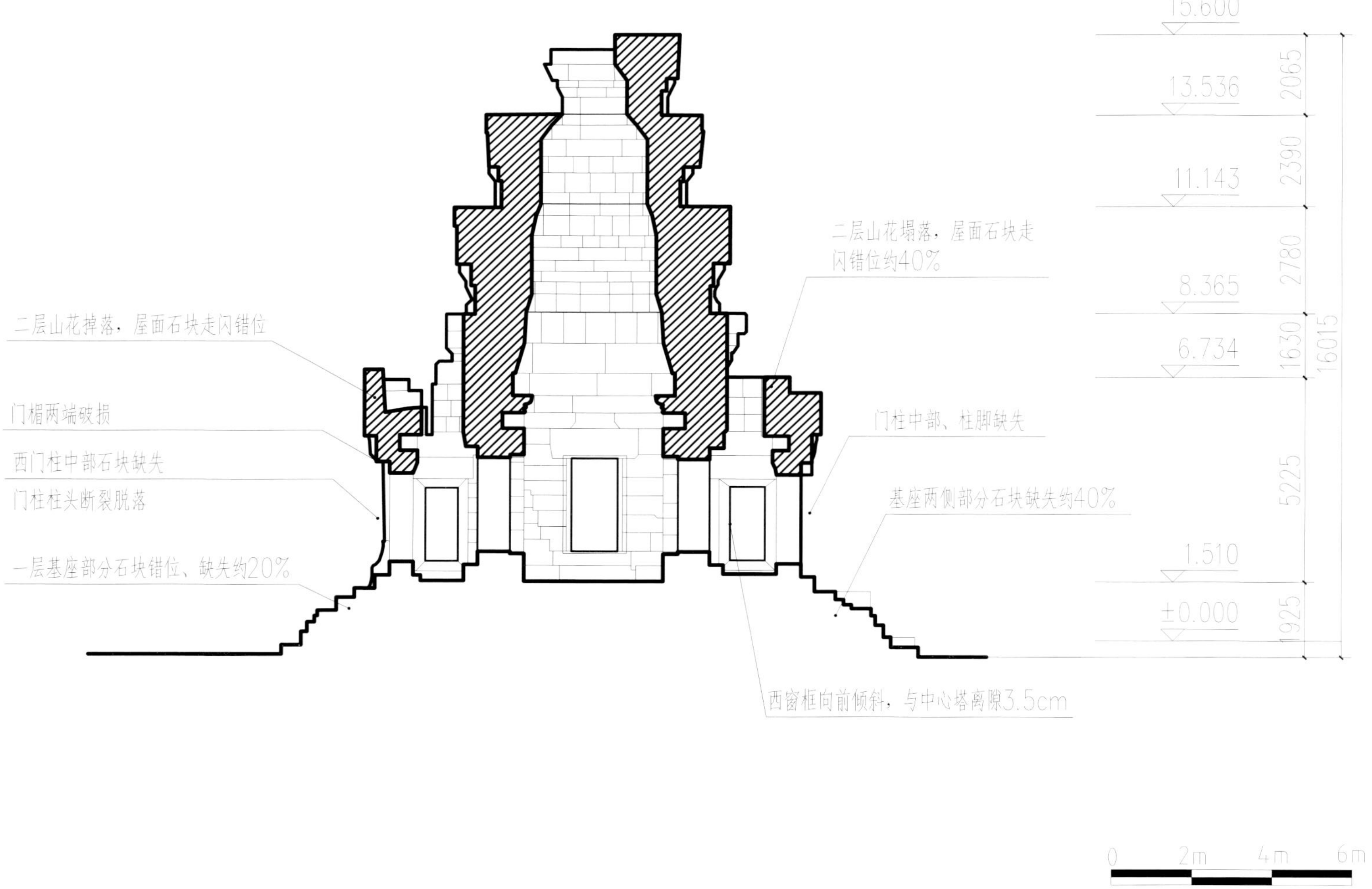

图64　西南角塔2-2剖面现状图

维修说明：

本次工程以保证建筑结构安全为首要目标，排除建筑主要险情以及存在的安全隐患。

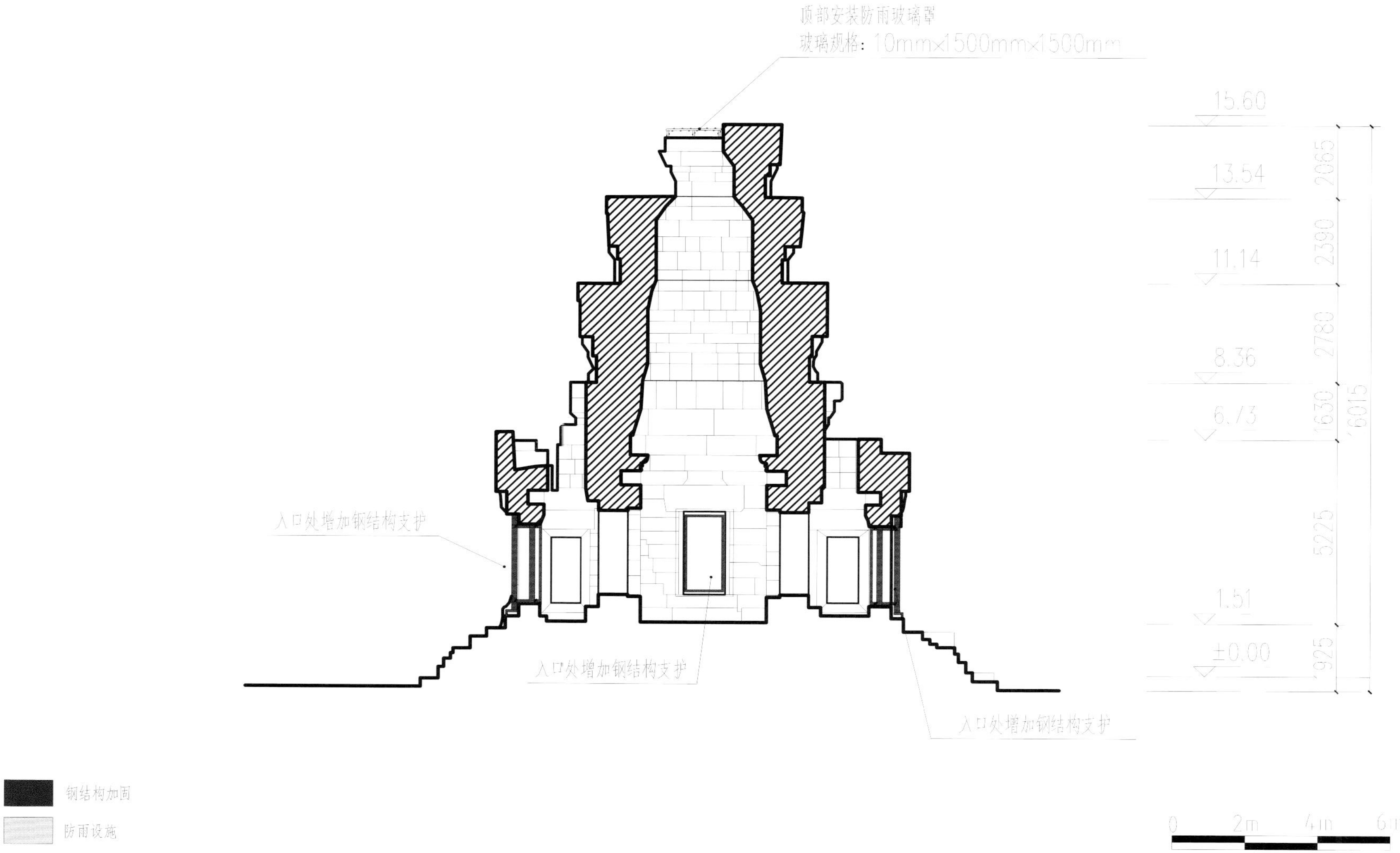

图65　西南角塔2-2剖面竣工图

现状说明：

1. 抱厦沉降量为该侧下窗框沉降量；
2. 测量抱厦倾斜度以内侧窗框底部为基准点；
3. 基座转角标高为土衬石上皮标高。

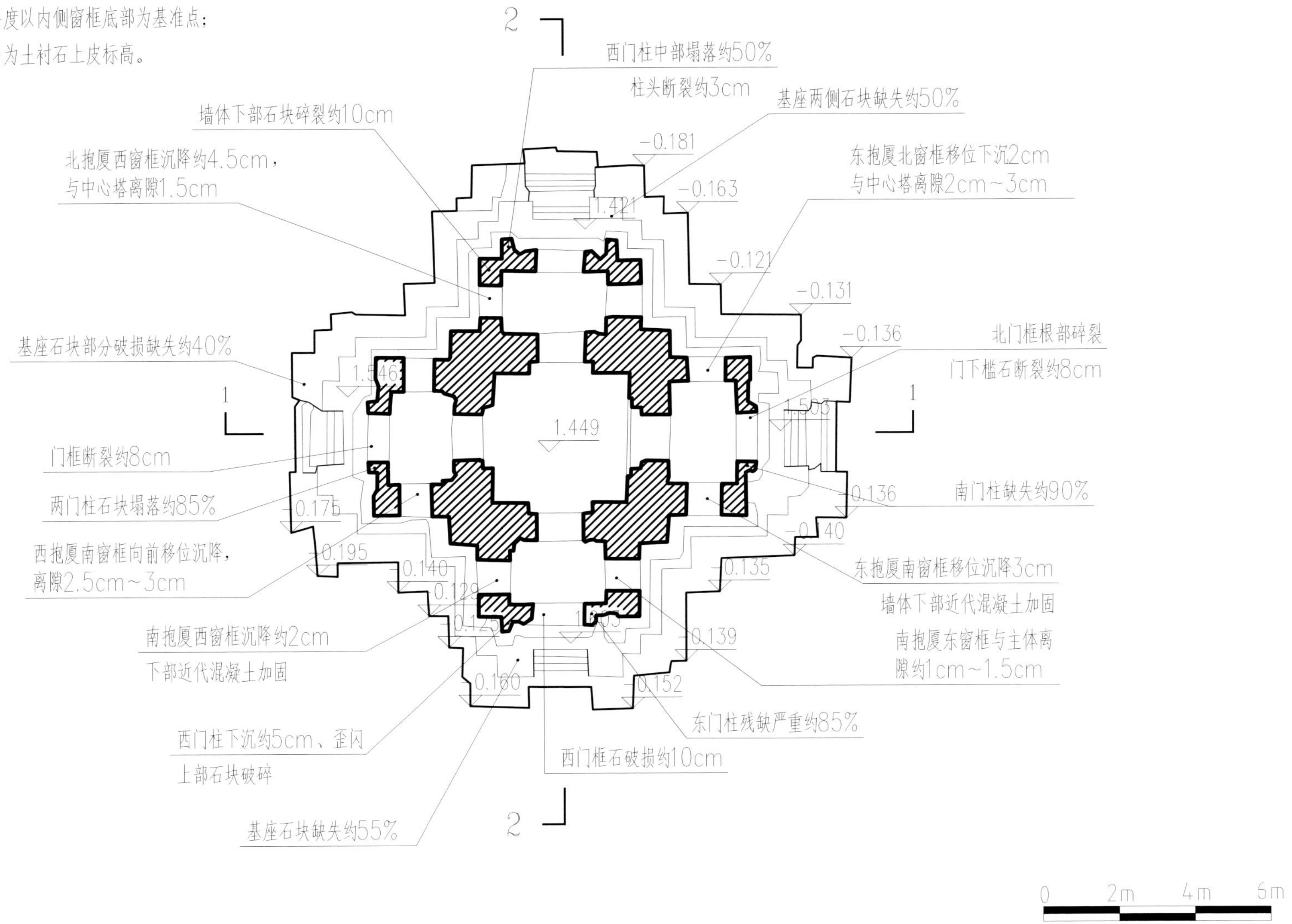

图66　西北角塔平面现状图

维修说明：

本次工程以保证建筑结构安全为首要目标，排除建筑主要险情以及存在的安全隐患。

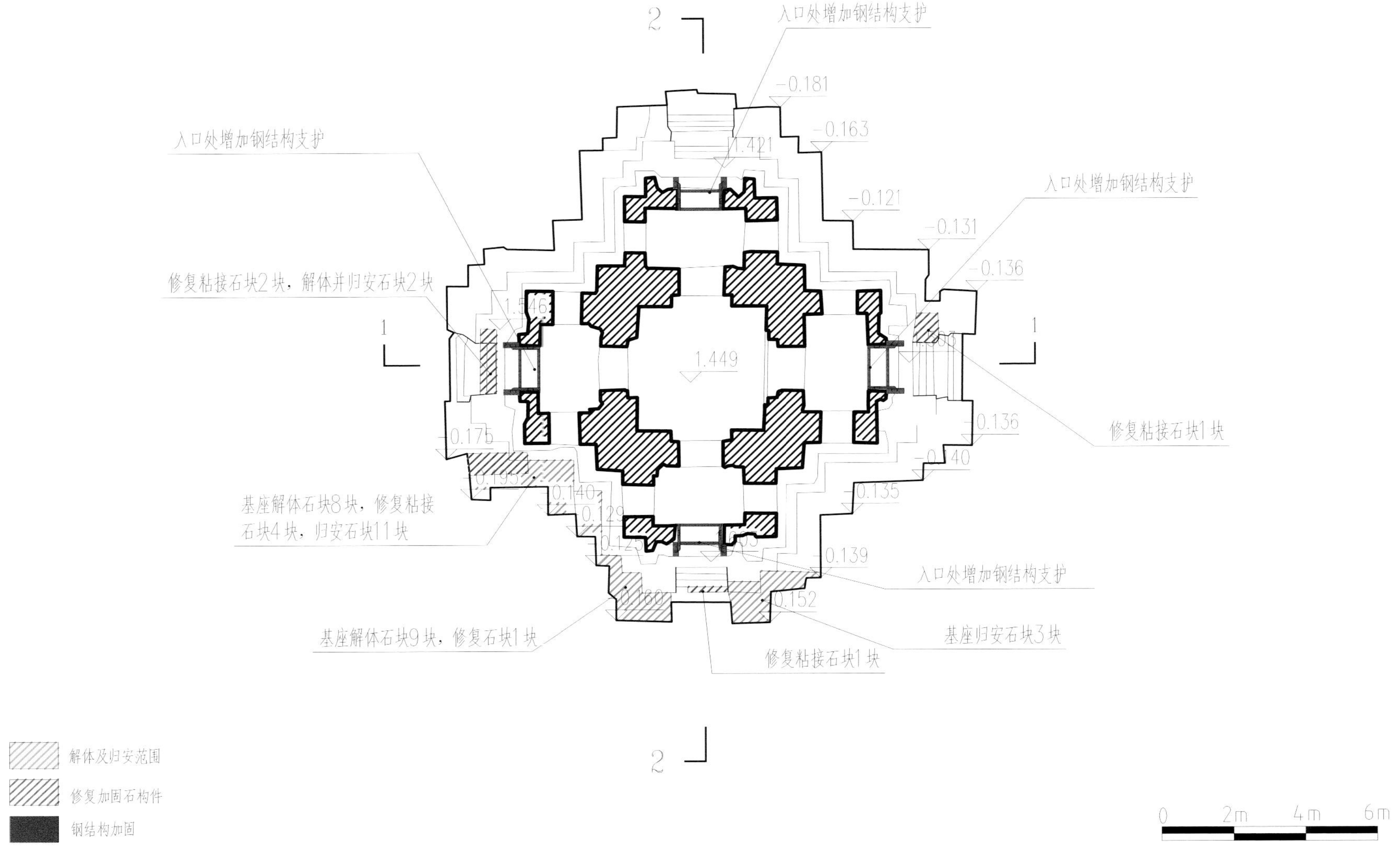

图67　西北角塔平面竣工图

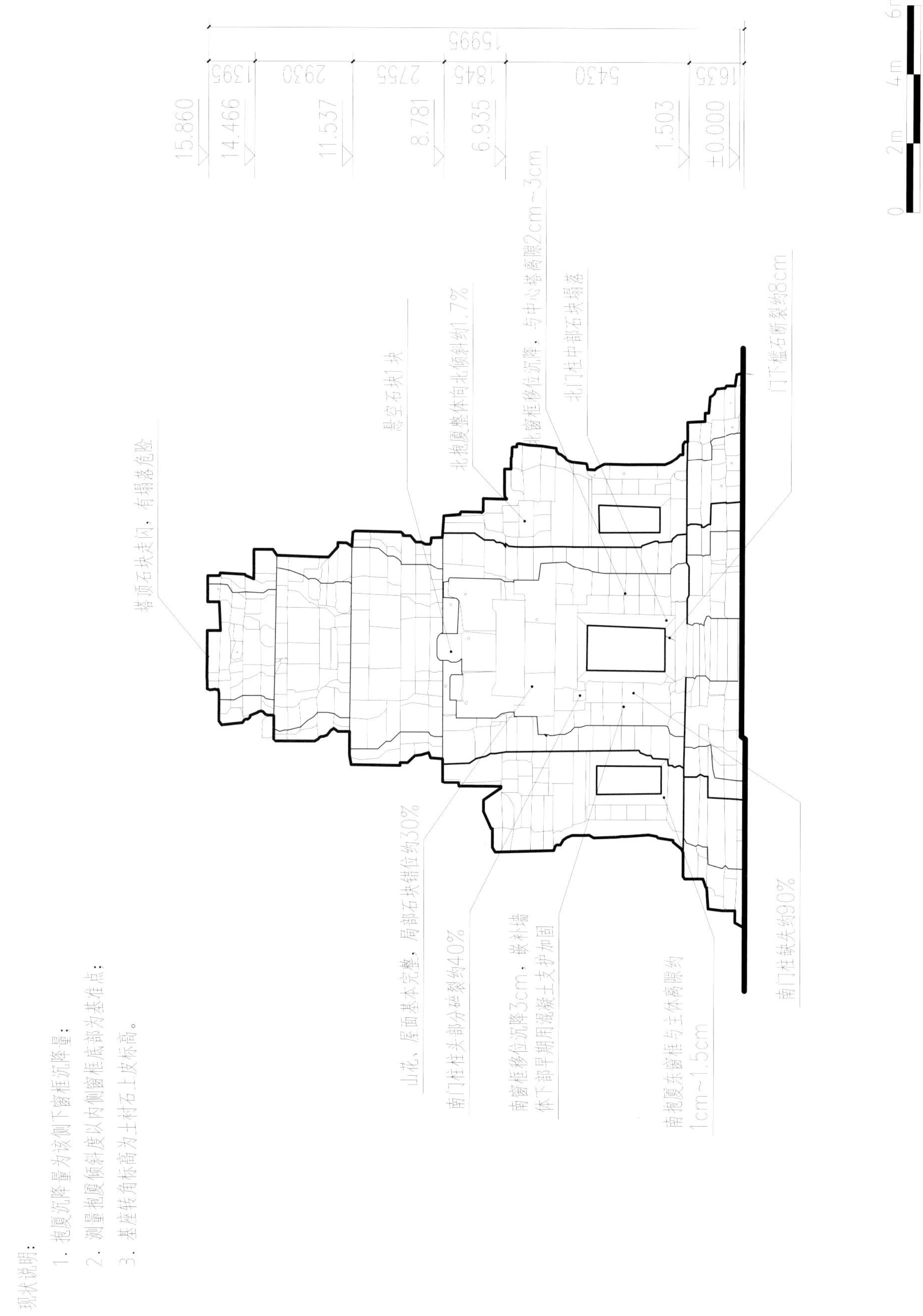

图68 西北角塔东立面现状图

维修说明：

1. 本次工程以保证建筑结构安全为首要目标，排除建筑主要险情以及存在的安全隐患；
2. 修复粘接采用蠕变性好、固化时收缩小、耐候性好、适应性强、使用方便的环氧树脂。

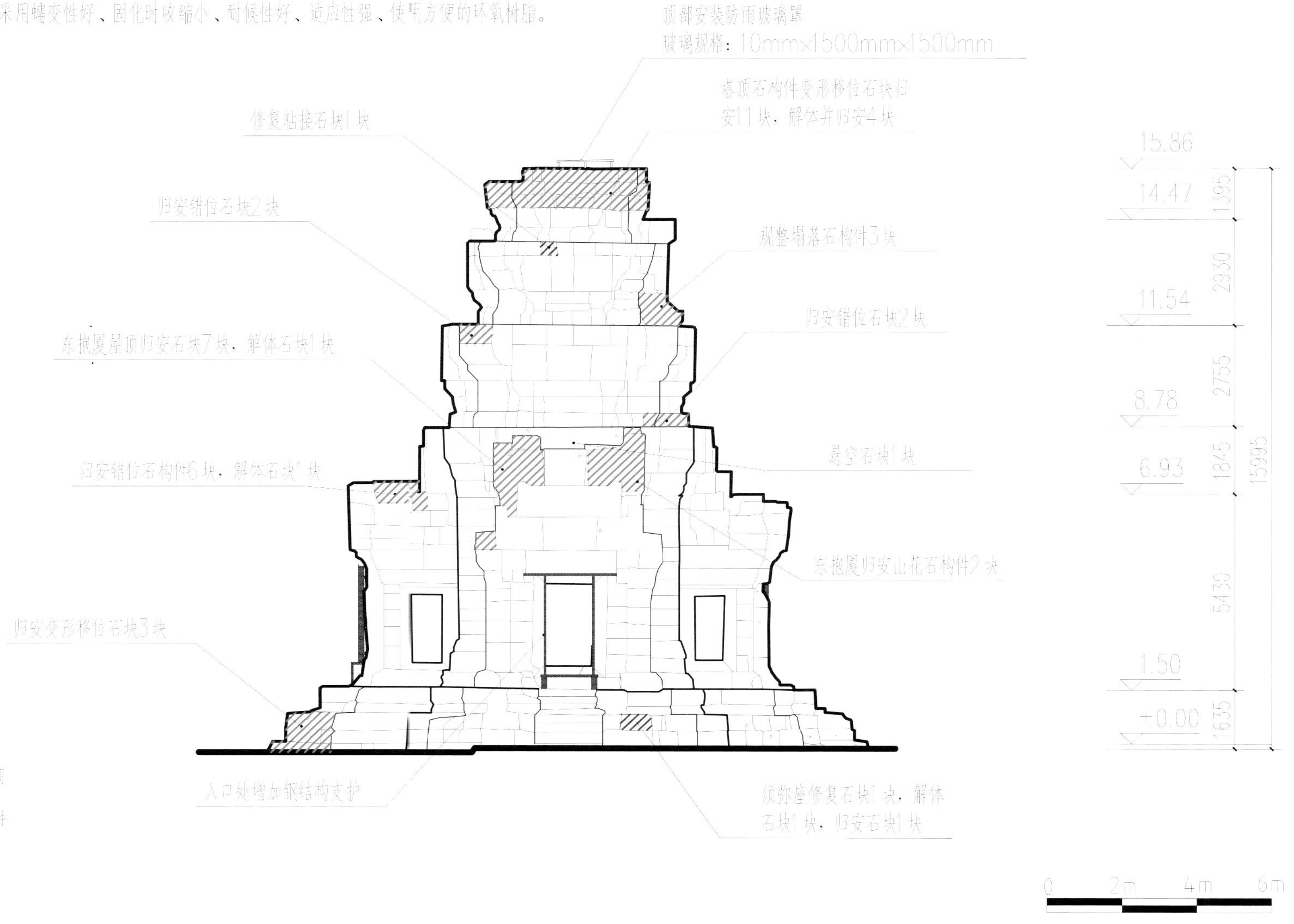

图69　西北角塔东立面竣工图

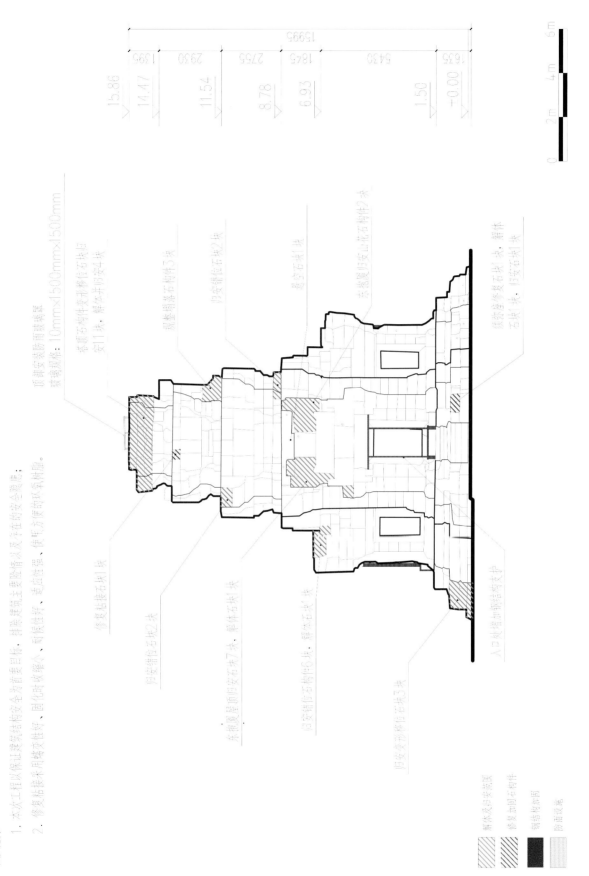

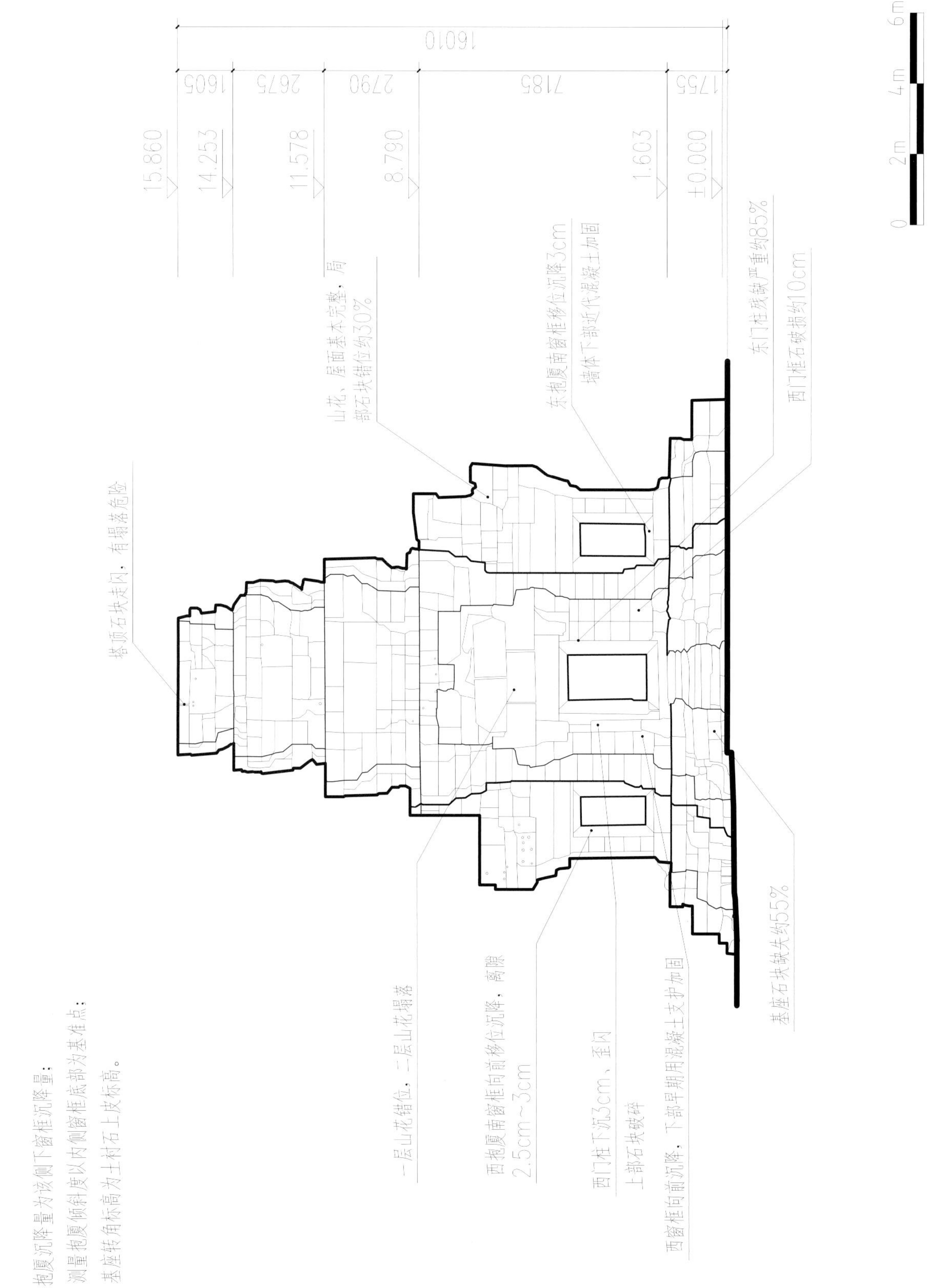
16010
1605
2675
2790
7185
1755
15.860
14.253
11.578
8.790
1.603
±0.000
0
2m
4m
6m
塔顶石块走闪，有塌落危险
山花、屋面基本完整，局部石块错位约30%
东抱厦南窗框移位沉降3cm
墙体下部近代混凝土加固
东门柱残缺严重约85%
西门框石破损约10cm
基座石块缺失约55%
西窗框向前沉降，下部早期用混凝土支护加固
西门柱下沉3cm，歪闪
上部石块破碎
西抱厦南窗框向前移位沉降，离隙
2.5cm~3cm
一层山花错位，二层山花塌落
现状说明：
1. 抱厦沉降量为该侧下窗框沉降量；
2. 测量抱厦倾斜度以内侧窗框底部为基准点；
3. 基座转角标高为土衬石上皮标高。

图70　西北角塔南立面现状图

维修说明：

1. 本次工程以保证建筑结构安全为首要目标，排除建筑主要险情以及存在的安全隐患；
2. 修复粘接采用蠕变性好、固化时收缩小、耐候性好、适应性强、使用方便的环氧树脂。

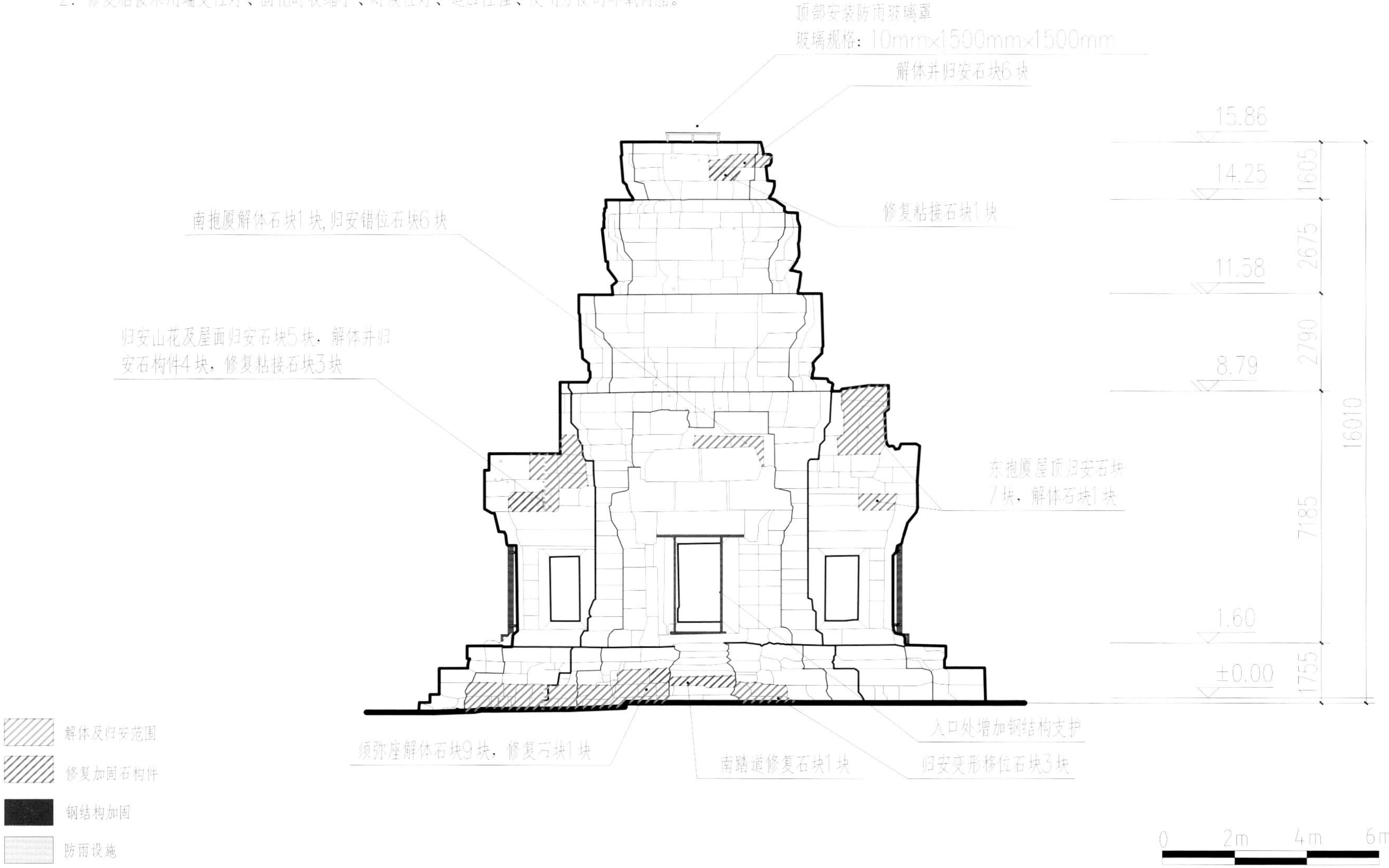

图71 西北角塔南立面竣工图

现状说明：

1．抱厦沉降量为该侧下窗框沉降量；

2．测量抱厦倾斜度以内侧窗框底部为基准点；

3．基座转角标高为土衬石上皮标高。

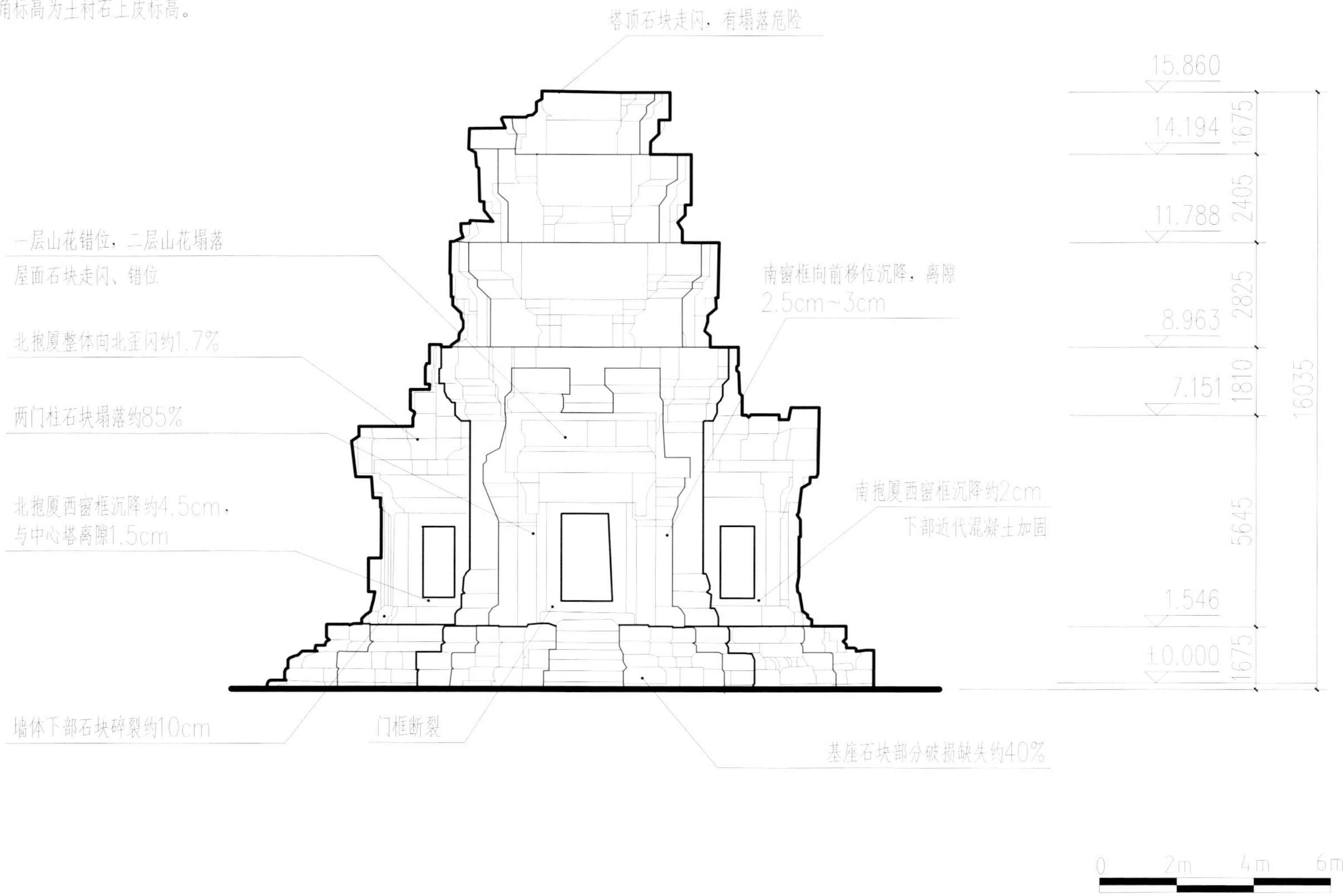

图72　西北角塔西立面现状图

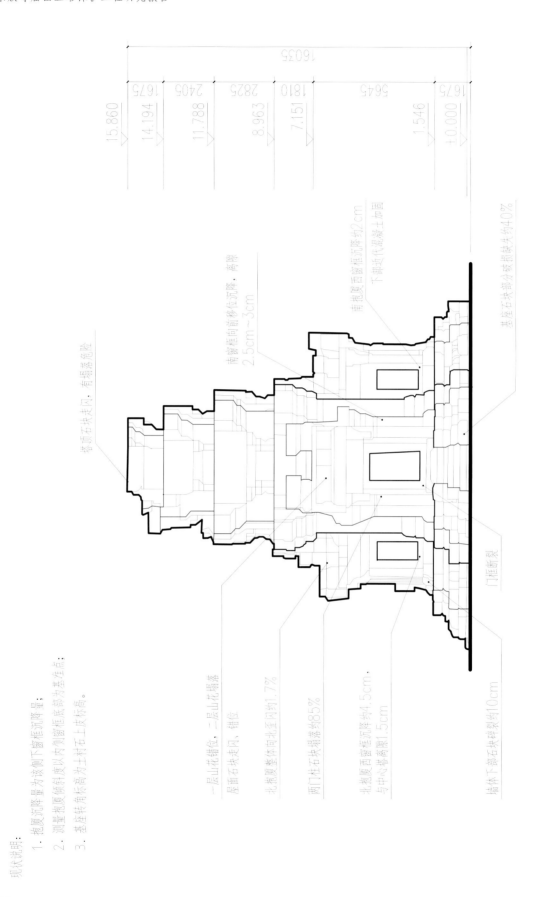

维修说明：

1. 本次工程以保证建筑结构安全为首要目标，排除建筑主要险情以及存在的安全隐患。

2. 修复粘接采用耐变性好、固化收缩小、耐候性好、适应性强、使用方便的环氧树脂。

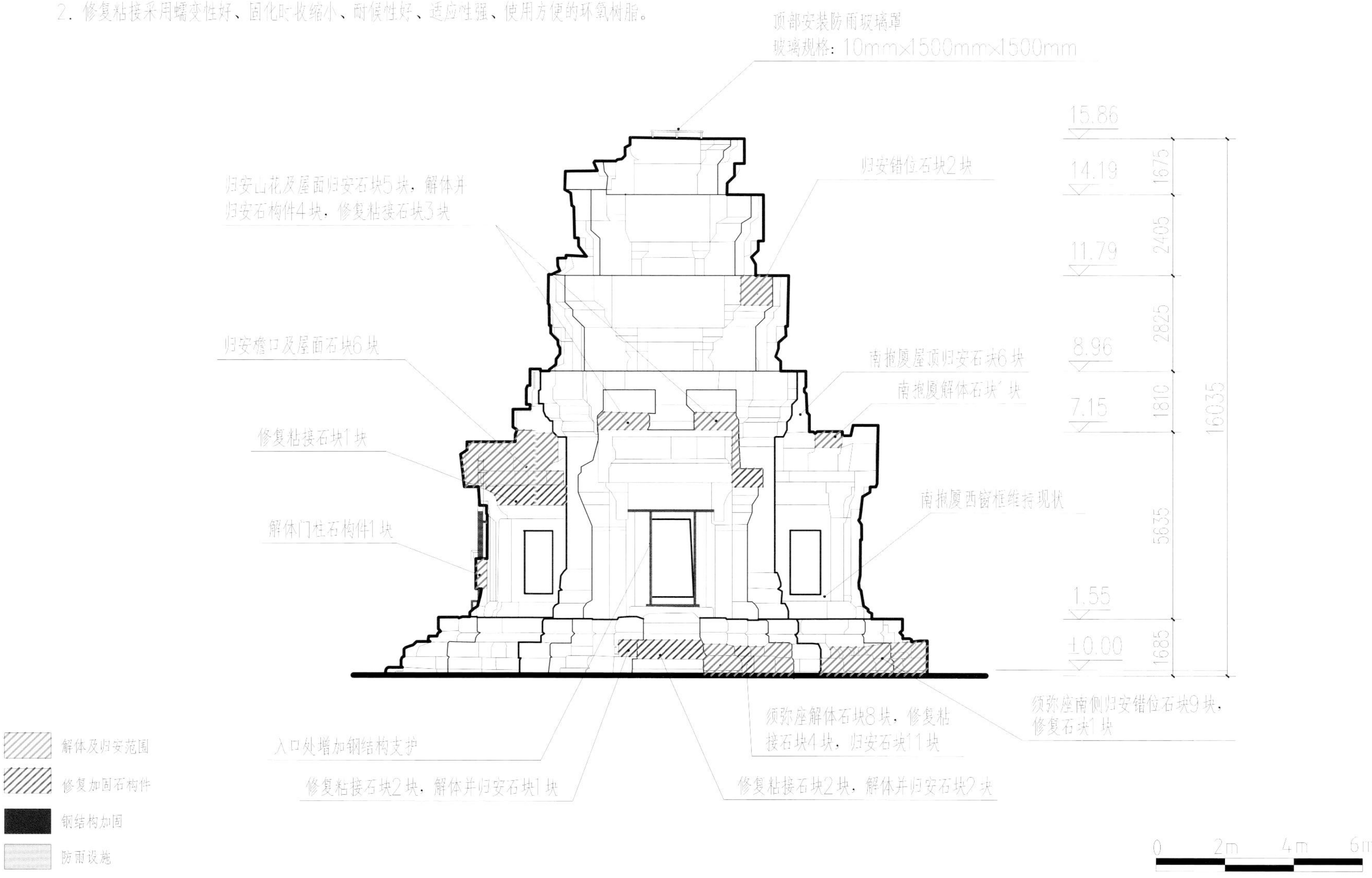

图73　西北角塔西立面竣工图

现状说明：

1. 抱厦沉降量为该侧下窗框沉降量；
2. 测量抱厦倾斜度以内侧窗框底部为基准点；
3. 基座转角标高为土衬石上皮标高。

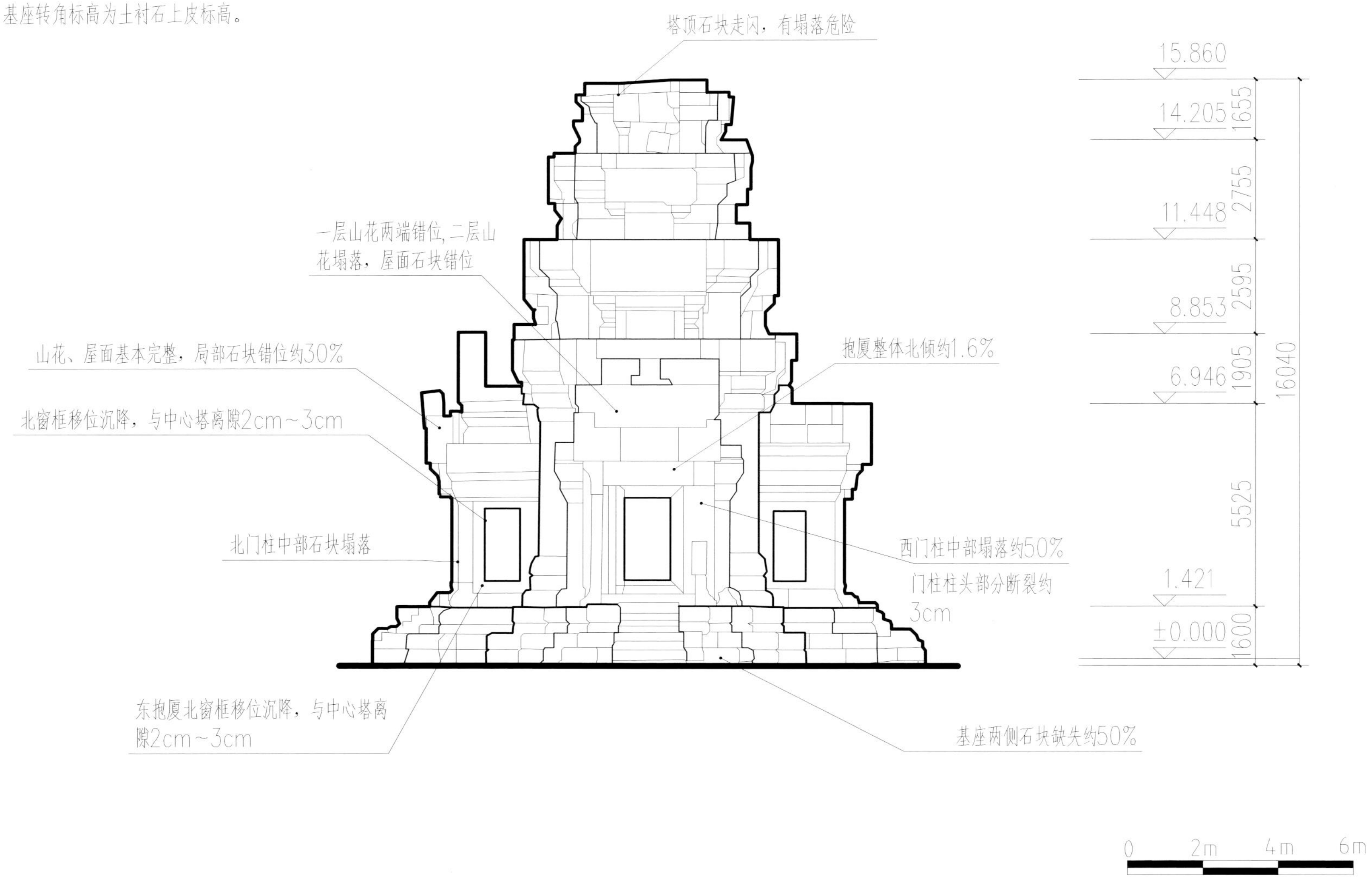

图74　西北角塔北立面现状图

维修说明：

1. 本次工程以保证建筑结构安全为首要目标，排除建筑主要险情以及存在的安全隐患；
2. 修复粘接采用蠕变性好、固化时收缩小、耐候性好、适应性强、使用方便的环氧树脂。

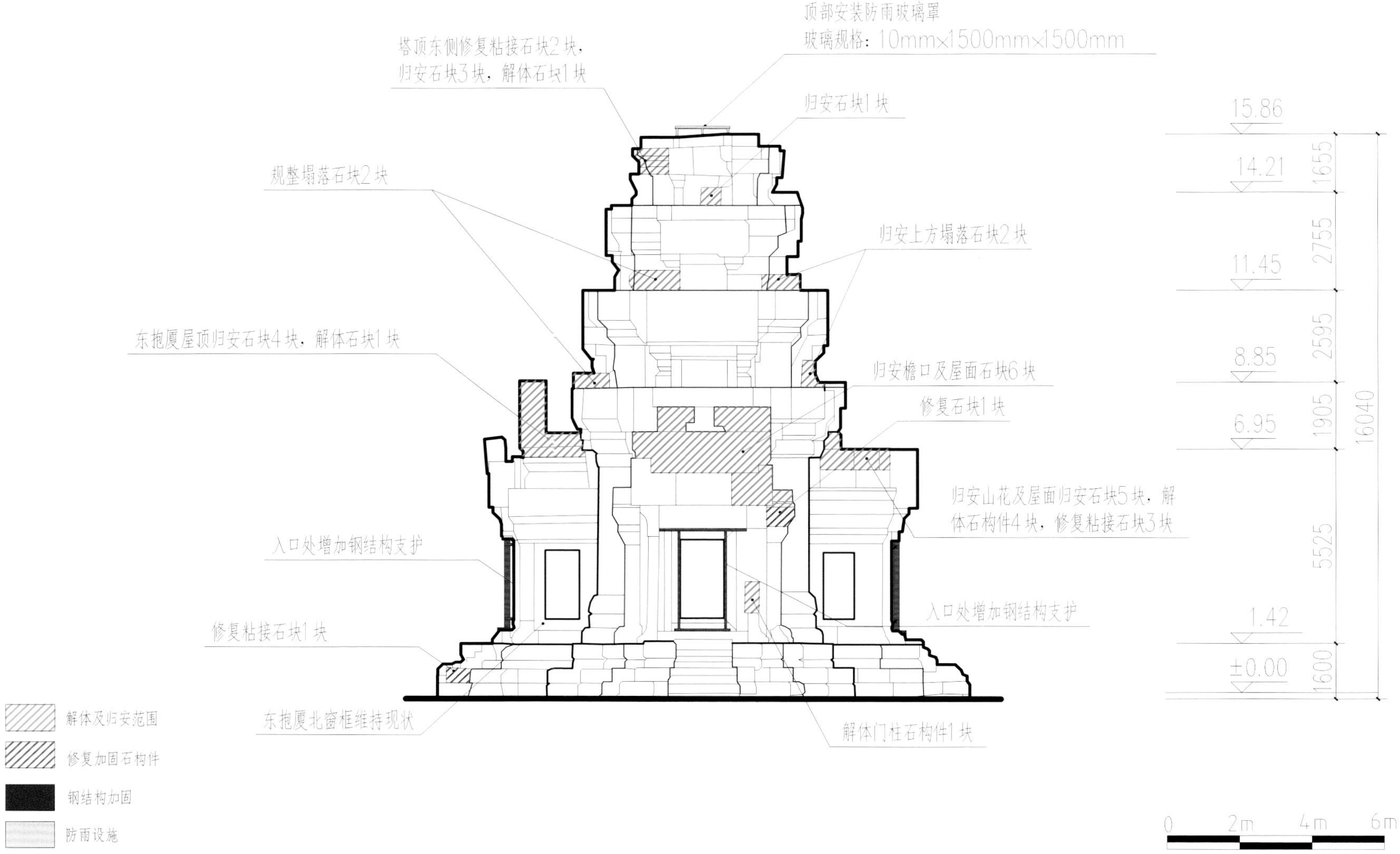

图75　西北角塔北立面竣工图

现状说明：

1. 抱厦沉降量为该侧下窗框沉降量；
2. 测量抱厦倾斜度以内侧窗框底部为基准点；
3. 基座转角标高为土衬石上皮标高。

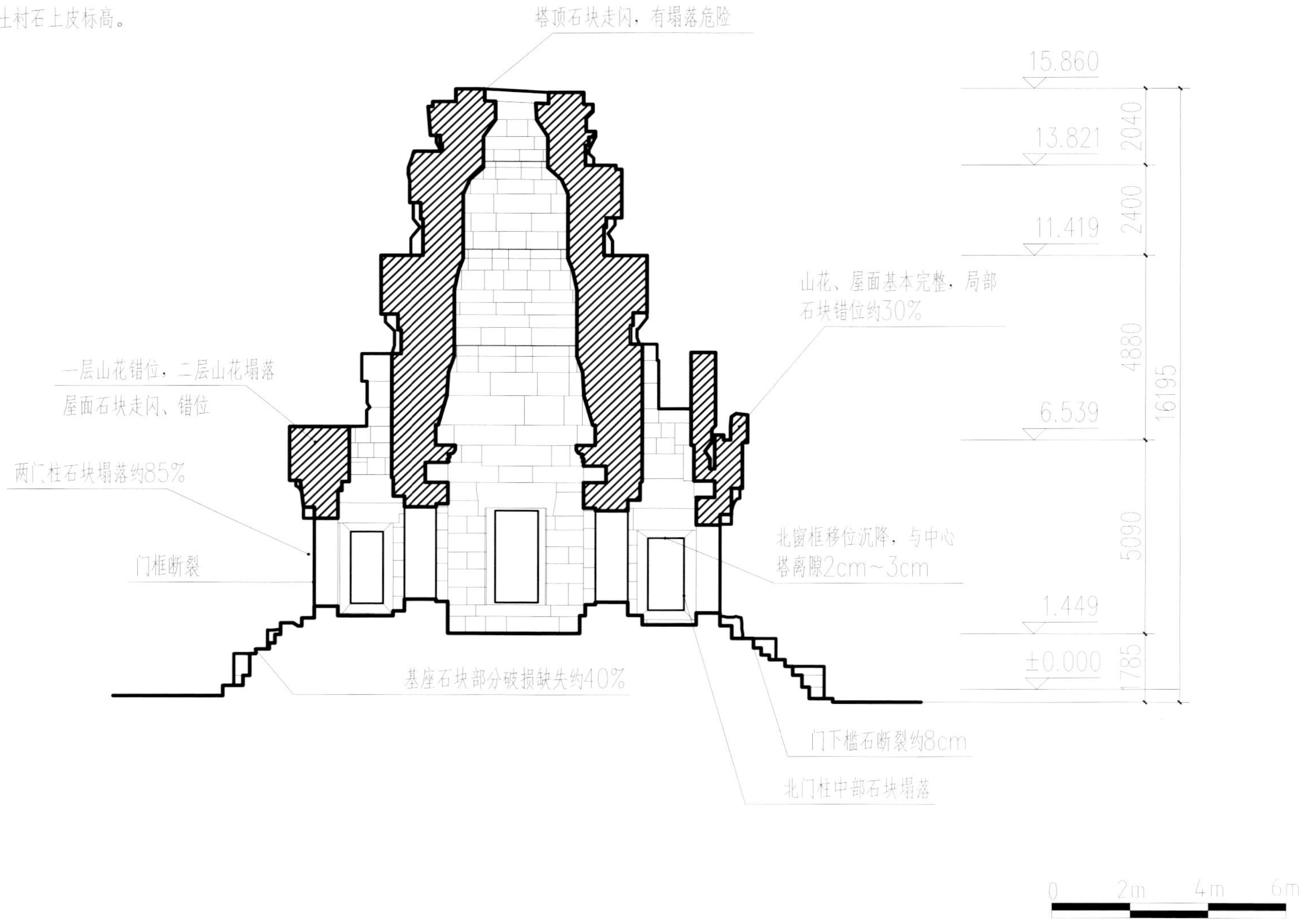

图76　西北角塔1-1剖面现状图

维修说明：

本次工程以保证建筑结构安全为首要目标，排除建筑主要险情以及存在的安全隐患。

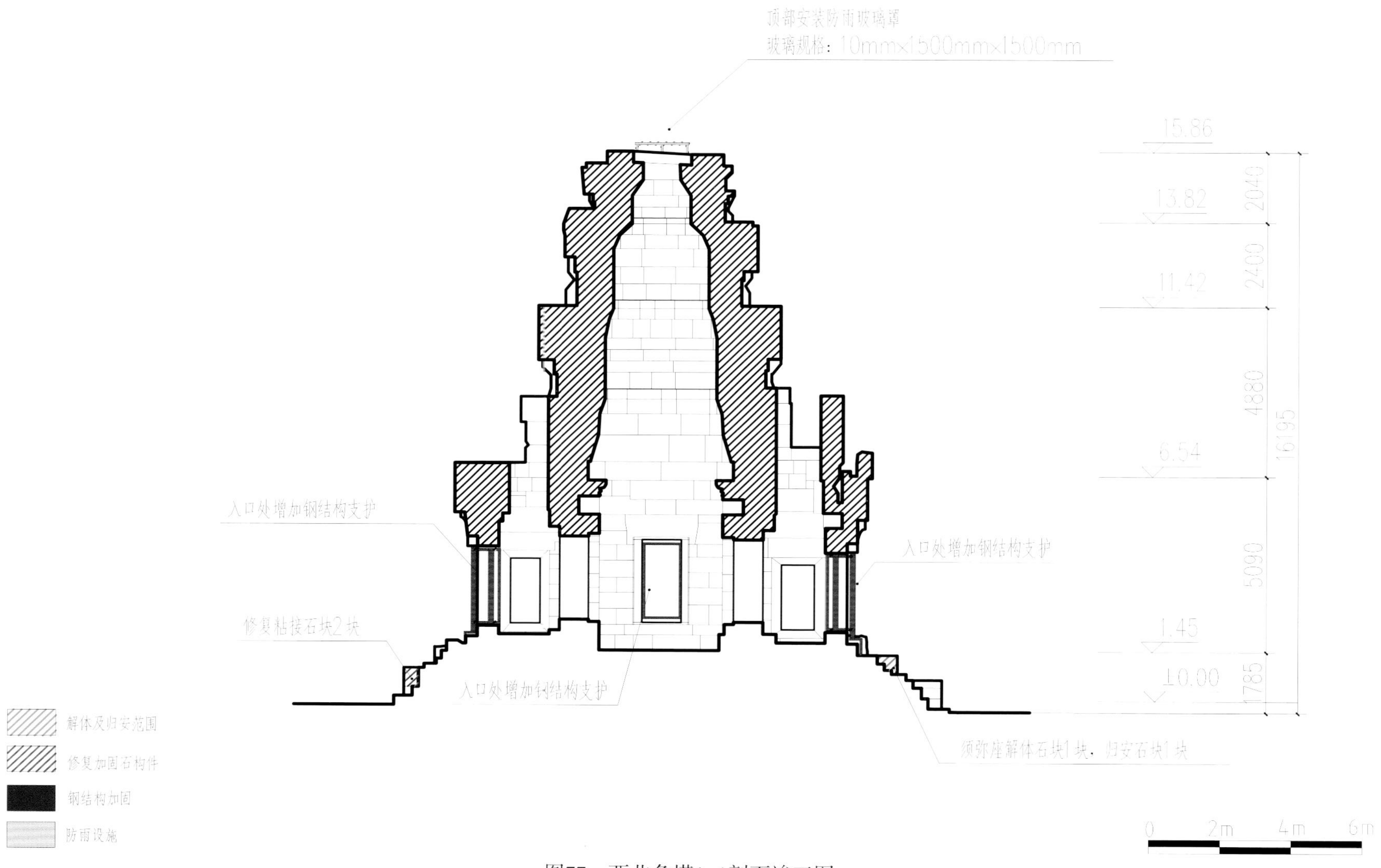

图77　西北角塔1-1剖面竣工图

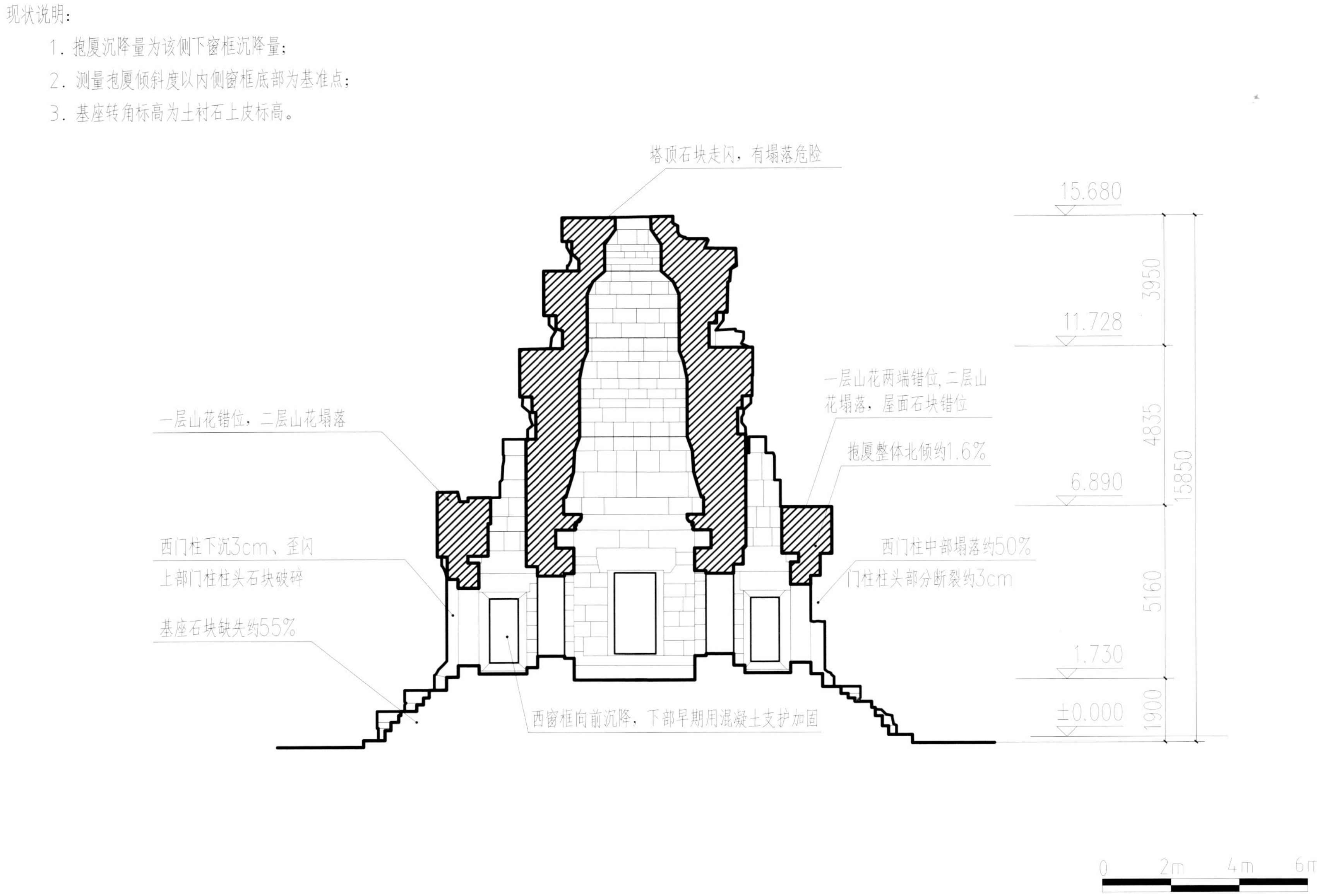

图78 西北角塔2-2剖面现状图

维修说明：

本次工程以保证建筑结构安全为首要目标，排除建筑主要险情以及存在的安全隐患。

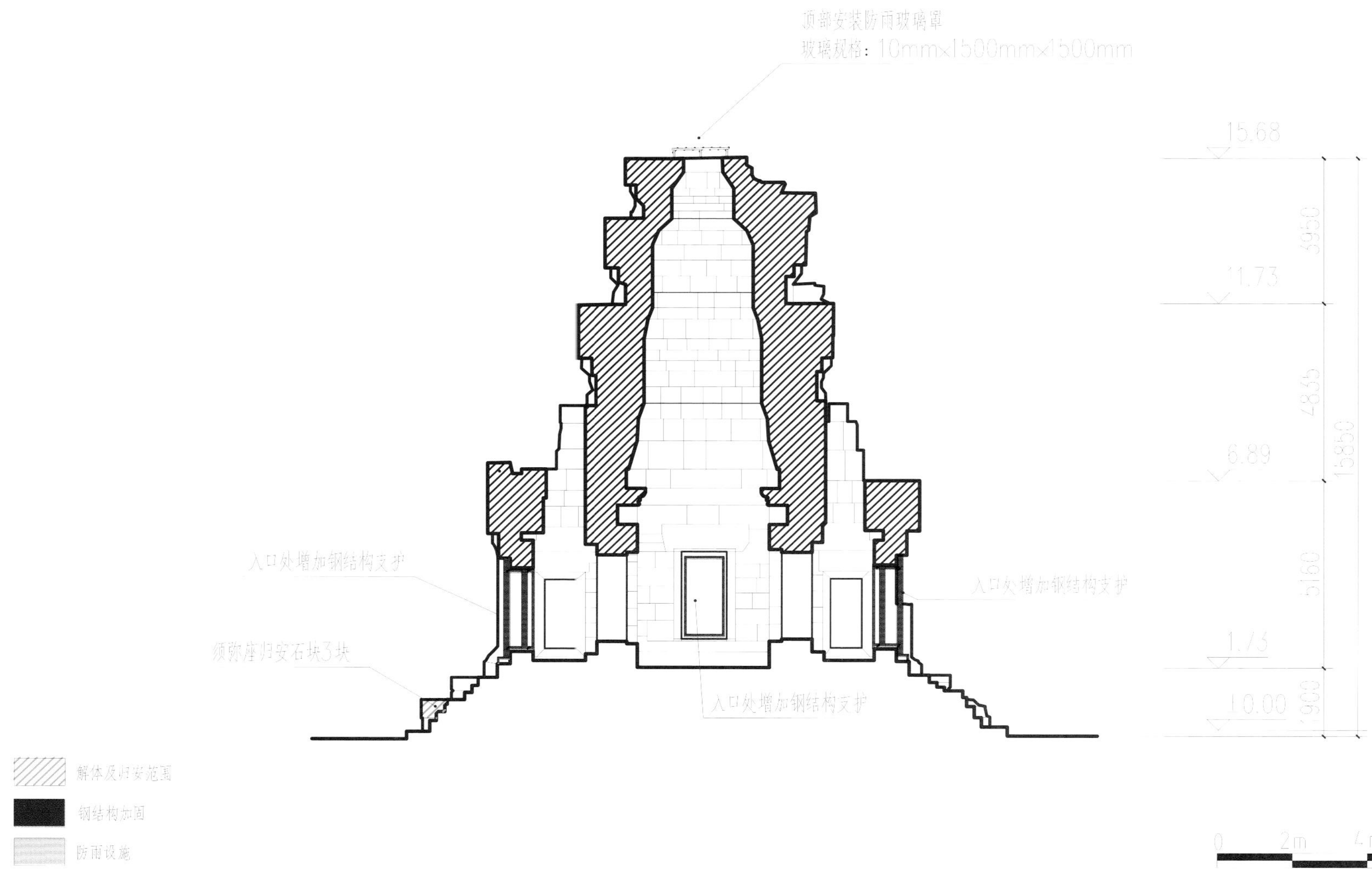

图79 西北角塔2-2剖面竣工图

图版

1 茶胶寺平面航拍

2 茶胶寺正射影像图

3 茶胶寺庙山鸟瞰之一

4 茶胶寺庙山鸟瞰之二

5　茶胶寺外景之一

6　茶胶寺外景之二

7 东侧外景神道

8 东外塔门

9　一层台围墙及西北角

10　北外长厅

11 东内塔门

12 二层台东南角及角楼

13　二层台北回廊东段

14　北内长厅

15 南藏经阁

16 须弥台东踏道及两侧墙体

17 须弥台南踏道

18 须弥台南台转角

19　茶胶寺古代高棉文碑铭之一

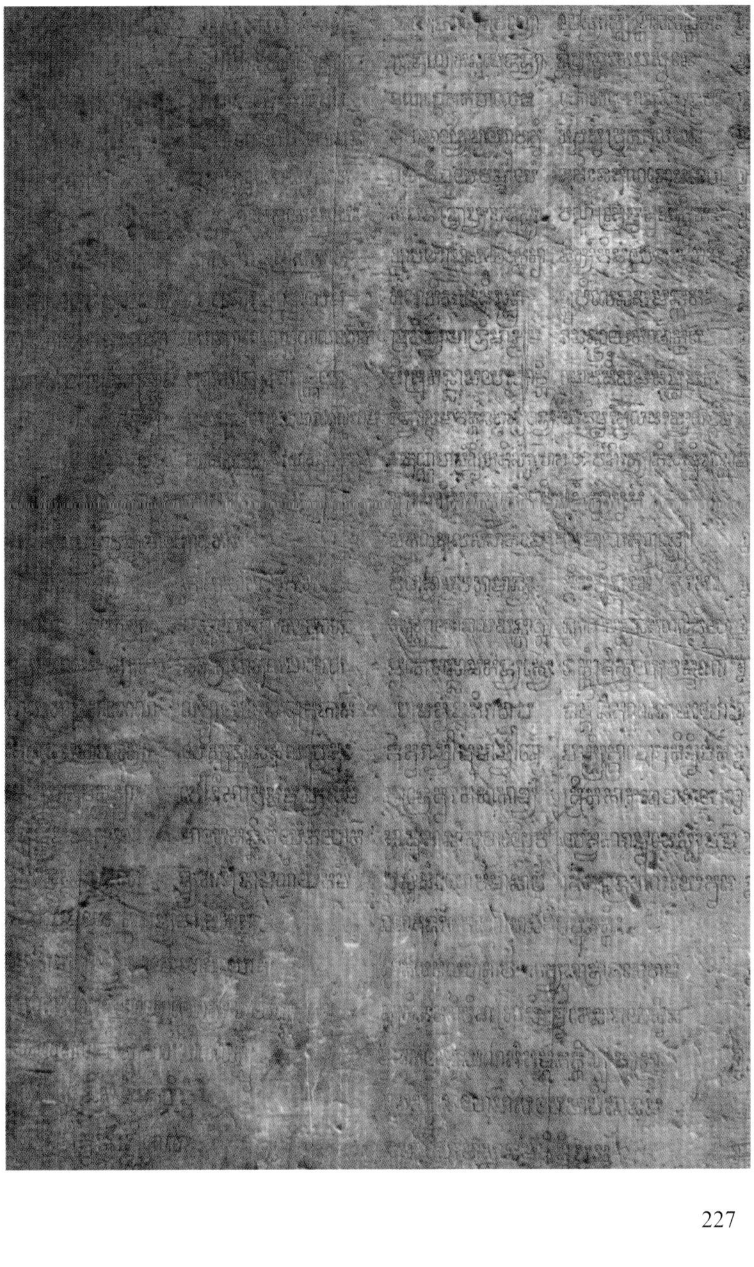

20　茶胶寺古代高棉文碑铭之二

21 须弥台东侧的砂岩雕刻之一

22 须弥台东侧的砂岩雕刻之二

23 须弥台东侧的砂岩雕刻之三

24 须弥台东侧的砂岩雕刻之四

25 须弥台东侧的砂岩雕刻之五

26　须弥台施工流程遗迹

27　砌石间的金属拉结

28　山花背面木构架插榫遗迹

29　墙身角部特殊的砌石方式

30　塔门窗棂的固定方式

31 庙山五塔修复前鸟瞰之一

32 庙山五塔修复前鸟瞰之二

33 庙山五塔修复中鸟瞰之一

34 庙山五塔修复中鸟瞰之二

35　庙山五塔修复后鸟瞰之一

36 庙山五塔修复后鸟瞰之二

37　庙山五塔航拍图之一

38　庙山五塔航拍图之二

39 庙山五塔东立面脚手架全景

40 庙山五塔东立面修复后全景

41　中央主塔东立面正射影像图

42　中央主塔南立面正射影像图

43 中央主塔西立面正射影像图

44　中央主塔北立面正射影像图

45 中央主塔顶部假层的砌筑方式

46 中央主塔中厅仰视

47 中央主塔中厅内景

48　中央主塔东侧抱厦

49　中央主塔东抱厦仰视

50 中央主塔西侧过厅内景

51　修复中的中央主塔东立面

52　修复后的中央主塔东立面

53　修复前的中央主塔南立面

54　修复后的中央主塔南立面

55　修复前的中央主塔西立面

56　修复后的中央主塔西立面

57 修复前的中央主塔北立面

58 修复后的中央主塔北立面

59　修复中的中央主塔东北立面

60 修复后的中央主塔东北立面

61 修复前的中央主塔西南立面

62 修复后的中央主塔西南立面

63 东北角塔东立面正射影像图

64　东北角塔南立面正射影像图

65　东北角塔西立面正射影像图

66　东北角塔北立面正射影像图

67　东北角塔中厅内景之一

68　东北角塔中厅内景之二

69 东北角塔中厅内景之三

70 东北角塔东侧抱厦内景

71 东北角塔西侧抱厦内景

72　修复前的东北角塔北立面

73　修复后的东北角塔北立面

74 修复中的东北角塔西立面

75 修复后的东北角塔西立面

76　修复前的东北角塔南立面

77　修复后的东北角塔南立面

78 修复前的东北角塔西北立面

79 修复后的东北角塔西北立面

80　修复中的东北角塔东南立面

81　修复后的东北角塔东南立面

82 修复前的东北角塔东北立面

83 修复后的东北角塔东北立面

84 东南角塔东立面正射影像图

85　东南角塔南立面正射影像图

86　东南角塔西立面正射影像图

87　东南角塔北立面正射影像图

88　东南角塔中厅内景之一

89 东南角塔中厅内景之二

90 东南角塔中厅仰视

91　东南角塔北侧抱厦内景

92　东南角塔南侧抱厦内景

93　修复前的东南角塔东立面

94　修复后的东南角塔东立面

95 修复前的东南角塔南立面

96 修复后的东南角塔南立面

97 排险前的东南角塔北立面

98 排险后的东南角塔北立面

99　修复中的东南角塔西立面

100　修复后的东南角塔西立面

101 修复前的东南角塔西南立面

102 修复中的东南角塔西南立面

103　修复前的东南角塔南抱厦西侧

104 修复后的东南角塔南抱厦西侧

105　西南角塔东立面正射影像图

106　西南角塔南立面正射影像图

107　西南角塔西立面正射影像图

108 西南角塔北立面正射影像图

109　西南角塔主室仰视

110　西南角塔中厅内景

111 西南角塔南抱厦内景

112　西南角塔顶部砌石细部之一

113　西南角塔顶部砌石细部之二

114 修复前的西南角塔东立面

115 修复后的西南角塔东立面

116　修复前的西南角塔西立面

117　修复中的西南角塔西立面

118 修复前的西南角塔西北立面

119 修复后的西南角塔西北立面

120　修复中的西南角塔东南立面

121　修复后的西南角塔东南立面

122　修复前的西南角塔西北立面

123　修复后的西南角塔西北立面

124 修复前的西南角塔西抱厦踏道

125 修复后的西南角塔西抱厦踏道

126 西北角塔东立面正射影像图

127　西北角塔南立面正射影像图

128 西北角塔西立面正射影像图

129 西北角塔北立面正射影像图

130　西北角塔顶部假层的砌筑方式

131　西北角塔中厅内景之一

132 西北角塔中厅内景之二

133 西北角塔中厅仰视

134　西北角塔南侧抱厦内景

135　西北角塔北侧抱厦内景

136　修复中的西北角塔东立面

137　修复后的西北角塔东立面

138 修复前的西北角塔南立面

139 修复后的西北角塔南立面

140　修复中的西北角塔西立面

141　修复后的西北角塔西立面

142　修复中的西北角塔东北立面

143　修复后的西北角塔东北立面

144　修复中的西北角塔西北立面

145　修复后的西北角塔西北立面

146 修复中的西北角塔西南立面

147 修复后的西北角塔西南立面

后　记

庙山五塔保护工程是茶胶寺保护修复工程中工作量最大、安全方面挑战最为严峻的工程。庙山五塔的建筑构件体量巨大，位于高耸的庙山台基之上，施工场地和材料的搬运受到很大限制，而且由于施工场地狭小陡峭，面临的安全问题十分突出。工程的实施建立在科学研究的基础上，通过合理的施工组织和工程管理，在确保施工安全的前提下，在紧迫的时间里，克服了重重困难，圆满地完成了任务。

庙山五塔保护工程是茶胶寺保护修复工程收尾阶段增加的工作内容，充分体现了中国文物保护工作者对世界文化遗产尊重和负责任的态度。现阶段全面实施的庙山五塔排险加固工作，不仅较为彻底地排除了庙山五塔的安全隐患，展现了文物原有的历史面貌，并且也反映了文物保护的工作特点，即伴随着工程的深入推进，会不断发现隐藏的问题。

最后，我想衷心感谢中国国家文物局领导和相关部门同事以及中国文化遗产研究院领导和有关部门同事一如既往的鼓励与支持，使得庙山五塔保护工程得以顺利进行。感谢参与此项目的所有专家给予的技术指导与支持。庙山五塔保护工程也受到了柬埔寨阿普萨拉局索曼局长（Sum Map）、联合国教科文组织吴哥国际协调委员会科学秘书阿兹丁·贝肖克教授（Azedine Beschaouch）、吴哥国际协调委员会特设专家组以及其他国际专家和同行的支持与帮助，在此向他们致以诚挚的感谢。同时，感谢所有参与庙山五塔保护工程以及茶胶寺保护工程的现场工作人员，感谢他们的贡献和努力。

许　言

2018 年 5 月 10 日